航天科技图书出版基金资助出版

航天高可靠嵌入式实时操作系统原理与技术

程胜　蔡铭　著

中国宇航出版社
·北京·

图书在版编目（CIP）数据

航天高可靠嵌入式实时操作系统原理与技术/程胜，蔡铭著. --北京：中国宇航出版社，2012.7

ISBN 978-7-5159-0254-8

Ⅰ.①航…　Ⅱ.①程…②蔡…　Ⅲ.①航天器-实时操作系统　Ⅳ.①V446

中国版本图书馆 CIP 数据核字（2012）第 159867 号

责任编辑 赵宏颖　**责任校对** 祝延萍　**封面设计** 文道思

出版
发行 中国宇航出版社

社　址 北京市阜成路 8 号　　**邮　编** 100830
（010）68768548

网　址 www.caphbook.com

经　销 新华书店

发行部 （010）68371900　（010）88530478（传真）
（010）68768541　（010）68767294（传真）

零售店 读者服务部　北京宇航文苑
（010）68371105　（010）62529336

承　印 北京厚诚则铭印刷科技有限公司

版　次 2012 年 8 月第 1 版　2012 年 8 月第 1 次印刷

规　格 880×1230　**开　本** 1/32

印　张 12.375　**字　数** 353 千字

书　号 ISBN 978-7-5159-0254-8

定　价 88.00 元

航天科技图书出版基金简介

航天科技图书出版基金是由中国航天科技集团公司于2007年设立的，旨在鼓励航天科技人员著书立说，不断积累和传承航天科技知识，为航天事业提供知识储备和技术支持，繁荣航天科技图书出版工作，促进航天事业又好又快地发展。基金资助项目由航天科技图书出版基金评审委员会审定，由中国宇航出版社出版。

申请出版基金资助的项目包括航天基础理论著作，航天工程技术著作，航天科技工具书，航天型号管理经验与管理思想集萃，世界航天各学科前沿技术发展译著以及有代表性的科研生产、经营管理译著，向社会公众普及航天知识、宣传航天文化的优秀读物等。出版基金每年评审1～2次，资助10～20项。

欢迎广大作者积极申请航天科技图书出版基金。可以登录中国宇航出版社网站，点击“出版基金”专栏查询详情并下载基金申请表；也可以通过电话、信函索取申报指南和基金申请表。

网址：http：//www. caphbook. com

电话：（010）68767205，68768904

前　言

近年来，随着航天技术的快速发展，航天型号软件的规模、复杂度、重要程度，以及在型号中所承担的功能比重均呈急剧上升的趋势。

美欧航天发达国家的航天型号研制经验表明，采用嵌入式实时操作系统对于提高复杂型号软件的开发效率，以及软件的可靠性、安全性、继承性都具有重要意义。实时操作系统（简称RTOS）是指能在确定的时间内响应外部事件的一类操作系统。从国外的应用历程及规律分析可知，目前我国航天嵌入式RTOS正处于“磨合期”，一旦技术上有所突破，将会出现大量应用的局面。

航天型号对RTOS的可靠性、安全性等要求苛刻，虽然RTOS的代码规模不大，但是其操作系统内部状态组合所带来的高度复杂性，导致对其进行分析、测试及验证工作的技术难度高、工作量大，需要非常丰富的实践经验和技巧。

当前RTOS技术在不断推陈出新，及时了解、熟悉与掌握最新的原理、技术与方法，对于RTOS的技术选型、自主研发，以及升级现有的基础软件平台都非常必要。

本书以阐述嵌入式RTOS构成原理、方法与技术为主线，围绕高可靠、高安全这一技术要素进行内容组织，对RTOS设计模型、实现技术、测试方法、支持工具等进行细致而深入的阐述，并提供了大量的系统实例，具有较强的可操作性与较广的技术覆盖面。

本书内容来源于笔者承担国家重大科技专项、国防基础科研、总装预研、航天科技重点创新基金、航天支撑技术基金等课题的研究成果。笔者针对高可靠RTOS架构、设计、测试与验证方法等进行了长期跟踪与研究，并在航天型号研制中进行了实践。本书是对上述成果的整理与总结。

全书共分为8章，从3个方面进行介绍：第1章～第4章介绍RTOS现状及概述、高可靠软件标准及规范、RTOS基本概念及原理以及国外航天应用的RTOS产品；第5章～第7章针对RTOS的设计、实现技术展开，详细介绍RTOS设计原理、设计模型、系统实例、容错实时调度、内存空间保护、资源竞争防护、设备驱动加固、容错恢复以及健康监控技术；第8章介绍RTOS的测试技术与方法。

本书主要面向航天型号系统软件的设计、开发、测试以及管理人员，对于其他嵌入式软件研发人员而言，本书也不失为一本有助于拓宽视野、了解和掌握高可靠软件设计、开发与测试新技术的可选之书。

本书的编写工作得到了很多同志的帮助，特别感谢潘丽、仲顺洪、黄建晓、迟明帅等同志。感谢航天科技图书出版基金的资助和中国宇航出版社的大力支持。

因笔者水平有限，时间紧迫，书中缺点和不当之处在所难免，敬请读者批评指正。

程　胜

2011年9月

目　录

第 1 章　高可靠实时操作系统 …… 1

1.1　高可靠实时操作系统概述 …… 1

1.2　高可靠 RTOS 发展现状及趋势 …… 3

1.3　航天对高可靠 RTOS 的需求 …… 6

1.4　本书的结构 …… 8

第 2 章　安全关键软件设计标准及规范概述 …… 10

2.1　软件可靠性 …… 11

2.1.1　软件可靠性概念 …… 11

2.1.2　软件可靠性评价 …… 12

2.2　高可靠软件设计 …… 13

2.2.1　软件可靠性工程 …… 13

2.2.2　软件可靠性设计技术 …… 15

2.3　软件可靠性与防危性区别 …… 17

2.4　国外安全关键软件研制标准 …… 18

2.4.1　DO-178B 标准 …… 18

2.4.2　ARINC653 标准 …… 21

2.4.3　NASA 标准 …… 25

2.4.4　ECSS 标准 …… 25

2.4.5　DOD 标准 …… 27

2.5　国内安全关键软件研制标准 …… 27

2.5.1　GJB 2786-96 标准 …… 27

2.5.2　GJB/Z 102-97 标准 …… 28

2.5.3　GJB 438A－97 标准 …… 30

第3章　RTOS 基本概念和原理 …… 31

3.1　RTOS 总体结构 …… 32

3.2　RTOS 内核 …… 33

3.2.1　RTOS 内核概述 …… 33

3.2.2　任务调度管理 …… 35

3.2.3　内存管理 …… 44

3.2.4　同步与通信 …… 48

3.2.5　中断/异常管理 …… 61

3.2.6　时钟定时器 …… 67

3.3　设备管理与驱动 …… 70

3.3.1　设备管理 …… 71

3.3.2　设备驱动 …… 75

3.4　嵌入式文件系统 …… 80

3.4.1　概述 …… 80

3.4.2　Flash 文件系统 …… 83

第4章　国外航天应用的 RTOS 产品 …… 88

4.1　VxWorks 产品介绍 …… 88

4.1.1　VxWorks 基本结构 …… 89

4.1.2　VxWorks 主流版本 …… 91

4.2　Integrity 产品介绍 …… 93

4.2.1　Integrity－178B RTOS …… 94

4.2.2　Integrity RTOS …… 97

4.2.3　Integrity PC …… 99

4.3　RTEMS 产品介绍 …… 99

4.3.1　RTEMS 内核结构及功能特点 …… 100

4.3.2　RTEMS 版本发展 …… 101

4.4　QNX 产品介绍 …… 103

4.4.1 QNX Neutrino RTOS …… 104
4.4.2 QNX Neutrino RTOS Secure Kernel …… 106
4.4.3 QNX Neutrino RTOS Safe Kernel …… 107
4.4.4 QNX RTOS v4 …… 108
4.5 LynxOS 产品介绍 …… 109
4.5.1 LynxOS …… 109
4.5.2 LynxOS - 178B …… 112
4.5.3 LynxOS - SE …… 115

第5章 高可靠 RTOS 设计原理 …… 116

5.1 RTOS 可靠性设计理念 …… 116
5.1.1 RTOS 可靠性设计面临问题 …… 116
5.1.2 高可靠 RTOS 设计模型 …… 120
5.1.3 可靠性与性能的权衡设计 …… 122
5.2 高可靠 RTOS 设计范例 …… 124
5.2.1 分区操作系统 …… 124
5.2.2 基于虚拟化的安全操作系统 …… 136
5.2.3 基于二代微内核的安全操作系统 …… 150
5.3 RTOS 验证技术 …… 170

第6章 高可靠 RTOS 内核实现技术 …… 173

6.1 容错实时调度 …… 173
6.1.1 容错实时调度概述 …… 173
6.1.2 容错实时调度算法介绍 …… 179
6.2 内存保护 …… 195
6.2.1 内存保护的重要性 …… 195
6.2.2 多层次内存保护技术 …… 196
6.2.3 内存泄露的动态监测及回收 …… 201
6.2.4 蒙德里安内存保护 …… 208
6.3 空间辐照环境下的内存数据可靠存储 …… 212

6.3.1 空间辐照概述 …… 212
6.3.2 冗余内存分配技术 …… 213
6.3.3 内存冗余编码技术 …… 222
6.4 资源竞争防护 …… 226
6.4.1 资源竞争问题及防护技术 …… 226
6.4.2 动态检测算法 …… 229
6.4.3 静态检测算法 …… 236
第7章 设备驱动及可靠性增强技术 …… 245
7.1 高可靠 RTOS 设备驱动技术 …… 245
7.1.1 设备驱动概述 …… 245
7.1.2 设备驱动出现问题分析 …… 247
7.1.3 提高驱动可靠性的技术概述 …… 248
7.1.4 设备驱动加固技术介绍 …… 250
7.2 高可靠 RTOS 容错技术 …… 261
7.2.1 高可靠 RTOS 容错技术意义 …… 261
7.2.2 容错技术 …… 262
7.2.3 错误屏蔽策略 …… 263
7.2.4 错误恢复策略 …… 273
7.2.5 RTOS 容错实现技术 …… 276
7.3 RTOS 健康管理 …… 285
7.3.1 健康管理 …… 285
7.3.2 ASAAC 中的系统管理 …… 288
7.3.3 ARINC653 中的健康管理 …… 294
7.3.4 基于模型的健康管理技术 …… 298
第8章 RTOS 测试技术和方法 …… 303
8.1 RTOS 测试技术概述 …… 303
8.1.1 软件测试是 RTOS 可靠性保障的重要手段 …… 303
8.1.2 RTOS 测试方法分类 …… 304

8.2 RTOS 覆盖率测试 …… 307
8.2.1 覆盖率测试 …… 308
8.2.2 覆盖率测试工具简介 …… 313
8.2.3 目标码覆盖率测试 …… 316
8.3 RTOS 综合功能测试 …… 318
8.3.1 RTOS 功能点 …… 318
8.3.2 RTOS 综合功能测试模型 …… 319
8.3.3 多维测试模型 …… 319
8.4 RTOS 性能测试 …… 321
8.4.1 时间参考 …… 322
8.4.2 性能指标 …… 324
8.4.3 最大关中断时间比较方法 …… 334
8.5 RTOS 基准测试 …… 340
8.5.1 RTOS 基准测试套件 …… 340
8.5.2 Rhealstone …… 342
8.5.3 ThreadMetric …… 345
8.5.4 HartStone …… 347
8.5.5 混合负载基准测试 …… 350
8.6 RTOS 测试支撑技术 …… 362
8.6.1 RTOS 接口测试自动化技术 …… 362
8.6.2 RTOS 可移植接口技术 …… 368
参考文献 …… 381

第 1 章　高可靠实时操作系统

1.1　高可靠实时操作系统概述

进入 21 世纪以来，世界航天活动呈现蓬勃发展的新态势：运载器向大吨位、高可靠、快速响应、高环保、低成本及强适应性发展，卫星系统向高可靠、长寿命、高空间与时间分辨率、大容量及高速率发展，并逐步突破地球轨道载人航天技术，向载人深空探测发展。

为了适应更为复杂的空间环境并完成繁杂的空间任务，航天领域的嵌入式软件系统无论其应用规模、复杂度，还是重要性程度，近年来均呈急剧上升趋势。原有依靠人工进行资源管理及调度的方式，难以解决资源冲突、中断阻塞、自主管理等问题，因此需要利用实时操作系统在机制上予以保障，保证系统的稳定性、可靠性与高质量，并提高软件的开发效率。

实时操作系统（Real Time Operating System，RTOS）是指能在确定的时间内对外部事件做出响应并执行功能的一类操作系统。

20 世纪 70 年代起，美国就着手研制 RTOS 产品，1981 年 Ready System 公司发布了世界上首个实时操作系统产品 VRTX32。从 80 年代开始，RTOS 在美国的军事和航天领域中逐步得到应用，并取得了显著成效：

1）1997 年，美国国家航空航天局（NASA）喷气推进实验室（JPL）研制的火星探路者号探测器，搭载了美国 Wind River 公司的 VxWorks 实时操作系统登上火星，并在空间试验中成功实现了远程系统重构，纠正了优先级逆转问题，使得 VxWorks 成为第一个登上火星的商业 RTOS，进而在后续的火星探测计划中得以应用，包括：

2004 年的机遇号、勇气号，2008 年的凤凰号，都相继选用了 VxWorks 实时操作系统作为火星探测器的基础软件，并获得成功。

2）2000 年，美国 Green Hills 公司的 Integrity 实时操作系统中标洛克希德·马丁公司研制的联合战斗机，成为其控制系统的核心软件。

3）2005 年，美国 Express Logic 公司的 ThreadX 实时操作系统，为 NASA 深度撞击号探测器提供了高分辨率摄像头的精确与实时控制，成功完成了对坦普尔 1 号彗星的撞击任务，并收集了撞击产生的彗核碎片物质。

4）2009 年，美国 Wind River 公司宣布，NASA 将采用 VxWorks653 安全实时操作系统产品，作为新一代运载火箭战神 1 号和战神 5 号飞行控制计算机的实时操作系统。

欧洲、日本、加拿大、澳大利亚等国家和地区在航天型号中也已大量应用实时操作系统产品。事实证明，选用 RTOS 作为航天领域基础软件，这一举措是非常成功的，在弹、箭、星、船等强实时、高可靠应用中发挥了极为重要的支撑作用。

欧美国家将 RTOS 的选型作为一项重要的战略性决策对待。例如，2003 年，加拿大航天局研究员 Philip Melanson 在空间数据系统会议（Data Systems in Aerospace，DASIA 2003）上发表了题为“A Selection Methodology for the RTOS Market”的论文，阐述了加拿大航天局对 RTOS 产品的选型思路及方法，包括粗选和精选两个步骤。在粗选阶段，主要根据技术服务能力、产品持续发展能力等进行筛选；在精选阶段，提出了一个包含 8 个大项、43 个子项的技术评分表，涉及内核架构、编程模型、实时性能、编程接口等方面，对 RTOS 产品进行细化分析与比较权衡，从而形成应用 RTOS 产品的推荐排序。

我国航天领域也已部分应用了 RTOS，如：实践五号、探索一号使用了 pSOS 实时操作系统。随着我国航天嵌入式软件的系统规模及功能复杂度持续递增，自研或选用高可靠 RTOS 产品作为嵌入式软件支撑平台将成为必然趋势。

1.2 高可靠 RTOS 发展现状及趋势

与微软公司的 Windows 操作系统在桌面应用中"一枝独秀"截然不同，RTOS 商用产品及开源系统数量极为丰富。据统计，总量达上百种，如 VxWorks、Integrity、QNX、RTEMS、ThreadX、LynxOS、uC/OS 等都有广泛的应用，并涌现了 Wind River、Green Hills、QSSL、Express Logic、Gaisler 等著名公司。

可将现有的 RTOS 产品及系统按照图 1－1 所示的方式进行分类。

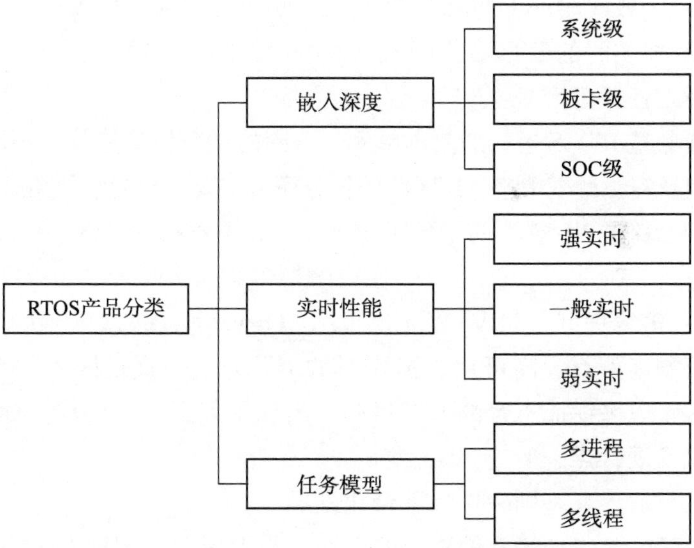

图 1－1 RTOS 产品技术分类示意图

(1) 嵌入深度

嵌入深度代表了不同 RTOS 的资源规模及服务对象，主要可分为系统级、板卡级、SOC 级三个级别，其中：

1）系统级的 RTOS 内核规模相对较大，一般为 1Mbyte 以上，具有网络、图形等丰富的功能，主要运行在资源充足的嵌入式实时系统中，如 RT－Linux、WinCE 等；

2）板卡级的 RTOS 内核规模一般为几百 Kbyte，运行于各类嵌入式板卡中，如 VxWorks、Integrity、QNX、RTEMS 等；

3）SOC 级的 RTOS 内核规模仅为几 Kbyte，运行于各类深度嵌入的场合，如 ThreadX、uC/OS 等。

（2）实时性能

实时性能代表了 RTOS 对外部事件的响应能力和水平，主要可分为三个级别：强实时、一般实时、弱实时，其中：

1）强实时的 RTOS 中断及任务响应时间为微秒级；

2）一般实时的 RTOS 中断及任务响应时间为毫秒级；

3）弱实时的 RTOS 中断及任务响应时间为秒级。

（3）任务模型

任务是 RTOS 运行的基本单元，不同的任务模型造就了不同的编程模型及资源调度策略。RTOS 的任务模型主要可分为两种类型：

1）多进程型，如 VxWorks 6.x、VxWorks653、Integrity、QNX 等；

2）多线程型，如 VxWorks 5.4、ThreadX、uC/OS、pSOS 等。

研制高可靠、高可用、强实时的 RTOS，一直是嵌入式系统工业界多年以来锲而不舍的追求目标，出现了如下的平台化、标准化、系列化发展特点。

（1）嵌入式基础软件的平台化发展

RTOS 是嵌入式软件系统的核心，与编译器、调试器关系密切。各类主流的 RTOS 供应商，如 Wind River 公司、Green Hills 公司等，均自主维护了由操作系统、编译器、调试器等一系列基础软件在内的完整平台，使得技术支持与服务能力雄厚，发展游刃有余。

（2）面向安全关键应用的标准化发展

面向航天型号等安全关键（Safety Critical）应用的 RTOS，越来越强调其符合标准化、规范化程度。各 RTOS 厂商，相继推出了符合军用标准的安全 RTOS 产品，如 Wind River 公司的 VxWorks653、LynuxWorks 公司的 LynxOS－178B 符合 ARINC 653 和 DO－178B 标准，Wind River 公司的 VxWorks MILS 2、Green Hills 公司的 Integrity－178B 实现了多重独立安全等级（Multiple Independent Levels Of Security，MILS）架构，并通过了 EAL6＋认证。

（3）贴近行业应用特点的系列化发展

面向各类行业应用特点，提供贴近应用需求的实时内核、编程模型及开发工具，是当前实时操作系统发展的重要趋势。例如，Wind River 公司面向航空航天、汽车电子、网络设备、工业控制、医疗电子等，分别推出了相应的一体化解决方案及应用平台；Green Hills 公司共提供了 3 个系列 5 个内核，以有效支持各类应用需求；QSSL 公司也提供了 4 个内核，以适应不同应用需求。

进入 21 世纪以来，国外对 RTOS 的系统架构、编程模型、冗余容错、健康监控、安全验证等可靠性保障技术研究的关注度明显加大。近年来，在操作系统设计、嵌入式系统、系统体系结构、软件工程等领域的国际顶级会议，如 SOSP、OSDI、ASPLOS、RTSS、RTAS、MICRO、ICSE 等，陆续发表了一些研究成果，研制了一批新型的实时操作原型系统，并呈现如下的技术发展趋势。

1）可配置、可重构、组件化技术，提高 RTOS 快速扩展能力。

通过二代微内核、超微内核、可重构、构件化等技术，有效分离 RTOS 内核功能服务与应用功能服务，降低实时操作系统内核耦合度与复杂度，提高 RTOS 面向应用需求驱动的快速定制、扩展、细粒度配置与裁剪能力。

2）高可靠、高可信支持，提高 RTOS 内核容错、安全验证与防护能力。

面向安全关键应用，避免单点失效崩溃与安全漏洞，采用避错、防错、消错、容错、健康监控、故障诊断，以及内核形式化验证等技术，提高 RTOS 的可靠性与安全性支持。

3）面向新型嵌入式应用，提高 RTOS 适应性。

面向 SOC/SIP 等深度、亚深度嵌入应用需求，以及相变存储器（Phase Change Material，PCM）等新型非易失性存储介质出现，研制更为精简的实时内核、有效的能量优化技术，以及新型存储技术已成趋势。

4）基于软硬件协同的新型内核设计，提升 RTOS 实时性能。

结合硬件芯片特性，采用资源优化配置、新增处理器指令、工具链扩展等软硬件协同技术手段，开展面向硬件体系结构的深度优化，全面提升 RTOS 实时性能。

5）新型体系结构与编程模型设计，提高 RTOS 易用性。

随着多核、众核、网格计算、云计算等新型计算模式出现，需要 RTOS 提供有力的并行处理、流式处理等新型编程模型及配套功能、性能优化技术支持手段。

1.3 航天对高可靠 RTOS 的需求

根据 2011 年发布的《中国的航天》白皮书介绍，我国将启动并继续实施载人航天、月球探测、高分辨率对地观测系统、新一代运载火箭等重大航天工程，部署和发展航天领域的前沿技术，加快航天科技的进步和创新。

在新一代航天型号装备的研制过程中，出现了新的发展趋势，对嵌入式实时操作系统提出了如下需求。

（1）新型复杂冗余设备支持

随着载荷水平不断提高，航天器寿命不断延长，以及深空探测计划的逐步实施，对系统整体的可靠性提出了更高的要求，满足长寿命、高可靠要求的 4 机、甚至 5 机冗余方案将得到应用，在系统运行控制模式、设备状态管理、备份交替策略等方面的复杂度将显著提升。此外，各类部件级冗余也进一步丰富，如 CPU 冗余、输出驱动冗余、数据冗余缓冲，以及各种混合冗余结构。迫切需要 RTOS 提供对复杂冗余设备、冗余部件进行有效管理的支持。

（2）全面故障容错与健康管理支持

航天型号计算机担负着稳定控制、时序控制、级间分离控制、实时遥测及制导等关键任务，任何故障都将导致型号失败甚至灾难性后果，因而具有极高的可靠性要求。由于各类新型的芯片与器件、复杂冗余设备结构的引入，使得系统的可靠性管理将更为复杂，需要 RTOS 支持从任务级、模块级、部件级到系统级多个层次的故障检查全覆盖，并且能够快速实现故障的检测、隔离和恢复支持，全面提高系统的健康监控、管理与维护水平。

（3）新型高性能处理架构支持

新型导弹武器系统将具有更高的飞行性能、更精确的打击与作战能力，而快速计算装置是其重要的支撑技术，各类 SOC 芯片、DSP、FPGA、ASIC 器件，以及同构、异构分布式并行处理模式、混合并行模式、多层次互联架构将得到广泛应用，需要 RTOS 全面支持各类高性能处理芯片及分布式处理模式。

（4）高可靠大容量固态存储支持

对于通信卫星、气象卫星、测绘卫星等传输型卫星而言，随着遥感图像的影像分辨率（空间分辨率、光谱分辨率和时间分辨率）和采样率越来越高、图像帧越来越大，产生了巨大的数据流量，即使经过星上实时压缩处理，其数据率仍将达到 Gbit/s 数量级，星上固存容量将在 200Gbyte 以上，因而，对 RTOS 提出了支持大容量固态存储管理的迫切需求。

（5）高带宽网络实时通信与数据传输支持

在新型导弹武器中将装备嵌入式双向数据链，通过天基宽带通信系统，实时接收战术信息，并实时传送武器攻击效果。此外，卫星也将采用新型的双通道高速数传技术，如激光通信、极化复用技术等，因而，对 RTOS 提出了支持大网络带宽、实现高速数据可靠、安全传输与处理的需求。

1.4 本书的结构

当前，嵌入式RTOS技术在不断推陈出新，及时了解、熟悉与掌握最新的原理、技术与方法，对于RTOS的技术选型、自研RTOS及应用RTOS都非常必要。

笔者多年来从事RTOS、安全编译器、软件可靠性、软件测试领域的研究工作，承担了国家重大科技专项、国防基础科研、总装预研、航天科技重点创新基金、航天支撑技术基金等多个研究课题，对高可靠嵌入式RTOS架构、构成原理、功能设计、测试方法等进行了长期的跟踪与探索，研究和分析了多种当前最新的RTOS产品及技术资料。通过与航天型号单位紧密配合，面向高可靠型号软件开发应用需求，研制了RTOS、安全编译器、集成开发环境、软件虚拟机等一系列产品，并在型号中得到了应用，取得了一定成果。本书是对相关成果的整理与总结。

全书共分为8章，图1—2给出了组织结构，内容说明如下。

- 第1章主要介绍RTOS现状及发展概况；
- 第2章对安全关键软件的设计标准及规范进行简介；
- 第3章简要介绍RTOS的基本概念及原理；
- 第4章介绍国外航天应用的主流RTOS产品及特点；
- 第5章围绕高可靠RTOS设计原理展开，包括：设计模型、系统实例；
- 第6章介绍高可靠RTOS内核实现技术，包括：容错实时调度算法、内存空间保护技术、资源竞争防护等技术；
- 第7章主要介绍设备驱动及可靠性增强技术，包括：设备驱动加固、容错恢复、健康监控及管理技术；
- 第8章主要介绍RTOS的各类测试方法，包括：覆盖率测试、综合功能测试、性能测试、基准测试，以及测试支撑技术。

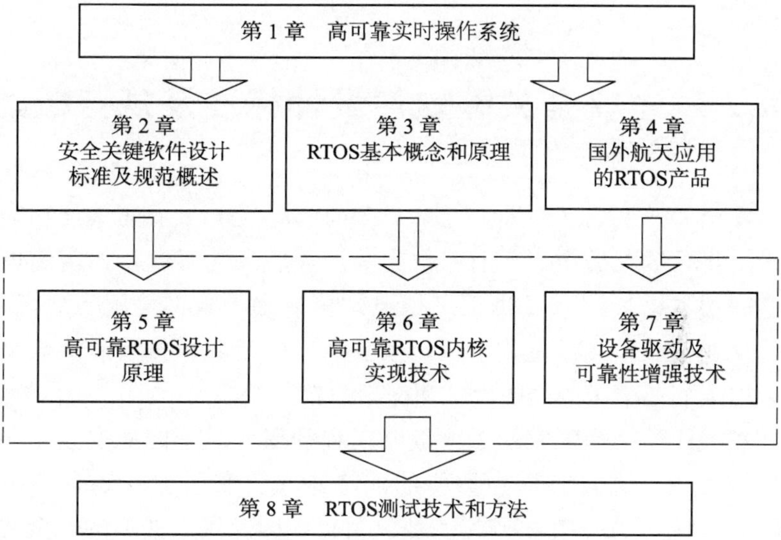
第 1 章　高可靠实时操作系统
第 2 章
安全关键软件设计
标准及规范概述
第 3 章
RTOS基本概念和原理
第 4 章
国外航天应用
的RTOS产品
第 5 章
高可靠RTOS设计
原理
第 6 章
高可靠RTOS内核
实现技术
第 7 章
设备驱动及
可靠性增强技术
第 8 章　RTOS测试技术和方法

图 1－2　本书的结构

第 2 章　安全关键软件设计标准及规范概述

安全关键系统（Safety Critical System）是指其不正确的功能或失效，将导致人员伤亡、财产损失等严重后果的系统，如震惊世界的苏联切尔诺贝利及日本福岛核电站核泄漏事故，美国挑战者号、哥伦比亚号航天飞机爆炸事件，俄罗斯库尔斯克号核潜艇沉没事故等，给人们留下了惨痛的回忆和深刻的教训。

航天作为一个国家的重大战略工程领域，对于国防安全、科技和经济发展，都具有极为重要的战略意义。航天型号装备系统以“零缺陷、零故障、零疑点”为研制目标，因此属于典型的安全关键系统。

目前各类型号系统中均需不同程度嵌入软件，随着软件系统的应用规模、复杂度、重要性程度，以及在型号系统中所承担的功能比重急剧上升，软件的“双刃剑效应”越来越凸显，软件故障所造成的影响已不容忽视。

为减少或避免安全关键系统发生灾难性事故，如何增强软件系统的可靠性（reliability）、防危性（safety）、可用性（availability）、可维护性（maintainability）、安全性（security），已成为安全关键系统发展的核心和难点，其重心在于提高可靠性与防危性两个核心属性。

本章从介绍软件可靠性概念入手，进而阐述软件可靠性与防危性的区别，随后对国内外安全关键软件系统研制的相关标准及规范进行简要介绍。

2.1　软件可靠性

2.1.1　软件可靠性概念

1983 年，美国电气和电子工程师协会 IEEE 对“软件可靠性”做出了定义，该定义被美国标准化研究所接受为国家标准，1989 年也被我国接受。该定义包括以下两方面含义：

1）在规定的条件下，在规定的时间内软件不引起系统失效的概率；

2）在规定的时间周期内，在所述条件下程序完成规定功能的能力。

其中 1）是一个定量的定义，而 2）是一个定性的定义。与硬件可靠性定义相比，软件可靠性的定义对可靠性的构成要素赋予了新的内涵。下面简要分析定义中的概念要素。

（1）规定的条件

1）软件运行的软、硬件环境：软件环境包括运行的操作系统、应用程序、编译系统、数据库系统等；硬件环境包括计算机的 CPU、CACHE、MEMORY、I/O 等。

2）软件运行剖面：通常是指软件运行的输入空间及其概率分布。软件的输入空间是指软件所有可能的输入值构成的空间。

（2）规定的时间

规定的时间是指软件的工作周期。软件可靠性只是体现在其运行阶段，所以将“运行时间”作为“规定的时间”的度量。规定的时间一般可分为：执行时间、日历时间和时钟时间。

（3）规定的功能

规定的功能是指“为提供给定的服务，产品所必须具备的功能”。

（4）软件失效

软件失效是指程序运行中出现偏离预期正常状态的事件，即偏离了《软件需求规格说明书》的要求。不引起系统失效，是指软件可靠性不仅要保证正确性，还应包含健壮性。所谓健壮性，是指硬件发生故障或输入数据不合理等意外条件时，系统能做适当工作的能力。

2.1.2　软件可靠性评价

软件是一个复杂的系统，对其可靠性评价是基于开发过程中各种因素的分析和综合，既含有行为因素又含有状态因素，同时，评价中呈现的信息也存在诸多的不确定性。

结合软件开发过程中对软件质量和可靠性影响因素的分析，将软件可靠性评价体系按照层次分析法分为以下 3 层。

1）目标层：将软件的可靠性评价作为目标层的一个总体指标。

2）准则层：包括 4 个准则，也叫做评价要素，即产品、分析设计、编码、测试，软件产品自身、软件自身的一些特性对可靠性也有着一定的影响。

3）指标层：每个准则层包含相应的影响软件可靠性的指标因素，该层可以采用多个指标分别对每个评价要素进行细致的描述。

由图 2—1 可知，影响软件可靠性的因素很多，不同软件对可靠性有不同的要求。在 IEEE Std 1012—2004 标准中，将软件分为 4 个等级，如表 2—1 所示。对于 3 级以上的高可靠软件，一般需要执行严格的验证。

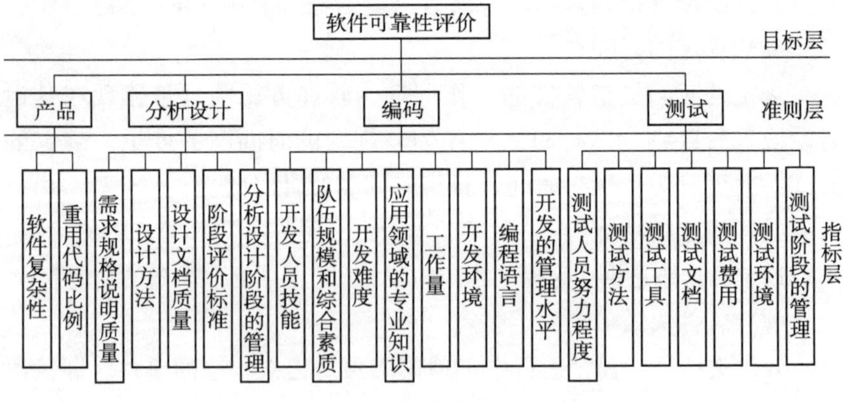

图 2—1　软件可靠性评价体系

表 2—1　IEEE 的软件等级分类

等级	描述
1	软件运行出错所导致的后果可以忽略，并不需要补救
2	软件运行出错所导致的后果较轻微，并可采取措施得到完全补救
3	软件运行出错将导致较为严重的后果，但可采取措施部分补救
4	软件运行出错将产生不可弥补的严重后果

2.2　高可靠软件设计

我国的可靠性工作起步于 20 世纪 60 年代，自 80 年代中期以来，随着导弹武器和应用卫星研制工作的开展，可靠性工程进入全面发展的阶段，可靠性的定量要求作为重要指标被列入型号研制任务书，自此可靠性的意识有了很大的提高。

《军工产品质量管理条例》、《装备研制和生产的可靠性通用大纲》、《航天器和导弹武器系统可靠性大纲》等一系列标准相继发布，促进了高可靠软件工程的全面开展。

2.2.1　软件可靠性工程

软件可靠性工程是在软件工程基础上发展起来的，是为了保证经济、及时实现软件可靠性目标而采取的系统化技术、管理活动及方法，其技术内涵包括可靠性分析、设计、度量和管理 4 个方面。

简单地说，软件可靠性工程就是基于软件产品的可靠性进行预测、建模、估计、度量及管理，贯穿于软件开发的整个过程。因此，在软件生命周期各阶段的一般软件工程活动基础上增加分析、设计、度量和管理这 4 个方面，能达到更高的可靠性，如图 2—2 所示。

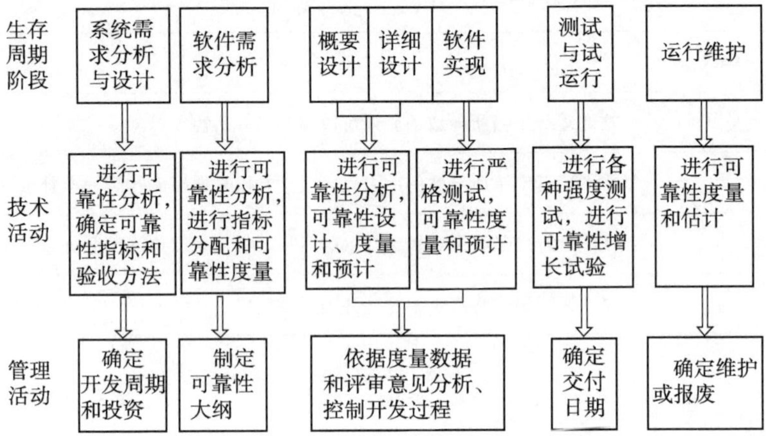

图 2—2　软件可靠性工程要素示意图

为了保证软件的高可靠性，在软件生命周期的各个阶段都要做好相关的工作。

（1）系统需求分析设计及软件需求分析阶段

需根据产品具体要求做出软件项目开发计划，明确项目的目的、条件、运行环境、软件产品要求、人员职责分工及进度，并估计产品的可靠性。需求分析时要根据项目开发计划阶段确定软件开发的主要任务、次要任务和其他任务，并设计软件程序的基本流程、软件结构、模块的定义和输入输出数据、接口和数据结构等，同时应对项目开发计划阶段做出的可靠性预计，进一步细化形成可靠性需求，建立具体的可靠性指标。

（2）软件设计和实现阶段

软件设计是对上一阶段定义的各个功能模块逐步细化，确定系统体系结构，形成若干可编程的模块，还要说明硬件和软件模块之间的接口及它们与外部环境的接口，详细描述各模块的输入、处理过程及输出。功能实现是根据设计方案进行软件编程，该阶段主要完成以下工作。

1）在模块间分配可靠性指标；

2）按可靠性指标进行设计；

3）根据功能图集中资源配置；

4）控制错误的引入和传播；

5）度量现成软件的可靠性。

（3）系统测试与试运行阶段

系统测试用以确认产品的软件要求是否得到满足，用户是否可以实际应用。系统测试阶段是开发过程的最后阶段，如果措施得当，可以在产品首次使用前进一步提高可靠性。试运行是在用户环境中验证产品的各种说明及系统测试所得的可靠性指标。

（4）维护阶段

维护阶段即在产品用户使用过程中改正软件暴露出来的与失效有关错误的阶段。本阶段可监视产品现场运行的可靠性，并和预定指标及用户的满意程度进行对照，便于提高后续版本的可靠性，完善软件质量。

2.2.2　软件可靠性设计技术

软件可靠性设计旨在遵循软件工程规范，在软件设计过程中采用一些专门技术将可靠性“设计”到软件中，以满足软件可靠性要求。而软件可靠性设计技术则是指那些适用于软件设计阶段，以保证和提高软件可靠性为主要目标的设计技术。

目前，航天软件可靠性设计的技术有以下几种。

（1）软件在线自检和动态分析技术

软件在线自检和动态分析技术是指对正在执行的程序性能进行实时检查分析。软件动态分析可检验程序的测试覆盖率和所有功能。

（2）软件容错技术

容错技术是软件设计中常用的方法之一。通过在软件设计过程中对各种输入数据的取值范围进行越界检查和保护，对不满足函数定义域的数据处理，以及对各种异常的处理设计都可以提高软件的可靠性。

（3）软件失效模式、影响及危害性分析技术（FMECA）

软件 FMECA 用于检查软件设计和代码，并在出现异常输入或异常环境条件时进行分析的一种技术，可用于保证在整个软件研制周期中得到具有高可靠特性的软件。

软件 FMECA 的目的是识别和修正软件中由于设计缺陷所造成的系统故障。如果使用合理，该分析方法可在任何等级上提供软件错误信息，以保证在需求定义阶段避免软件故障、在测试阶段确定软件错误类型和改正措施。故障确定后，就可利用容错、自检验技术或制定软件保护措施，以减少程序执行时出现故障的概率。

软件 FMECA 可利用许多技术，其中危险分析法和可行性研究是软件需求定义阶段常常采用的两种技术，前者用于确定故障模式及其后果，后者用于决定如何消除这些故障模式。

（4）软件故障树分析技术（FTA）

软件 FTA 是一种自上而下的技术。它通常是将意外发生的事件作为顶级事件，然后由熟悉系统及关键事件的人员进行处理或者管理，以识别和消除引起这些异常事件的状态。该分析最主要的用途是把顶级关键事件转变为在分系统级上必须防止的事件，然后确定有害事件潜在的原因。在不可能完全消除的地方，通常必须建立一种新的配置或者对程序进行重新设计和完善，以保证这些有害事件发生的概率在可接受的范围内。

（5）软件复杂性控制技术

在软件设计中，采用模块化、层次化等设计方法，可以降低软件的复杂度，从而提高软件的可靠性。

（6）软件可靠性预测和估计技术

软件可靠性预测通常用于软件开发的早期，通过以往的经验或历史数据来预测软件系统的可靠性。而软件可靠性估计则通常在软件测试和应用阶段进行。

软件可靠性预测和估计一般通过两种途径进行：一种是数学模型法，即利用软件可靠性模型进行预测和估计；二是经验公式法，根据开发软件的基本特性，包括编程语言、软件类型、开发环境等，通过公式运算获得对软件可靠性的预测和估计。

（7）软件可靠性建模技术

软件可靠性建模技术包括软件可靠性模型、软件交付时间模型、软件可用度模型等，其中软件可靠性模型应用最多，且用途最广。软件可靠性模型通常分为两大类，一类为分析模型，另一类为经验模型。

2.3　软件可靠性与防危性区别

可靠性与防危性是安全关键软件系统最为关注的两个属性，对于防止或减少系统发生灾难性事故，增强安全关键系统的可信性发挥了极为关键的作用。两者具有相近的外在表现形式，因而容易造成混淆，本节将重点阐述两者之间的区别。

（1）内涵差异

软件可靠性是描述和评价软件质量属性的重要特征，它表明软件系统符合用户要求的程度、设计的目标及其执行功能的正确度。软件可靠性关注软件在给定的时间及环境内连续提供期望服务的能力，即在系统正常及各种故障环境下的服务持续提供能力。

软件防危性则表示软件系统在给定的时间内不发生灾难性后果的能力，强调防止危险事件发生的能力，必要时可以通过停止系统服务以避免灾难性事故的发生。

一个系统可靠不一定能同时防危，例如，即将爆炸的核电站可以通过继续发电满足其可靠性要求，但却与防危性目标格格不入；同样，一个系统防危也不一定可靠，如核电站一出现情况即采取停堆措施，虽然具有极高的防危性，但失去了系统应有的可靠性。

（2）关注范围差异

软件可靠性关注系统范围内所有潜在的失效（failure）因素及事件，包括：模块级、部件级、系统级等各个不同粒度，讲究对失效的全面覆盖，尤其是发生频率较高的失效，无论其危害性大小程度都需密切关注。

软件防危性则只关注于系统中风险（risk）较大的失效部分，可以忽略危害性较低的失效事件，因而比软件可靠性关注的目标范围更为集中、聚焦。

（3）评价指标体系差异

衡量软件可靠性的指标主要有平均失效时间（Mean Time To Failure，MTTF）和平均失效间隔时间（Mean Time Between Failures，MTBF）。

软件防危性仅关注部分软件失效，特别是危害性较大的失效，因而不适合采用 MTTF、MTBF 等可靠性评估指标，可以用平均危险失效时间（Mean Time To Unsafe Failure，MTTUF）进行评估，即安全关键软件发生首次危险失效前的平均防危时间，即防危状态的平均时间。

2.4 国外安全关键软件研制标准

2.4.1 DO－178B 标准

自 20 世纪 80 年代开始，在航空器和发动机等机载系统和设备中，软件使用量迅速增加，这就需要有一个工业可接受的标准，作为民用航空机载安全关键软件的开发指南，以满足适航要求。由此提出了《机载系统和设备合格审定中的软件认证》（RTCA DO－178B），用于指导航空机载设备开发商，开发满足耐飞性要求、具有高安全置信度的机载软件。

2.4.1.1 DO－178B 标准发展史

DO－178B 标准是由美国的航空无线电技术委员会（RTCA）提出的一个航空工业的软件标准，标准名为“Software Considerations in Airborne Systems and Equipment Certification”，用于建立一套开

发人员、安装人员和用户在使用计算机技术设计航空系统及设备时遵从的软件要求。它的第一个正式版本于 1982 年发布，被称为 DO—178，随后很快被欧洲民航电子设备组织（The European Organization for Civil Aviation Equipment，EUROCAE）认可为 ED—12，成为欧洲体系的标准。

随后，RTCA 对DO—178 标准进行了更新，增加了航空界在软件适航认证中积累的相关经验，新版本发布于 1985 年，被称为 DO—178A。到 1992 年，多个行业联合发布了一个对 DO—178A 标准的综合性更新，该版本吸取了硬件评估的技术和经验，特别是可靠性评估技术中所采用的方法，RTCA 称之为 DO—178B 标准（欧洲认可为 ED—12B)。该标准也就是当前航空业界所应用的版本，无论是美国联邦航空管理局（FAA）还是欧洲联合航空管理局（JAA）都将 DO—178B 标准作为机载软件开发的标准。

作为一个可靠的、成功的、被业内所公认的标准，DO—178B 标准势必为军工领域所参考。以美军为例，第一份全面的、等同于 DO—178B 的军方软件标准是美军标 MIL—STD—1679。该标准为后来的 DoD—STD—2167、DoD—STD—2167A、MIL—STD—498 乃至现今的 ISO/IEC—12207 标准提供了相当的引导。随着 DO—178 系列标准的完善，美方甚至在有些军用航空电子项目中直接应用 DO—178B 标准。

2.4.1.2　DO—178B 标准现状及展望

DO—178B 标准设立的目的是指导航空机载软件开发，确保航空机载软件不仅满足飞机和机载系统对其功能和性能的要求，还要具备其航空机载耐飞性需求所要求的安全置信度。为此，在 DO—178B 标准中讨论了涉及航空器和发动机上所用的机载系统和设备，及软件开发过程中的适航性合格审定问题，并对航空机载软件开发所应该遵循的基本理念和规则从以下方面进行了规定。

1）机载系统与机载软件之间的内在关系；

2）机载软件的生命周期；

3）机载软件的计划过程；

4）机载软件的开发过程；

5）机载软件的验证过程；

6）机载软件的构型管理过程；

7）机载软件的质量保证过程；

8）适航认证联络过程；

9）软件生命周期数据记录。

简单地说，DO－178B 标准主要通过以下三种形式：

1）规定航空机载软件生命周期中各个过程的目标；

2）规定达到这些目标的活动和工程实现考虑；

3）规定确认这些目标已经实现的证据记录。

要求机载软件开发者完成如下三项工作：

1）明确工作安排，即提供计划；

2）确定工作规程，即按规矩做事；

3）证明工作的规范性，即维护工作记录。

事实上，DO－178B 标准通过三种形式和三项工作要求，较全面地反映了航空机载软件工程的基本理念和规则，用于指导航空机载设备开发商的软件开发，指导 NASA 等研究机构的研究工作开展。美国联邦航空管理局或欧洲联合航空管理局，与机载设备开发商就航空机载设备的适航许可证发放，就是参照 DO－178B 这个共同标准来进行认证和评判的。

在 DO－178B 标准中，主要涉及软件生存周期和系统生存周期中的工作过程规范，并没有对最终软件的运行功能及性能进行约束。

DO－178B 标准提出了一个五级的软件安全等级规范。软件安全等级是在系统安全性评估过程中，确定软件失效状态对系统的影响，软件安全等级越高，合格审定的要求就越高。软件安全等级及其定义如表 2－2 所示。

表 2－2　DO－178B 标准中的软件安全等级描述

级别	描述
A	可能引起或导致系统功能失效，进而引起灾难性后果的软件
B	可能引起或导致系统功能失效，进而引起危险或严重失效状态的软件
C	可能引起或导致系统功能失效，进而引起较严重失效状态的软件
D	可能引起或导致系统功能失效，进而引起较轻失效状态的软件
E	可能引起或导致系统功能失效，但不会影响航空器正常工作的软件

每一级别的异常状态，都可由系统安全性评估过程来表明。在 DO－178B 标准中，只对 A 级～D 级软件进行合格审定。

在 DO－178B 标准中，对系统需求、软件需求和结构、可追踪性数据、源代码、可执行目标码和软件验证计划等各个方面，都有相应验证的指导原则和评审方法。特别对目标码，在验证方法中强调了以需求为基础的验证，通过正确的测试用例以及鲁棒测试用例完成该验证。软件验证过程要提供在软件需求中实现与对软件需求验证之间的可追踪性，即由基于需求的覆盖分析，完成软件需求与测试用例之间的可追踪性；由结构覆盖分析，完成代码结构与测试用例之间的可追踪性。这种验证理念和方法在其他行业及领域的嵌入式软件验证中得到广泛认可及应用。

随着航空机载软件的发展，所用的技术不断进步，所获得的经验也不断积累。通过修订和改版来发展 DO－178B 标准是必然的。虽然到目前为此，我们没有看到 DO－178B 标准下一个改进版本 DO－178C 标准的初稿。但是，可以根据 DO－178 标准发展的轨迹预测，DO－178C 标准将对目前航空机载软件中使用的 COTS 技术、形式化方法、软件模型技术和基于模型的自动代码技术等在航空机载软件开发上的应用进行规定和规范，并将对航空机载软件的开发产生深远的影响。

2.4.2　ARINC653 标准

近年来，航空电子系统结构越来越复杂，综合化程度也越来越高，先进、可靠、高速的机载计算机及其相应的软件已成为航空电子系统的核心。

随着航空电子系统的发展，软件的重要性越来越大，结构越来越复杂。航空电子操作系统作为核心基础软件，为解决数据融合中的安全问题，提出了众多新的概念和方法。时间、空间的分区隔离技术、系统的健康管理技术等，都是以往商用嵌入式实时操作系统所不具备的功能，但又是高度综合化的航空电子系统所特有的需求。

根据航空电子的技术特点，近年来国外提出了“高安全、高可靠的航空电子操作系统”的概念，并提出了 ARINC653 标准，本节将进行简要介绍。

2.4.2.1　ARINC653 标准的基本概念

1997 年，美国制定了航空电子应用软件标准接口，简称为 ARINC653，它将航空电子应用软件与操作系统之同的调用接口标准化、规范化，阐述了模块化综合航空电子设备使用的应用软件的基础操作环境，定义了航空应用与下层操作环境之间的接口和数据交换模式以及服务的行为，并描述了嵌入式航空电子软件的运行环境。

(1) 分区

分区是 ARINC653 标准中的一个核心概念，是航空电子应用中的一种功能划分。分区的单位称为区间，区间内的每一执行单元称为进程。每一个区间具有自己独立的数据、上下文和运行环境，优点是能够防止一个区间的错误影响到其他区间，并可使整个系统容易验证和确认。区间包括空闲、冷启动、热启动和正常 4 种工作模式。每个区间所需资源在系统构建时指定，区间的创建在区间初始化时完成。操作系统启动应用区间时，区间进入正常运行模式。监测管理功能在响应致命错误时重启区间或停止区间的运行。ARINC653 标准的分区框架结构，如图 2－3 所示。

图 2－3 所示的 ARINC653 标准分区框架结构图定义了在分区机制下系统软件的结构，包括以下几个方面。

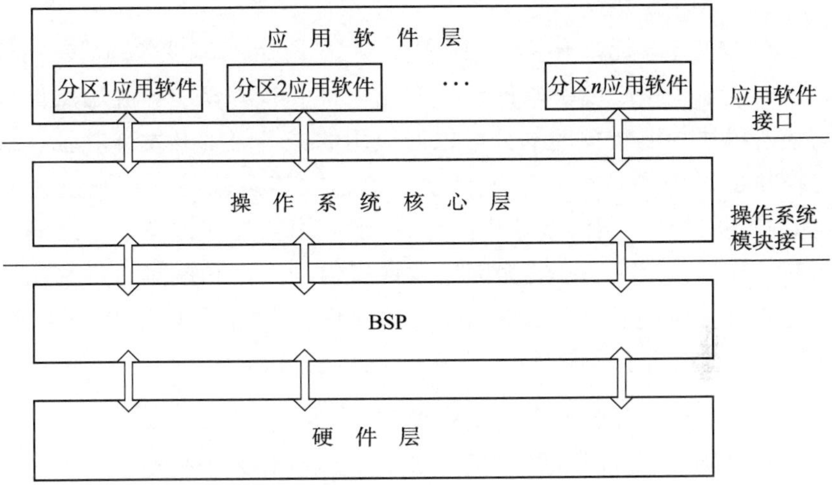

图 2—3　ARINC653 标准分区框架结构图

1）应用软件层：包括系统中所有应用软件的功能模块；

2）应用软件接口：定义了应用软件层与操作系统之间的接口，以保证操作系统的更新不会影响应用软件层；

3）操作系统核心层：提供了实时操作系统服务，包括调度、通信、同步与异步操作、存储器管理、异常中断处理等服务，本层独立于硬件，在移植时不需改动；

4）操作系统模块接口：定义了操作系统与硬件之间的接口，使得硬件模块的更新不会影响操作系统层；

5）硬件支持层：由满足操作系统模块接口规范的专用硬件模块支持软件组成，提供上下文切换、Cache 处理、MMU、总线控制、中断控制、异常处理、实时时钟、BIT、控制台、看门狗、加载服务等功能。

这种分层结构使应用软件、操作系统、硬件模块间互相独立，因而应用软件具有可移植性、可重用性的优点，也使得操作系统的升级和维护更加容易，提高了系统的可靠性和安全性，降低了机载软件的开发成本。

(2) APEX 接口

ARINC653 标准还定义了 APEX（APplication EXecutive）接口。航空电子核心模块软件包括应用软件和核心模块。应用软件是与核心模块功能相关的部分，根据应用的关键级别开发并验证。核心模块提供应用软件执行的环境，包括操作系统和一些系统函数(如内置测试和下载调试等特性)。位于应用软件和操作系统之间的 APEX 接口，定义了系统为应用软件提供的一个功能集合。利用该功能集合，应用软件可以控制系统的调度、通信和内部状态信息。APEX接口相当于为应用提供了一种高层语言。

2.4.2.2 对 RTOS 的安全保证要求

在 ARINC 653 标准框架下，对嵌入式操作系统提出了如下的安全保证要求。

1）在系统结构上，提出了系统分区的概念，将运行在关键模块上的多个应用按功能独立地划分为分区，分区之间在时间和空间上相互隔离。这种设计方法能够有效防止一个分区的错误影响到其他分区，并使整个系统容易验证和确认。每一个分区都有独立的数据、上下文关系和运行环境，应用进程可共享分区资源。

2）采用分区和核心两级操作系统方式对整个系统进行管理，实现用户态和核心态的隔离。内核操作系统直接与处理平台对话，用于全局资源管理、工作调度和对分区的完好性监视。分区操作系统在每一分区内通过分区内核实现工作调度和资源管理，它与核心模块操作系统之间的通信是通过一条专用传输接口来实现。应用执行接口定义了系统为应用软件提供的一个功能集合。

3）分区管理方面，定义了分区调度中主时间框架的原则，补充了分区模式的变迁过程。系统利用一个事先确定的配置表，在规定的时间窗口内激活对应分区的运行，保证每个应用在分配给它的时间周期内，访问公共资源时不被打断。满足实时操作系统的确定性和可靠性。

4）分区间通信采用虚通道技术，通过配置确定发送和接收通道的传输数据，保证了数据传输的完整性、确定性和私密性。

5）定义了健康监测的错误级别，并对错误处理做出解释。

2.4.3　NASA 标准

NASA 技术标准是 NASA 在 1997 年实施的，主要用途包括：

1）提高并维护 NASA 的工程能力；

2）保留工程经验和最佳做法；

3）方便地应用到所有 NASA 的技术方案和项目中。

NASA 技术标准分为 STD、Gbyte 以及 HDBK 三种类型，其中：

1）STD 是对标准的描述；

2）Gbyte 是对相对应标准的指导手册；

3）HDBK 是对相应标准的说明手册。

在 NASA 技术标准中，NASA－STD－8719.13B、NASA－Gbyte－8719.13、NASA－STD－8739.8 是关于高可靠性软件设计、高可靠性软件质量保证的三个标准。其中：

1）NASA－STD－8719.13B 标准描述了保证软件设计中应考虑的安全性行为；

2）NASA－Gbyte－8719.13 标准给出了软件安全，以及有助于软件安全的软件工程实践，定义了应用于软件生命周期各阶段的分析、方法和指导，包含了提高软件安全性的开发方法、安全分析及测试方法；

3）NASA－STD－8739.8 标准给出了高可靠软件质量保证和软件工程行为，定义了建立、操作和维护一个软件质量保证项目的基本流程，以及软件质量、软件可靠性、软件安全、软件验证和独立验证的规则。

2.4.4　ECSS 标准

ESA 最初的标准体系是程序、标准和规范（ESA PSS）标准体系，1995 年，ESA PSS 标准体系转换为欧洲航天标准化合作组织

（ECSS）标准体系，ECSS标准化工作涉及项目管理、产品保证、工程三个领域的研制、生产及使用全过程。

ECSS标准体系创建于1995年，是在原ESA PSS标准体系的基础上结合法国航天研究中心（CNES）及德国宇航公司（DASA）等航天机构的标准形成，该标准体系是ECSS在创建之初就确定的方案，它是在调研国际标准化组织（ISO）、NASA、ESA PSS等标准的现状基础上而确定的，具有一定的先进性和实用性。

ECSS标准的目的和特征如下：

1）ECSS提高了工业的竞争力；

2）ECSS在国际中受到ISO和CEN的认可；

3）ECSS对用户的需求提出了标准化；

4）ECSS通过减少重复性劳动来降低成本和提高效率；

5）ECSS提出了供应商、用户、承包商之间对需求的共识；

6）ECSS提高了硬件和软件的质量；

7）ECSS提供了项目管理和计划的指导。

ECSS出版物包括三种类型，即标准、手册和技术备忘录。其中：

1）标准是指直接用来指导实施空间相关活动的标准文档；

2）手册是指提供背景信息的非标准文档，如指南、技术数据、建议，包括如何实施空间相关活动；手册一般包括指南、最佳实践和数据收集等类型；

3）技术备忘录是指提供特定主题的空间活动有用信息的非标准文档，用来记录与标准、手册不相关的非标准数据，或出版无法作为标准或手册出版的文档。

ECSS的标准分为管理类M、质量保证类Q和工程类E。其中ECSS－E－ST－40C和ECSS－Q－ST－80C是与软件质量保证有关的两个标准，具有以下不同的定义。

1）ECSS－E－ST－40C标准适用很广，涵盖了航天系统中从太空发射到地面的各类航天软件，包括需求、定义、设计、产品、验证、转移、操作和维护，定义了航天软件工程的过程以及与产品和质量保证的接口，并解释了它们是如何应用于软件工程流程。该标准反映了航天系统开发中使用的特定方法。

2）ECSS－Q－ST－80C 标准定义了一系列用于航天软件开发和维护的软件产品质量保证要求。

2.4.5　DOD 标准

DOD 标准是美国国防标准，也称为军用标准，一般由“MIL－”或“DOD－”来标识，用于确保产品具有一定的可靠性。DOD 标准具有多种文件类型，包括手册、详细说明以及标准规范。

在 DOD 标准中，与保障软件质量相关的标准主要是：DOD－STD－1679A（Navy）、DOD－STD－2167、DOD－STD－2168，其中：

1）DOD－STD－1679A（Navy）：提出了一套军用软件研制需求规范，包括软件研制管理需求、软件设计需求、软件质量保证需求，以及软件配置管理需求等；

2）DOD－STD－2167：对关键任务软件开发需求，建立了规范的软件开发流程，可应用于整个软件生命周期；

3）DOD－STD－2168：提出了软件质量管理需求，包括开发过程、软件文档等。

2.5　国内安全关键软件研制标准

本节将简要介绍国内制定的、用于研制安全关键软件系统的相关标准。

2.5.1　GJB 2786－96 标准

GJB 2786－96《武器系统软件开发》标准是参照美军标 DOD－STD－2167A《防务系统软件开发》标准制定的，规定了武器系统软件开发和保障的基本要求，适用于软件生存周期的全过程，它为软件的订购方（或使用方）了解承制方的软件开发、测试和评价工作提供了依据。

在 GJB 2786—96 标准中，定义了软件开发的 8 项主要活动，并特别说明这些活动可以重叠，也可以交叉或循环进行。对每一项活动，又从软件开发管理、软件工程、合格性测试、软件产品评价、配置管理等方面提出了详细要求。8 项主要活动是：

1）系统要求分析和设计；

2）软件需求分析；

3）概要设计；

4）详细设计；

5）编码和计算机软件单元测试；

6）计算机软件部件集成和测试；

7）计算机软件配置项测试；

8）系统集成和测试。

GJB 2786—96 标准对许多软件开发模型来说都是可接受的，其本身也可接受多种不同的软件开发方法。标准中唯一带有约束性的条件是承制方应使用有充分文档证明的、系统化的软件开发方法，且该方法应支持合同要求的正式审查和审核。

GJB 2786—96 标准具有如下两个特点：

1）是不指定或限制使用任何特殊的软件开发方法，承制方可以选择最有助于达到合同要求的软件开发方法；

2）一般要求与详细要求具有严格的对应关系，因而可以很方便地对标准进行裁剪。

2.5.2 GJB/Z 102—97 标准

GJB/Z 102—97 标准主要适用于武器装备嵌入式软件的需求分析、设计和实现，给出了计算机软件可靠性和安全性设计准则和要求。GJB/Z 102—97 标准规定了软件可靠性和安全性设计准则的一般要求和详细要求，其中详细要求包括以下几个方面。

1）计算机系统设计：包括硬件与软件功能的分配原则、硬件与软件可靠性指标的分配原则、安全关键功能的人工确认、安全性内核、容错设计等。

2）硬件设计：嵌入式软件的运行过程与相关系统硬件的运行过程密不可分，设计因素相互影响，进行软件可靠性和安全性设计时必须考虑与硬件设计有关的要求。

3）软件需求分析：必须确保软件需求规格说明的无歧义性、完整性、可验证性等。对安全关键软件，必须列出可能的不期望事件，并分析导致这些不期望事件的可能原因，提出相应的软件处理要求。对有可靠性指标的软件，应考虑该软件的可靠性指标是否能够达到以及是否能够验证等。

4）软件危险分析：对安全关键软件，在软件开发的各个阶段应按照相关的标准进行有关的软件危险分析。

5）安全关键功能的设计：安全关键功能必须至少受控于两个独立的功能，与其他模块隔离，具有强数据类型，由计算机控制，操作人员不能随意修改。在启动安全关键功能前，必须对可测试的安全关键单元进行实时检测。

6）冗余设计：包括软件冗余和信息冗余两个部分。

7）接口设计：包括硬件接口设计、人机界面设计、报警设计、软件接口设计。

8）软件健壮性设计：包括配合硬件进行处理的若干设计考虑（包括电源失效防护、加电检测、电磁干扰等）、监控定时器的设计和异常保护设计。

9）简化设计：涵盖了模块的单入口和单出口设计、模块的独立性设计、模块的扇入和扇出、模块的耦合方式等部分。

10）余量设计：包括资源分配及余量要求，例如军用软件一般要求留有不少于 20%的余量，以及时序安排的余量考虑，即软件工作的时序安排要结合具体的对象确定各种周期。

11）数据要求：包括数据需求、属性控制、数值运算范围控制、精度控制等。

12）防错程序设计：规定在程序设计中必须用统一的符号来表示参数、常量和标志，指明由两个或多个模块公用的数据和公共变量，对所有的标志进行严格的定义并编制标志的使用说明等。

13）编程要求：包括语言要求、汇编语言的编程限制、高级语言的编程限制、命名要求、程序格式要求等。

14）多余物的处理：也就是说运行和支持程序必须只包含文档所要求的那些特征和能力，而不应包含文档中所没有的特征。除此之外，还要对程序多余物进行清除，处理未使用的内存和对覆盖的处理，即当某一特殊函数需较少的内存空间时，必须将剩余部分初始化到某一模式，该模式执行时将使系统恢复到某一安全状态。

15）软件更改要求：对软件的更改应执行配置管理规范，并严格实施更改管理。

2.5.3　GJB 438A－97 标准

GJB 438A－97 标准适用于软件开发过程中的文档编制，尤其适用于按照 GJB 2786 标准进行软件开发的系统。按照 GJB 2786 标准的要求，GJB 438A－97 标准规定了软件开发过程中应产生 16 种文档，包括系统和段设计文件、软件开发计划、软件需求规格说明、接口需求规格说明、接口设计文档、软件设计文档、软件产品规格说明、版本说明文档、软件测试计划、软件测试说明、软件测试报告、计算机系统操作员手册、软件用户手册、软件程序员手册、固件保障手册、计算机资源综合保障文件。

GJB 438A－97 标准规定了软件文档由封面、目录、正文、注释和附录构成，并且详细规定了封面的内容、各种文档目录的格式、正文的格式及具体内容、注释部分包括的信息、附录部分应提供文档维护的详细信息。在 GJB 438A－97 标准中要求承制方编写软件用户手册。

第 3 章　RTOS 基本概念和原理

随着嵌入式系统功能越来越强大，系统也越来越复杂，单靠应用程序管理软硬件资源已很难实现，也无法充分发挥 CPU 的处理能力。因而，采用 RTOS 合理、充分而高效可靠的支撑应用系统显得尤为重要。

RTOS 最重要的功能在于“实时反应”系统的要求。实时的要求，不是执行速度有多快，而是能在限定的时间内执行系统要求的任务。在实时系统中，有些事件是实时发生的，具有某种程度的迫切性，此时系统必须立即启动特定的任务以处理这些实时事件，这些任务就是所谓的实时任务。RTOS 必须立即安排这些实时任务，并在规定的时间内完成。简单而言，RTOS 是一种实时的、高度模块化设计的、支持嵌入式系统应用的操作系统软件，它是嵌入式系统中极为重要的组成部分，通常包括系统内核、设备管理与驱动、文件系统等。

RTOS 的发展大致可分为以下四个阶段。

第一阶段为无操作系统阶段。嵌入式系统以单芯片为核心，系统结构和功能相对单一，通过汇编语言对系统进行直接控制，因而无操作系统支持。

第二阶段为监控式系统软件阶段。出现在 20 世纪 80 年代初，以 VRTX、pSOS 等系统为代表，提供了一个可裁剪的 RTOS 基本内核，具有任务调度、中断管理、同步与通信等功能，与应用结合紧密，但跨平台能力较弱。

第三阶段为 RTOS 逐渐成熟阶段。从 80 年代中期到 90 年代中期，以 VxWorks、RTEMS、Nucleus PLUS、QNX 等为代表的系统，提供了设备管理、文件系统、网络通信等内核扩展功能，并出现了 Tornado 等集成开发环境，支持高效的、基于 RTOS 的嵌入式软件系统研发。

第四阶段为 RTOS 领域化发展阶段。由 90 年代后期至今，随着嵌入式系统在航空航天、消费电子、移动通信、医疗器械、汽车电子等行业的全面普及，以及智能终端、物联网、普适计算的蓬勃发展，以 Integrity、iOS、Android 等为代表的系统，进一步在实时性、可靠性、智能化、并行化等方面提供了强有力的支持。

本章内容安排如下：3.1 节概述 RTOS 的总体结构；3.2 节主要介绍 RTOS 内核功能，包括任务调度管理、内存管理、同步与通信等；3.3 节介绍外部设备管理及驱动程序基本框架；3.4 节对应用于嵌入式设备的文件系统进行介绍。

3.1　RTOS 总体结构

通常，除了设备驱动程序和板级支持包（BSP）外，RTOS 可分为四部分，总体结构如图 3—1 所示，自底向上分别为：

1）RTOS 内核资源管理。分为 CPU 无关和 CPU 相关两个部分，主要负责完成对 RTOS 中最基本的数据结构进行操作与管理，包括：位图、链表、队列，以及内核对象管理等；

2）RTOS 内核基本功能。由系统初始化、任务管理、时钟管理、中断处理和异常管理等功能构成；

3）RTOS 内核功能组件。由信号量、消息队列、事件、定时器、内存分区管理、内存区域管理、输入输出管理、用户扩展管理等功能组件构成，可根据应用需求进行裁剪；

4）RTOS 内核扩展功能。由一系列应用组件构成，如文件系统、网络协议栈、设备驱动、嵌入式 GUI 等。

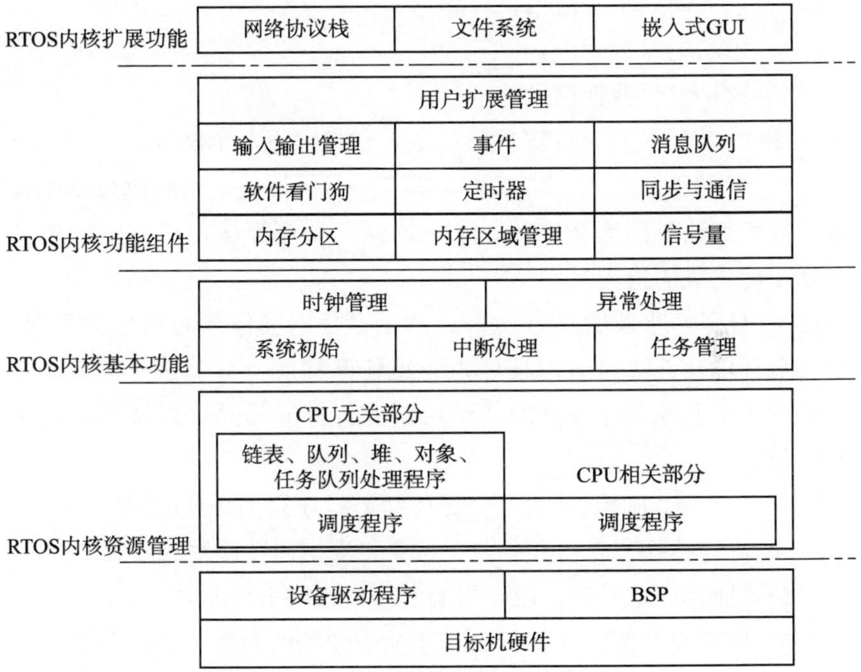

图 3—1　RTOS 总体结构

3.2　RTOS 内核

3.2.1　RTOS 内核概述

每个 RTOS 都有一个内核。在某些应用中，RTOS 仅仅只是一个内核，提供最小逻辑的核心控制、调度和资源管理算法。此外，RTOS 也可以是各种模块的组合，除内核外，还包括文件系统、网络协议栈及应用相关的其他部件。

一般情况下，RTOS 内核包括以下基本功能：

1）任务调度管理；

2）内存管理；

3）任务间同步与通信；

4）中断、异常管理；

5）时钟定时器管理。

图 3－2 列举了 RTOS 内核构成，包括以下七个部分。

1）调度器：每个 RTOS 中，都有一组算法决定何时执行哪个任务，这组算法就称为调度器。常见的任务调度算法包括时间片轮转和基于优先级的抢占等。

2）任务：当前的 RTOS 都是基于多任务和任务间通信的概念。多任务环境允许实时应用程序由一组任务构成，每个任务都有属于自己的系统资源。任务间的通信机制允许任务间同步以及任务间协同工作。

3）信号量、邮箱等：是任务拥有的资源，用于任务间的同步与互斥。

4）内存池：包含内存的分配信息，规定内存使用的方案。

5）计时器/定时器：用于控制各种操作或事件的时序。

6）中断服务例程（ISR）：用于响应中断的服务软件，并负责中断前导与中断后继工作，例如寄存器的保存与恢复。

7）API 调用集合：为 RTOS 内核之上的应用软件开发提供功能调用接口。

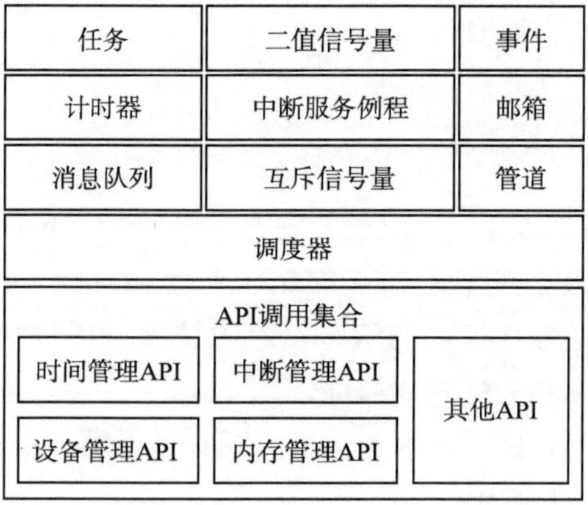

图 3－2 RTOS 内核功能构成示意图

在模块组织上，RTOS 内核通常由多个相对独立、短小精练的目标模块组成，用户可根据需要选择适当的模块来裁剪和配置系统。系统的链接器可按应用程序的需要，链接相应的目标模块。这样，通过目标模块之间的按需组合，可得到满足不同功能需求的应用系统。

3.2.2　任务调度管理

在现代计算机系统中，进程是基本的计算元素。而在嵌入式实时系统中，任务通常为进程和线程的统称，并把任务作为调度的基本单位进行阐述。可以说，整个嵌入式软件系统就是由各种各样的任务组成。

3.2.2.1　任务定义

在 RTOS 中，一个程序要运行，必须先创建任务，这时系统为它分配堆栈空间（包括用户堆栈和系统堆栈）。如果它的优先级高于正在运行的任务，或者当前没有任务在运行，将为它分配处理器，使其投入运行。当程序执行完毕，要对任务执行删除操作，以释放该任务在执行过程中所申请的全部资源。

对任务的定义有多种提法，常见的有以下几种：

1）一个可调度的单元；

2）可获得处理器的实体；

3）并发系统中互相竞争资源的单个执行体；

4）可以与其他计算序列并发执行的计算序列；

5）一个具有独立功能、无限循环程序段的一次运行活动。

虽然任务的定义因考虑的角度不同（比如从处理器分配角度、从参与资源竞争的角度、从并发处理的角度等）而产生了不同的描述，但其根本含义是一致的，任务都具有动态性、并行性和异步独立性等特性。

所谓动态性，是指任务状态是不断变化的，一般分为就绪态、运行态和等待态，在多任务系统中，任务的状态将随着系统的需要不断发生变化。并行性是指系统中同时存在的多个任务在宏观上是同时运行的。异步独立性指的是每个任务按互相独立、不可预知的速度执行。

从任务的定义可以看出，任务是组成应用系统软件的一个元素，还需要与其他功能的任务协同工作，才能形成一个有机的整体，构成一个多任务系统。

在非实时系统中，各个任务在时间上分享处理器的占有权，而在实时系统中，为了保证重要任务的“及时”性能，往往采用优先级驱动方式，重要任务赋予高优先级，系统需要优先保证这些任务的处理器占有权。

3.2.2.2 任务控制块

多任务为系统实时响应外界事件提供了基础。RTOS 核心为实时系统提供了最基本的多任务环境。多任务是通过调度策略实现分时切换。每个被切换的程序实体就是任务。每个任务都有自己的上下文，所谓上下文是指任务每次被调度时所需要的 CPU 环境、系统资源等。在上下文切换过程中，每个任务的上下文被存在该任务的任务控制块（TCB）中。

每个任务都由 TCB 描述，通过对 TCB 的操作实现任务的管理，内核根据 TCB 对任务进行控制和管理，而任务的各种动态特征也是通过 TCB 表现出来。TCB 是任务在系统中存在的唯一标志，一个典型的 TCB 包括：任务程序计数器、CPU 寄存器、浮点寄存器、程序所使用的堆栈、延时计时器、时间片计时器、错误返回代码、调试和性能监视值等。

下面是一个 TCB 结构的例子。

```
Typedef struct
{
  TCB        * pNext;        /* 任务控制块链指针 */
  char       * Name;         /* 任务名称 */
  int        Priority;       /* 任务优先级 */
```

```
int        State;              /* 任务状态字 */
int        State1;             /* 任务等待原因 */
REGS       StoreRegs;          /* 任务现场保护区 */
SEGMENT    * pLocalSegQueue;   /* 任务建立的局部存储段
                                  队列指针 */
SEGMENT    * pShareSegQueue;   /* 任务建立的共享存储段
                                  队列指针 */
void       * CodeSeg;          /* 任务的代码段指针 */
long       CodeSegSize;        /* 任务的代码段长度 */
void       * StackSeg;         /* 任务的堆栈段指针 */
long       StackSegSize;       /* 任务的堆栈段长度 */
int        Policy;             /* 任务调度策略 */
long       StartTime;          /* 任务启动时间 */
long       UsedTime;           /* 任务已运行时间 */
long       PredictedTime;      /* 任务估计运行时间 */
long       DeadTime;           /* 任务的截止期 */
RESULT     Result;             /* 任务调用命令返回码暂
                                  存单元 */
TCB        * pParentTask;      /* 父任务指针 */
POINTER    * pChildTaskQueue;  /* 子任务链指针 */
MCB        * pMcbQueue;        /* 任务建立的邮箱队
                                  列 */
SCB        * pScbQueue;        /* 任务建立的信号量队
                                  列 */
MESSAGE    * pMessQueue;       /* 消息队列指针 */
MESSAGE    * pMessage;         /* 任务预期接收消息的缓
                                  冲区 */
void       * pSendMailBuf;     /* 任务发送邮件的暂存
                                  区 */
void       * pRecMailBuf;      /* 任务接收邮件的缓冲
                                  区 */
```

```
int        MailSize;          /*邮件长度*/
EVENTS     RecEventsBit;      /*已到达的事件位域*/
EVENTS     *pEventsBit;       /*指向任务空间中存放事
                                件位域的变量*/
int        WaitEventsID;      /*任务等待接收的事件或
                                事件组标识*/
BOOLEAN    WaitFlag;          /*等待接收事件的条
                                件*/
ECB        *pEventsQueue;     /*任务建立的事件控制块
                                队列*/
BOOLEAN    AllMaskFlag;       /*事件中断屏蔽标志*/
ASCB       *pAsr;             /*事件中断服务控制块队
                                列*/
ASCB       *pServeAsr;        /*正在服务的事件控制
                                块*/
OPENFILE   *pOpenFile;        /*打开的文件控制块指
                                针*/
char       *WorkPathName;     /*工作路径名*/
BLOCKBUF   *pWorkDirBuf;      /*工作目录所在磁盘块缓
                                冲区*/
int        WorkDirPos;        /*工作目录在磁盘块缓冲
                                区里的位置*/
SKCB       *pSkcb;            /*信口控制块队列指
                                针*/
NETMAIL    *pNetMail;         /*接收到的网络邮件队列
                                指针*/
void       *pUserBuf;         /*用户预期接收的网络数
                                据的缓冲区*/
int        Size;              /*用户预期接收的网络数
                                据的缓冲区大小*/
}TCB;
```

3.2.2.3　任务状态及转换

在多任务系统中，任务要参与资源竞争，只有在所需资源都得到满足的情况下任务才能执行。因此，任务拥有的资源情况是不断变化的，这导致任务状态也表现出不断变化的特性。无论是系统任务还是应用任务，在任何时候，每个任务的存在都包括静止态、运行态、就绪态和挂起态，如表 3—1 所示。

表 3—1　任务状态

状态	描述
静止态	任务建立后但尚未被启动，不具备运行条件
运行态	任务正在占用 CPU 运行
就绪态	任务已经具备运行条件，准备运行，但 CPU 正被别的任务占用
挂起态	任务由于某种原因，无法运行

RTOS 内核的 TCB 中保存着每个任务的状态。当应用程序调用内核函数时，任务将从一种状态转换到另一种状态。图 3—3 描绘了任务状态的转换以及状态间的关系。

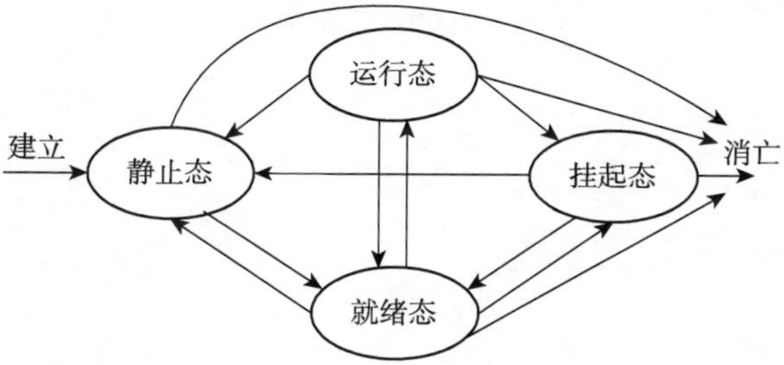

图 3—3　任务状态的转换

任务创建时，进入挂起态。通过激活操作可以将任务转换到就绪态。无论何时，一旦任务的状态发生变化，就要进行任务的调度。

一般来说，当系统发生下列事件时，任务的状态可能发生变化：

1）任务主动调用系统提供的任务管理命令，改变自身或其他任务的状态；

2）外部中断触发引起任务状态的改变；

3）定时器溢出引起任务状态的改变；

4）任务因信号量、消息队列等操作引起自身状态的改变；

5）任务因信号量、消息队列等操作引起其他任务的状态改变。

3.2.2.4 任务实时调度算法

任务实时调度能力是实时操作系统提供任务执行的时间确定性和可预测性的基础保证。实时调度的核心是资源分配，即如何分配资源以保证每个实时任务在正确的时段产生正确的输出。实时调度分为两个阶段：第一阶段是确定每个就绪任务在就绪队列中的位置；第二阶段是在任务切换时，使就绪队列中处于最高优先级的任务获得处理器，这一过程由实时调度算法实现。

常见的任务实时调度算法分类如图 3—4 所示。

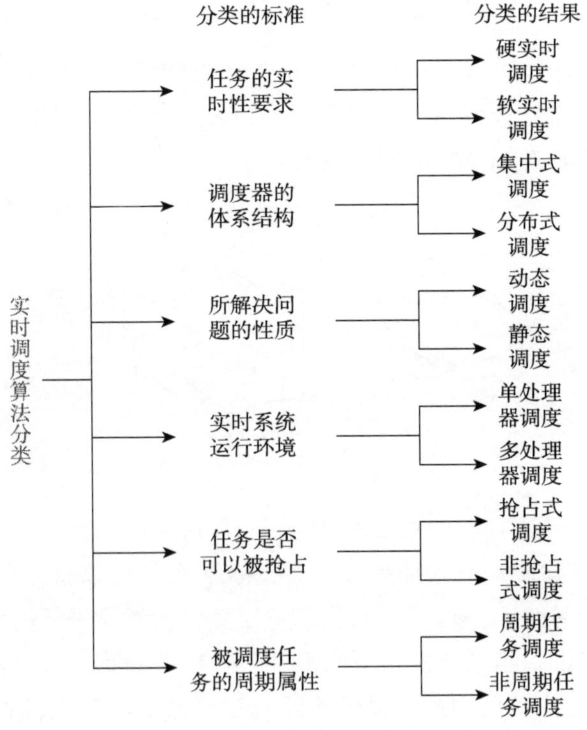

图 3—4 任务实时调度算法分类

3.2.2.5　优先级反转

在多任务的系统开发中，由于任务间资源竞争，往往会出现高优先级任务被低优先级任务长时间阻塞或阻塞一段不确定时间的现象，即所谓的优先级反转。优先级反转会造成任务调度的不确定性，严重时可能导致系统崩溃。

假设系统中有 3 个任务，分别为任务 1、任务 2 和任务 3。任务 1 的优先级最高，任务 2 的优先级次之，任务 3 的优先级最低。在系统的某个时刻任务 1 和任务 2 因某种原因被阻塞，这时候系统调度任务 3 执行。任务 3 执行一段时间后，任务 1 被唤醒。因此任务 1 抢占任务 3 占用的 CPU。任务 1 执行一段时间后要访问任务 3 占有的共享资源。在这段时间内，任务 2 转为就绪状态，系统调度任务 2 执行。如果任务 3 在任务 2 执行期间一直没有能够被调度执行，那任务 1 和任务 3 将一直等到任务 2 执行完后才能执行，而这段时间，任务 1 可能因判断任务执行超时而判断系统运行出现异常，如图 3—5 所示。

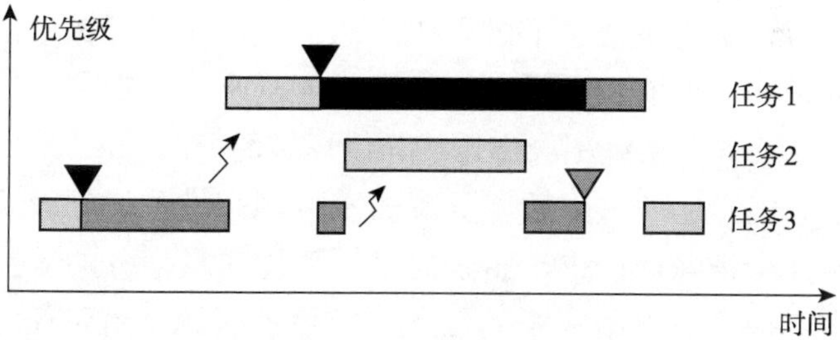

图 3—5　优先级反转示意

▼申请信号量；▩获得信号量；▽释放信号量；■阻塞；↗抢占

从上面的分析可看出，导致系统崩溃的原因是由于优先级高的任务 1 要获取被低优先级任务 3 占有的临界资源而被任务 3 阻塞，具有中优先级的任务 2 抢占任务 3 的 CPU，从而导致任务 2 先于任务 1 执行，即优先级反转情况。

目前解决优先级反转主要有两种基本方法：优先级继承和优先

级置顶。在优先级继承方法中，当高优先级任务等待低优先级任务占有的信号量时，低优先级任务将继承高优先级任务的优先级，即把低优先级任务的优先级提高到高优先级任务的优先级；当低优先级任务释放信号量时，立即把其优先级降低到原来的优先级。采用这种方法可以有效地解决优先级反转的问题，如图 3－6 所示。

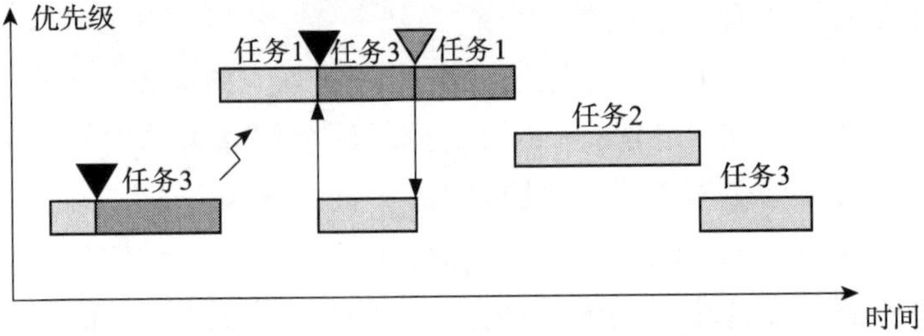

图 3－6 采用优先级继承消除优先级反转

▼申请信号量；▩获得信号量；▽释放信号量；■阻塞；↗抢占

在优先级置顶方法中，系统把每个临界资源与 1 个极限优先级关联。这个极限优先级等于系统此时最高优先权加 1。当某个任务进入临界区时，系统便把这个极限优先级传递给这个任务，使该任务的优先级最高，当该任务退出临界区后，系统立即把它的优先级恢复正常，从而保证系统不会出现优先级反转的情况。

显然，由于任务占用共享资源的不可剥夺性，优先级反转情况将难以被完全排除，RTOS 能做的是把高优先级任务的等待时间局限到仅需等待当前占用资源的任务释放该项资源，由于任务占用共享资源的时间有限，因此如果能把问题限制在这个程度内，是可以接受的。

3.2.2.6 任务控制

RTOS 提供了大量用于控制任务的系统服务，通过这些系统服务可以创建、控制、删除任务，还可以获取任务的相关信息。表 3－2 为控制任务的相关系统服务。

表 3—2　控制任务的相关系统服务

类型	系统服务描述
创建和激活任务	创建并激活一个任务操作
	初始化一个新任务操作
	激活一个初始化的任务操作
任务的名称和 ID	获取与 ID 相关联的任务名称
	查找与任务名称相关联的任务 ID
	获取当前任务的 ID
	确认指定任务的存在
任务所需选项	获取任务的选项信息
	设置任务的选项信息
获取任务信息	将所有激活任务的 ID 添加到列表中
	获取任务的信息
	获取任务的优先级
	获取任务的寄存器
	设置任务的寄存器
	检查任务是否挂起
	检查任务是否就绪
	获取任务控制块的指针
删除任务	结束任务并释放内存
	删除一个指定的任务并释放内存
	禁止任务删除
	解除禁止任务删除的保护
任务状态控制	挂起任务
	恢复任务
	重启任务
	任务延时

3.2.2.7　任务扩展功能

RTOS 是面向任务的系统，不但提供了任务控制，还提供了更高级的控制。下面提供的高级控制不需要改动系统核心，就可以创建与任务相关的功能。

RTOS 内核提供了在任务创建、切换、删除时的系统钩子，通过这些钩子函数，用户可以方便地在任务创建、切换和删除时执行期望的操作。下表 3—3 列出了这些钩子服务描述。

表 3—3 任务创建、切换、删除钩子

序号	描述
1	增加任务创建时调用的钩子服务
2	删除任务调用时要执行的钩子服务
3	增加任务切换时调用的钩子服务
4	删除任务切换时要执行的钩子服务
5	增加任务删除时调用的钩子服务
6	删除任务删除时要执行的钩子服务

3.2.3 内存管理

3.2.3.1 基本原理

通常，RTOS 在内存管理上遵循如下原则。

（1）快速而确定的内存管理

最快速和确定的内存管理方式是静态内存管理，即在系统初始化时完成内存分配。这种方式主要适用于强实时、系统任务较少且数量固定的应用系统中，一般操作系统均需提供动态内存管理功能。

（2）不支持虚拟内存

虚拟存储技术提供了一种超越物理容量限制的存储技术，是桌面操作系统使用有限物理存储空间的常用方法。所谓虚拟内存技术是指每个任务从内存中获得一定数量的页面，使用频率最低的页面将被临时置换到磁盘等外部存储器中，为需要页面的其他任务腾出空间。当任务需要使用已经置换出的页面时，将从外部存储器中置换进内存。为避免这种页面置换所带来的开销，在 RTOS 中一般不使用虚拟内存技术。

（3）内存保护

传统 RTOS 使用平面内存模式，应用程序能够对整个内存空间进行访问。平面内存模式比较简单，易于管理，但在应用较复杂的情况下，为保证整个系统的可靠性，需对内存进行保护，防止应用程序破坏操作系统或其他应用程序的代码和数据。

通常，内存管理设施维护内存区域的内部信息，称为内存控制块。典型的内部信息包括：

1）用做动态内存分配的物理内存块起始地址；

2）这个物理内存块的总大小；

3）分配表，指示已用的内存区域、空闲区域和每个区域的大小。

其中，分配表是高效内存管理的关键，因为内存分配的结构决定了申请与释放内存的操作该如何进行，同时分配表在使用中占据了内存空间，是系统负载的一个重要部分。

具体而言，内存管理手段主要分为静态和动态两大类，其中静态内存管理较为简单，以下将重点介绍动态内存管理相关技术。

3.2.3.2　动态内存管理

动态内存管理是根据任务的实际需要，动态地为之分配所需的内存空间。在实现动态内存分配管理方式时，须解决以下三个问题。

（1）动态内存管理的相关数据结构

为实现动态内存的分配，在 RTOS 中，必须配置相应的数据结构，用来记录内存的使用情况，从而为分配提供依据。常用的数据结构包括：空闲分区表和空闲分区链。

① 空闲分区表

空闲分区表用于为内存中未分配的内存分区设置表项，每个分区的表项包括分区序号、分区始址、分区大小以及分区状态等表目，如表 3—4 所示。分配空间时，通过查空闲分区表，找到大小满足要求的、状态为可用的节点，并获得这个分区的始址。

表 3—4 空闲分区表

序号	分区大小/KB	分区始址/KB	状态
1	64	44	可用
2	24	132	可用
3	40	210	可用
4	30	270	可用
5	…	…	…

② 空闲分区链

为实现对空闲分区的分配和链接，在每个分区的起始部分，都设置一些用于控制分区分配的信息，以及用于链接分区的前向指针。在分区尾部则设置一后向指针，通过前、后向指针将所有的分区链接成一个双向链。

(2) 动态内存分配

为分配一块新的内存，须按照一定的分配算法，从空闲分区表或空闲分区链中进行挑选。常见内存分配算法包括：首次适应算法、循环首次适应算法、最佳适应算法等。

① 首次适应算法

首次适应算法的基本思路是从空闲分区链首开始顺序查找，当找到第一个能够满足大小要求的空闲分区时，从该分区中划出一块内存空间，余下的空闲分区仍留在空闲链表中。

首次适应算法的缺点是当链表很大时，搜索一个节点所需时间与其长度成正比，而且随着内存碎片的逐渐增多，算法实现的效率也会下降。

② 循环首次适应算法

循环首次适应算法是由首次适应算法演变而成。在为任务分配内存空间时，不再每次都从链表头开始查找，而是从上次找到的空闲分区的下一个空闲分区开始查找，直至找到第一个能满足要求的空闲分区，并进行空间分配。

③ 最佳适应算法

最佳适应算法是指每次分配内存时，把满足要求的最小空闲内存块分配出去，避免“大材小用”。为了快速寻找最佳空闲分区，最佳适应算法要求所有的空闲分区，按其容量大小以递增的方式排序。这样，首次找到的能满足要求的空闲分区，必然是最佳的。

孤立地看，最佳适应算法似乎是最优的，然而在宏观上却不一定。因为每次分配后所切割下来的剩余部分总是最小的，这样，在存储空间中会留下许多难以利用的小碎片。当空闲链上的小碎片过多时，该算法的性能将急剧下降。

（3）动态内存回收

当内存释放时，系统需要根据回收区的地址，从空闲分区链中找到相应的插入点，此时可能出现以下四种情况。

第一种：回收区与插入点的前一个分区相邻接［如图 3－7（a)］，此时应将回收区与插入点的前一分区合并，不再为回收分区分配新表项，而只需修改 F1 区的大小；

第二种：回收分区与插入点的后一分区 F2 相邻接［如图 3－7（b)］，此时将两区合并形成新的空闲区，使用回收区的首址，大小为两者之和；

第三种：回收区同时与插入点的前、后两个分区邻接［如图 3－7（c)］，此时将三个分区合并，使用 F1 的首址，取消 F2 的表项；

第四种：回收区既不与 F1 邻接，也不与 F2 邻接，这时应为回收区单独建立一新表项，填写回收区的首址和大小，并根据其首址，插入到空闲链表中的适当位置。

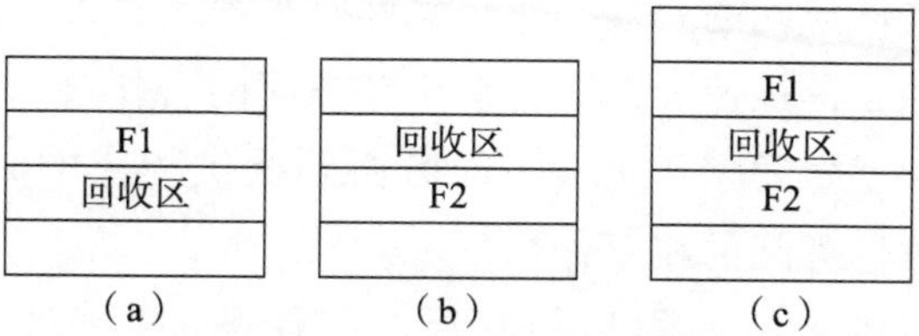

图 3－7　内存回收情况分析

3.2.3.3 内存管理方法比较

为减少内存分配在时间上可能带来的不确定性，可采用静态分配的内存管理方式。在静态分配的内存管理方式中，所有任务在开始运行时获得了所需的内存，运行过程中将不会有新的请求。这种方式不需要操作系统提供专门的内存管理操作，适合于强实时、高可靠的应用场景。

动态内存管理通过分配和释放操作来使用内存。使用一段时间后，系统中将会出现大量碎片。如果申请的内存区域超过了最大空闲分片，则申请操作将失败。有的操作系统提供了垃圾回收功能，把碎片重新组织成为连续可用的内存空间。由于垃圾回收操作需要停止当前任务运行，以实现内存整理，因而不适合于实时应用。较好的方法是提供灵活的内存分配机制，尽可能避免内存碎片出现。

静态内存分配与动态内存分配各有优劣，表 3—5 从四个方面对它们进行了比较。

表 3—5 两种内存分配策略比较

类别	静态内存分配	动态内存分配
实时性	好	依赖于匹配策略
潜在不可靠因素	最坏运行情况估计失误	内存碎片问题
内存利用率	低	依赖于碎片的多少
灵活性/应对突发事件能力	差	好

3.2.4 同步与通信

一组相关任务间的并发操作，允许应用程序利用 CPU 和 I/O 设备间的并行性获得加速。然而，多个任务间的合作会引起一些问题，如死锁、资源竞争等。因此，RTOS 必须提供相应的同步与通信机制来支持这种任务间的相互作用。

本小节将对多任务同步与互斥、多任务间通信机制进行简要介绍。

3.2.4.1 同步与互斥

(1) 信号量

每个任务访问临界资源的那段代码称为临界区。信号量是最常用的任务间同步与互斥的手段之一。确切地说，信号量是实现对临界资源的访问，用来在任务间进行互斥和同步的一种机制。信号量为任务间通信提供了较快的速度，用作互斥量时，信号量锁住对临界资源的访问。在任务同步中，信号量通过外部事件使任务协作执行。

信号量可被看成一个保护的变量值，只有通过创建、获取和释放信号量系统服务才能修改这个变量。信号量具有以下特性：信号量是一个非负整数，所有使用资源的任务都会将该整数减1，当该整数值为零时，所有试图获取它的任务都将处于等待状态。

① 数据结构

为了对信号量进行管理，需要建立一个信号量控制块（SCB），下面是一个例子：

```
typedef struct
{
  SCB        * pNext;         /* 系统的信号量队列链指针 */
  SCB        * pNext1;        /* 任务的信号量队列链指针 */
  char       * Name;          /* 信号量名称 */
  int        Count;           /* 当前计数值 */
  int        MaxCount;        /* 最大计数值 */
  POINTER    * pWaitQueue     /* 在此信号量上等待的任务队
                                 列 */
}SCB;
```

其中，POINTER类型可定义为：

```
typedef struct
{
    POINTER            * pNext;
```

```
    TCB                     * pTask;
}POINTER;
```

在系统初始化时，分配一个类型为 SCB 的结构数组，用于存放所有信号量控制块，同时，把数组中的所有元素，用链指针链接在一起，构成一个空闲的信号量控制块队列。

② 信号量基本操作

RTOS 提供了一系列操作信号量的接口，表 3－6 提供了对这些系统服务的描述。

表 3－6　信号量控制系统服务

序号	系统服务描述
1	创建信号量
2	删除并释放指定的信号量
3	获取指定的信号量
4	释放指定的信号量
5	使所有等待指定信号量的任务获得信号量

创建信号量系统服务就是创建各种类型的信号量，并返回信号量的 ID，通过这些 ID，其他的控制系统服务可以对这些信号量进行控制。

信号量创建时，用户可以使用基于优先级模式或者先进先出模式。使用基于优先级的信号量，会使高优先级的任务优先获得信号量；使用先进先出模式的信号量，则按照时序对任务排序。

获取信号量时，可设置等待信号量的时间。该时间可以设置为立即返回、一直等待或者以时间片为单位等待。如果在指定的时间内获得了信号量，将返回成功，否则返回失败，并设置出错值。

③ 信号量分类

根据用途，可将信号量分为：用于解决同步问题的二值信号量、用于解决互斥问题的互斥信号量，以及用于解决资源计数问题的计数信号量。

a. 二值信号量

二值信号量主要用于任务与任务间、任务与中断服务程序间的同步，其值只有 0 与 1 两种，是速度较快的信号量。这种信号量相当于总量为 1 的计数信号量，也可以理解为一种开关。一个信号量只有唯一的任务可以获得，当任务释放信号量后，其他的任务才可以重新获得这个信号量。

b. 互斥信号量

这是一种特殊的二值信号量，这种信号量专门为互斥事件做了优化，如支持优先级继承、安全删除及递归获取等。

c. 计数信号量

计数信号量非常类似于二值信号量，但是每一个计数信号量都可以被多个任务获取直到计数的限制。这对于具有多次同时访问能力的资源非常方便。

当同一类型共享资源有多个实体时，就允许多个任务同时使用这类共享资源，但每个任务使用的共享资源实体又各不相同，即对同一实体的使用都必须是互斥的。在使用计数信号量方法进行资源同步时，通常将计数信号量的值初始化为共享资源的实体总数，在系统运行过程中，计数信号量的值可动态反映当前闲置的共享资源实体的个数。

（2）事件

事件是指一种表明预先定义的系统事件已经发生的机制。在 RTOS 中，任务的执行是由事件驱动的。此外，事件也是任务与任务间、任务与中断服务程序间同步的一种重要机制，其主要特点是可实现一对多的同步。尽管不同系统的事件实现方法各有不同，任务使用事件的方法也不同，但是，其实质较为相似。

① 数据结构

事件表示系统中出现某种状态。前后两次发送给某一任务的相同事件，表明同一性质的状态出现两次。如果任务对第一次发送的事件未予处理，该事件对这一任务仍然有效，而第二次发送给它的同一事件就不起作用。

在实时操作系统中，用事件控制块（ECB）来管理事件。下面是一个ECB的实例。

```
typedef struct
{
    ECB          * pNext;
    ECB          * pNext1;
    char         * Name;
    EVENTS       EventsBit;
    BOOLEAN      Property;
}ECB;
```

其中，EVENTS定义为：

```
typedef    long    EVENTS [4];
```

在ECB数据结构中，pNext字段是系统中事件控制块队列的链指针；pNext1字段是任务所建立的事件控制块队列的链指针；Name字段是该事件的外部名称；EventsBit字段是事件的位域形式，事件是按位域形式存放于这个字段中。如果EventsBit中只有一位为1，则它是一个简单的事件；如果它有多位为1，则它是一个事件组。字段Property为FALSE，表明该事件是一个简单事件；字段Property为TRUE，表明该事件是一个事件组。

② 事件基本操作

事件提供一种高性能的任务间同步机制。系统提供两个主要操作，即发送事件和接收事件。任务可以发送一个或多个事件给另一个任务，另一方面，它也可以等待接收一个或多个事件中的一个或所有事件。因此，它可以利用条件OR、AND来限定等待接收的事件。

如果用OR来限定所等待接收的事件，则只要事件组中有一个事件已经出现，便满足等待接收的条件。如果用AND来限定等待接收的事件，那么，只有当事件组的所有事件全部到达，才满足等待接收的条件。

(3) 互斥机制比较

用于实现对临界资源的互斥访问方法很多，包括关中断、自旋锁、测试并置位指令、禁止任务调度以及信号量等，不同之处在于互斥访问的对象和粒度不同。

① 关中断

处理共享数据时保证互斥，最简便快捷的方法就是关中断。关中断可以完全将 CPU 与外部事件隔开。但如果对共享资源的访问需要较多的时间，则会显著降低中断响应时间。很多 RTOS，如 uC/OSII、RTEMS 等，在处理内核数据结构时就是使用关中断的手段进行互斥，同时，关中断也是中断服务程序之间互斥共享变量或共享数据结构的唯一方法。

从互斥粒度上讲，关中断是最强有力的互斥机制，保证了对 CPU 的独占访问。在互斥期间，即使外部事件引发相应的中断，系统也不会发生切换。因此在该机制下，容易造成系统对外部事件响应的延迟，导致实时性得不到保证。所以，关中断的时间应该尽量短。

② 自旋锁

自旋锁可以防止多个任务同时进入临界区，并确保只有一个任务持有临界资源。所谓的自旋就是其他申请者将“在原地循环等待”锁释放的情况，即如果自旋锁已被占有，后续的申请者将循环查看是否释放。若锁未被争用或释放，请求锁的任务将立刻得到它并执行。

由于自旋锁在请求等待阶段特别消耗时间，因此不宜被长时间持有，持有自旋锁的时间最好小于完成两次上下文切换的时间。自旋锁可以用在中断服务程序中，但在使用前需关闭中断，否则中断服务程序会打断持有自旋锁的代码，产生争用现象。

③ 测试并置位指令

当多个任务共享资源时，可采用测试并置位指令进行互斥：先设置一个全局变量，若该全局变量为 0，则允许任务访问共享资源，为防止另一个任务也要使用该资源，需要将该全局变量置 1，这就是测试并置位的含义。测试并置位操作需要采用原子指令完成，即不会被中断的指令，否则会造成竞争。

④ 禁止任务调度

禁止任务调度是一种多任务间的互斥机制，即通过关闭任务调度器，阻止任务抢占及切换行为产生。

虽然禁止任务调度是一种有效的互斥方法，但在该方法中，任务的调度与协调功能无法正常实施，从而导致系统的实时性降低。因此，需要控制禁止抢占的时间尽可能短。

⑤ 信号量

信号量是一种更为精确的互斥方法，它只影响实际参与资源竞争的任务，比关中断、禁止任务调度具有更为精细的互斥粒度，并且通过提供优化的互斥信号量，可以解决优先级反转、资源递归获取等问题。

在上述几种互斥手段中，除测试并置位指令外，其余都是内核提供给用户的功能。那么如何选用合适的方法来保护临界区，一般具有如下选用原则。

1）倘若互斥对象都是任务，通常采用信号量的方法来保证互斥。除此之外，还可采用自旋锁和禁止任务调度的方法，其中，自旋锁适用于那些占用临界资源时间比较短的任务，否则会造成 CPU 的严重浪费，而禁止调度将停止在临界区访问期间发生任务切换，因而会影响那些不需要访问临界资源的任务。

2）倘若互斥对象都是中断服务程序，此时，只能使用关中断的方法进行互斥。

3）倘若互斥对象可能是任务也可能是中断服务程序。若无法区分一次具体的访问到底来自任务还是来自中断服务程序，则只能使用关中断的方法。

3.2.4.2 任务间通信

(1) 消息队列

操作系统是由一组独立而又互相协作的任务构成，需要一些机制来完成任务间的通信工作。在 RTOS 中，这种机制主要由消息队列实现。

消息是一个可变长的缓存区，任务间通信的信息都能被存储在这个缓存区中。消息的长度和内容由用户自己定义，可以是数据、指令或指针等。消息队列包含一组可变的消息数，通常在消息队列中消息的发送和接收采用先进先出方式。发送消息的请求是将消息拷贝到队列中，接收消息请求是将消息从队列中拷贝出去。

消息的具体结构，根据系统的具体设计而不同。一般来说，消息中的数据部分具有固定长度的字节数。为了使消息的传递更有效更快捷，有的系统限制消息的大小，使它能够容纳在处理器的寄存器中，然后用寄存器来传递。

① 数据结构

一个消息队列有一个与之相关联的发送等待队列和一个接收等待队列，同时还设置了一个消息存储区用来存储待发送的消息。当任务发送消息时，先要将消息复制到消息存储区，如果消息存储区没有空间，任务就会进入发送等待状态，直到有足够的空间。为了提高通信效率，如果在发送消息时接收队列中有任务，则直接将消息内容复制给等待任务，而不再经过消息队列缓冲区。任务取消息就是将消息从消息存储区复制走，如果没有消息，则进入等待状态。

消息队列也可用于同步，如将消息队列的缓冲区长度置为 0。这样，发送消息的任务将因为没有缓冲区而进入等待状态，而接收消息的任务也将因为没有消息可取而进入等待状态。只有当消息的发送和接收都发生了，此时两个任务才得以继续运行，从而达到同步效果。

一个典型的消息队列数据结构（MCB）如下。

```
typedef struct messagebuffer_control_block
{
    queue       send_queue;     /* 发送等待队列 */
    id          mbfid;          /* 消息队列 ID */
    yp          exinf;          /* 扩展信息 */
```

```
    art          mbfatr;          /* 消息队列属性 */
    queue        recv_queue;      /* 接收等待队列 */
    int          bufsz;           /* 消息缓冲区大小 */
    int          maxmsz;          /* 最大消息长度 */
    int          frbufsz;         /* 剩余缓冲区大小 */
    int          head;            /* 第一个消息的首地址 */
    int          tail;            /* 最后一个消息的尾地址 */
    vb           * buffer;        /* 消息缓冲区 */
}MCB;
```

在此数据结构中，head 和 tail 分别指向第一个消息的首地址和最后一个消息的尾地址。因为消息是可变长度，而且是一个不断放入消息和取走消息的过程。因此在实现中，消息缓冲区采用的是一个环形结构，如图 3—8 所示，head 和 tail 就分别指向这个结构中的头和尾。

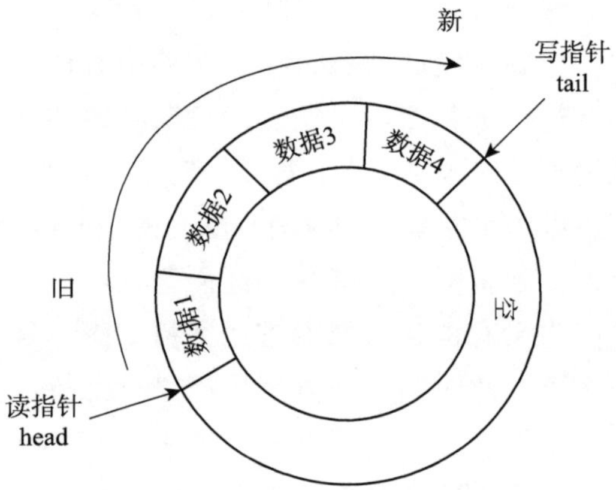

图 3—8　环形消息队列

② 基本操作

每个消息队列包括一个或多个消息，创建消息队列时可定义消息个数和最大消息长度。

RTOS 提供的消息队列允许传递长度、数量可变的消息进行排队。一个任务既可以发送消息，同时也能接收消息。但是中断服务程序只能发送消息，因为如果允许中断服务程序接收消息，将会引起整个系统的阻塞。多个任务可以同时访问一个消息队列。通常情况下，可以把消息队列看成一个单方向的设备，对于同一个任务来说，这个设备只能读取或者只能写入。当然，也可以实现全双工的消息队列，这样就需要两个消息队列来实现，一个用于发送，一个用于接收。表 3—7 给出了消息队列的建立、删除等系统服务。

表 3—7　消息队列系统服务

序号	系统服务描述
1	创建消息队列
2	删除消息队列并将其释放
3	向一个消息队列发出消息
4	从一个消息队列接收消息

创建消息队列系统服务用于创建并初始化一个消息队列，通过这个系统服务的参数，可以指定消息队列所容纳的消息数目和长度以及消息队列的类型。创建过程会根据初始化参数所提供的消息数目和长度分配足够的缓冲区。消息队列的类型指出了消息队列是先进先出（FIFO）类型或者是基于优先级类型。FIFO 类型较为直观，下面讨论一下基于优先级的消息队列。

RTOS 为消息队列提供了两种优先级类别，普通消息和紧急消息。当任务或者中断服务程序发送普通优先级的消息（普通消息）时，消息会以一般的 FIFO 形式传递给消息队列，即加入到消息队列的尾部，而高优先级的消息（紧急消息）到来时，系统会立即把它插入到消息队列的头部进行发送。这个特性在处理某些紧急情况的时候非常有用。

发送和接收消息都可以设置超时参数。对于发送消息，超时的含义是，在规定的时间里消息队列没有可用的空间接纳新的消息。而对于接收消息，超时的含义是，在规定的时间里消息队列没有新的消息到达。虽然机理不同，但两者同样会引发超时错误。

（2）邮箱

消息队列机制是在接收者任务的TCB中，建立一个消息队列来存放其他任务发送来的消息。还有另一种方法，是在系统中建立一个公共的邮箱，以存放一定数量的邮件。当任务A希望与任务B通信时，由任务A创建一个邮箱，在通信时，任务A把邮件送入邮箱，而任务B从邮箱中取走邮件。只要邮箱未满，任务A便可向邮箱投递邮件；若邮箱已满，任务A就得等待，待邮箱有空时，任务A的邮件投递才能成功。类似的，只要邮箱非空，任务B就可取走一个邮件；若邮箱为空，任务B读取邮件时，也得等待邮箱有到达的邮件，任务B的邮件读取才能成功。

邮箱可以是一对一的，也可以是多对多的。当有多个任务向邮箱投递邮件时，有多个任务从邮箱中取走邮件。邮箱是公共的，系统可以建立多个邮箱，但必须对邮箱进行统一管理。一般采用邮箱控制块（MCB）来管理邮箱的相关信息。

下面是MCB的一种常见数据结构。

```
typedef struct
{
    MCB     *pNext;        /* 系统的邮箱队列
                              链指针 */
    MCB     *pNext1;       /* 任务建立的邮箱
                              队列链指针 */
    char    *Name;         /* 邮箱名称 */
    int     MailBoxID;     /* 邮箱的内部标
                              识 */
    int     MaxNum;        /* 邮箱所能存放的
                              最大邮件个数 */
    int     SendPos;       /* 发送邮件位置 */
    int     RecPos;        /* 接收邮件位置 */
```

```
    int     SendSemID;                  /* 邮件发送信号量标识 */
    int     RecSemID;                   /* 邮件接收信号量标识 */
    MAIL    Mail[MAX_MAIL_NUM];         /* 存放邮件的缓冲区数组 */
}MCB;
```

其中，结构 MAIL 定义为：

```
typedef struct
{
    int     MailSize;                   /* 邮件长度 */
    char    MailMess[MAX_MAIL_SIZE];    /* 邮件内容 */
}MAIL;
```

邮箱中的邮件可以是固定长度也可以是可变长度的，在不同的 RTOS 中，实现方法各不相同。用户可在系统中建立多个邮箱，这些邮箱的 MCB 可组成一个邮箱队列。

(3) 异步信号

RTOS 还可以通过异步信号任务与任务间、任务与中断服务程序间的异步通信操作。异步信号被任务（或 ISR）用来通知其他任务某个事件的出现。在实际操作中，任务或 ISR 向指定的任务发送信号，接收到信号的任务立即挂起当前执行的任务，在下次调度执行时执行指定的信号处理程序。信号处理程序在接收信号任务的上下文中执行并使用该任务的堆栈。在这种机制中，任务即使被阻塞也可以调用信号处理程序。

与其他的通信机制相比，异步信号机制更适合于错误和异常处理。信号处理程序可以看作是一种“软”中断的服务程序，任何可能导致任务阻塞的函数都不能用在信号处理程序中。由于处理机制和 ISR 非常类似，信号处理程序也只能调用那些在 ISR 中可以安全使用的函数。只有在保证信号处理程序不会出现死锁时，才可以在信号处理程序中调用其他函数。

处理异步信号的任务由两部分组成：一个是与异步信号无关的任务主体，另一个是异步信号服务程序（ASR)。在处理异步信号前，任务必须提供相关的ASR，并调用建立一个ASR系统服务。一个ASR对应于一个任务，当向任务发送一个异步信号时，如果该任务正在运行，则将终止其自身代码的运行，转而运行与该异步信号相关的服务例程，或者当该任务被激活时，在投入运行前执行ASR。发送异步信号给任务，对接收任务的当前执行状态没有任何影响。异步信号可以被使能，也可以被禁止。被使能的异步信号只有在发送时才会执行对应的处理程序。

与ISR相比，ASR由RTOS系统进行调度，而ISR是由处理器进行调度，并且ISR与任务没有对应关系。在任务上下文切换中，ISR不被执行，则ASR执行。ISR的调用是通过中断向量作为它的入口参数，ASR的调用则是通过信号位作为它的入口参数。ISR不能在任务模式下执行，而ASR具有任务模式。

① 异步信号集

每个任务可以有32个异步信号标识，用一个32 bit无符号整型变量记录这32个异步信号，有效的异步信号从SIGNAL _ 0 ～ SIGNAL _ 31。SIGNAL _ 0 和 SIGNAL _ 31 都是宏，其值分别为“0x00000000”和“0x80000000”，其他以此类推。

异步信号集是通过异步信号标识位的逻辑“加”操作与“或”操作组合而成。异步信号集中各个异步信号之间是相互独立、互不相交的，因此对异步信号标识的“加”操作与“或”操作是相同的。例如，一个异步信号集包含SIGNAL _ 6、SIGNAL _ 15和SIGNAL _ 31，则发送信号服务的参数可以是SIGNAL _ 6 | SIGNAL _ 15 | SIGNAL _ 31或SIGNAL _ 6 + SIGNAL _ 15 + SIGNAL _ 31。

② 主要功能

异步信号机制提供的主要功能和响应的应用编程接口包括安装ASR和发送异步信号到任务。RTOS为任务提供安装ASR的功能调用，仅当任务已经建立了 ASR，才允许向该任务发送异步信号，否则发送的异步信号无效。当任务的 ASR 无效时，发送到任务的异步信号将被丢弃。

在缺省状态下，任务创建时全部的异步信号都是无效的。独立的异步信号可以被每个任务动态设置成有效或无效。一旦 ASR 执行，异步信号就被自动清除。

当发送一个异步信号给任务时，任务的执行状态不会发生改变。如果一个异步信号不是发送给当前运行的任务，异步信号将被挂起，只有当任务被调度时，ASR 才会被处理。如果当前正在运行的任务发送一个信号给自己或信号来自于 ISR 时，任务被中断，且 ASR 立刻被调度执行。

3.2.5　中断/异常管理

中断/异常机制是 RTOS 的重要组成部分，用以管理和实时处理来自内部（处理器）或外部（I/O 设备）产生的事件。

按照引起中断的事件性质，通常可分为 3 个类别：中断、自陷和异常。

1）中断。由于处理器外部的原因而改变程序执行流程的事件，属于异步事件，又称为硬件中断或外部中断。自陷和异常则称为同步事件。

2）自陷。自陷是通过处理器所拥有的软件指令可预期地使处理器正在执行的程序流程发生变化，以执行待定的程序。自陷是显式事件，需要无条件地执行处理。

3）异常。异常是指处理器自动产生的异常事件。例如被 0 除、执行非法指令、内存保护故障等。异常没有对应的处理器指令。当异常事件发生时，处理器需要无条件地挂起当前运行的程序，执行特定的处理程序。

在 RTOS 中，自陷和异常事件属于操作系统内部处理的问题，相应的 ISR 是能够实时完成事件的处理。而中断是来自外部的异步事件，需要用户编写相应的异步事件处理程序，该程序的执行事件必须满足实时系统的事件特性要求。

根据系统内核的抢占性和非抢占性，一般可以分为两种中断处理模式。在非抢占式内核的中断处理模式中，当中断处理过程中有高优先级任务就绪时，在中断处理结束后不会立即切换到高优先级任务，必须先从中断处理返回到被中断的低优先级任务中，等任务执行完成后，再切换到高优先级任务，如图 3－9 所示。

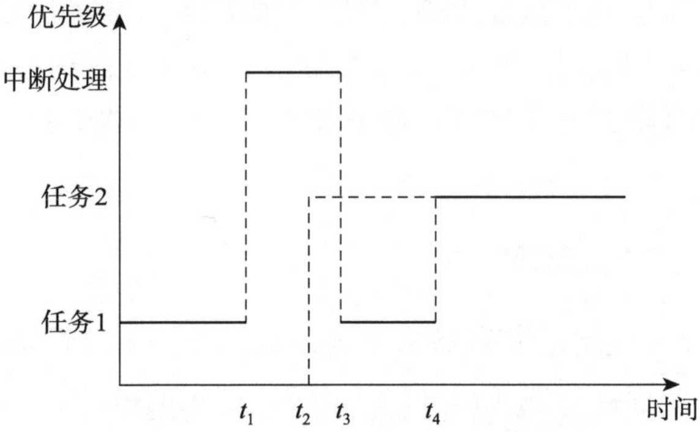

图 3－9　非抢占式内核中断处理模式

在抢占式内核的中断处理模式中，如果在中断处理过程中有高优先级任务就绪，中断结束后将立即切换到高优先级任务，如图 3－10 所示。

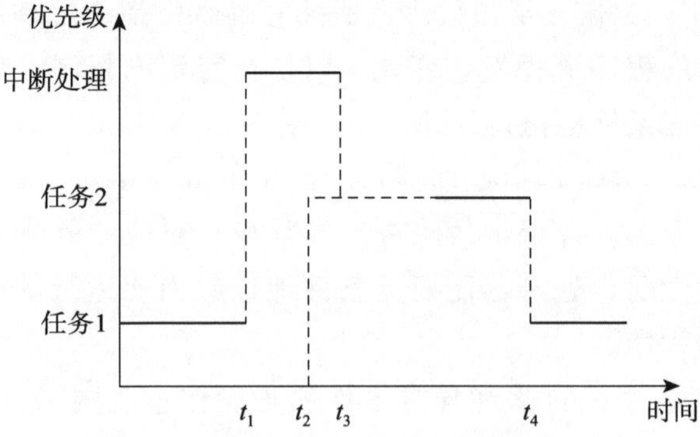

图 3－10　抢占式内核中断处理模式

实时内核一般要求提供中断管理机制，实现用户管理中断的接口。中断管理机制一般具有以下功能：

1）让一个中断向量与一段中断服务程序相关联；

2）中断发生时，对中断现场进行保存，并且转到相应的服务程序上执行；

3）中断响应退出前，对中断现场进行恢复。

3.2.5.1　中断硬件结构及中断服务操作

当中断源多于一个时，需要采取一定的中断管理模式进行有效组织与管理。目前，普遍采用可编程的中断控制器（PIC），以中断向量方式进行中断组织，并赋予中断源一定的优先级，操作系统通过中断服务程序与中断向量关联，实现对中断事件的响应和调用。

PIC 的实现与具体的硬件有关，不同 CPU 都有专门设计的 PIC。例如在 Intel 80x86 处理器架构中，8259 就是一个通用的可编程中断控制器。同时，中断控制寄存器还可以按不同的形式和名称出现，但是，它们都服务于相同的目的，并且提供以下两个主要的功能：

1）判断中断的准确来源，降低处理器负载；

2）给中断源分配优先级，以便优先处理高优先级中断事件。

PIC 有一组中断请求线。外部来源在中断请求线上插入一个物理信号产生中断。每个中断请求线有一个优先级。图 3－11 举例说明了一个连接有 5 个中断源的 PIC 以及它的工作原理。每个中断源都连接一根不同的中断线。

从图 3－11 可以看出，得到了中断发生时的中断向量后，CPU 可以通过查询内存中的中断向量表获知中断服务程序入口地址并调用中断服务程序。

为了尽可能快的响应中断，中断服务程序运行在一个不同于任何任务的上下文中。因此中断的处理不涉及到任务上下文的切换。

表 3－8 简要列出了与中断相关的函数。

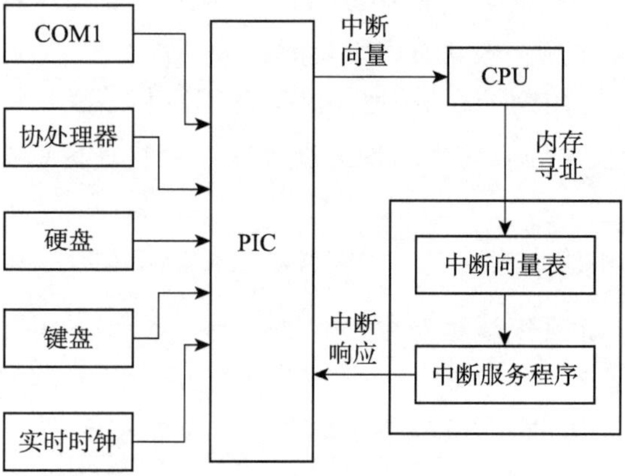

图 3－11 中断系统的硬件结构示意图

表 3－8 中断相关服务

序号	描述
1	将中断服务程序连接到中断向量上
2	判断是否在中断服务程序中运行
3	获取当前中断嵌套深度
4	设置处理器的中断屏蔽级别
5	禁用指定的中断
6	使能指定的中断
7	设置向量表地址
8	获取向量表基地址
9	设置异常向量
10	获取异常向量

3.2.5.2 中断堆栈

中断服务程序需要使用中断堆栈用于局部变量的存储。有些 RTOS 提供独立的中断堆栈，这个堆栈由系统启动时根据指定的配置参数来定位和初始化。为了能在最坏情况下处理中断嵌套，必须分配足够大的中断堆栈空间。

有些RTOS将中断堆栈与任务堆栈共享，即中断服务程序使用任务的堆栈，因而必须保留充分的任务堆栈空间，以满足最坏情况下中断嵌套时的堆栈使用不溢出。

3.2.5.3　中断与异常的区别

任务在运行过程中产生的异常，将导致任务挂起，而系统的其他部分还将继续运行。但对中断服务程序来说，不能使其挂起，因为中断服务程序没有上下文，中断服务程序执行期内，整个系统将不可调度，因此在中断服务程序中不能调用可能引起系统阻塞的操作。

3.2.5.4　中断服务程序和任务间的通信

很多时候，中断服务程序是和任务联系在一起的，中断需要将外界事件传递给任务，最终由任务来响应外界发生的事件，并由任务完成事件的后续处理。这时候就需要中断服务程序和任务进行通信。中断服务程序和任务之间通常会使用下面的通信手段。

1）共享内存。中断服务程序与任务都可以访问全局变量或者内存地址，所以可以利用共享内存的方式进行通信。但是这样的通信会引起一些问题，例如由于中断的随机性，共享的内存随时可能会被中断服务程序更改，可能会形成脏数据。

2）信号量。在中断服务程序中允许释放信号量，使等待信号量的任务处理中断事件。

3）消息队列。中断服务程序可以通过消息队列将外界传来的消息传给任务，但如果消息队列是满的，将引起数据丢失。

4）管道。和消息队列一样，中断服务程序可以向管道写入消息。同样，在管道满的时候，消息也会被丢弃。作为I/O设备，管道对于中断服务程序的另一个限制是，禁止使用write（）以外的I/O函数，以免造成系统阻塞。

5）异步信号。在异常处理程序中可以给任务发送信号，从而执行信号处理程序。

3.2.5.5 RTOS的中断机制设计

实时系统中关心的性能指标之一是中断延迟时间，造成中断延迟响应的主要原因包括：

1）内核在执行某些临界区代码时必须关闭中断，防止对于公共数据的多重访问；

2）系统正在处理更高优先级的中断，导致当前中断得不到响应。

除此之外，从系统检测到中断产生到执行中断服务程序，还必须进行现场保护，以及从中断向量表跳转等一系列工作，这也需要时间。

因此，为减少中断延迟时间，提高系统实时性，RTOS在以下几方面采用了独特的设计。

（1）精简的临界区代码

因执行临界区代码而关中断是造成中断长时间得不到响应的最主要因素。因此，在对内核临界区的设计中，RTOS遵循以下原则：

1）临界区代码应尽可能的短小，只把确实需要的代码放入临界区；

2）在临界区尽量控制函数调用，避免函数嵌套层次太深；

3）尽可能地把那些相对比较耗时的操作放在临界区外。

在完成临界区处理后，立即打开中断，并在退出临界区时立即检查是否已产生了因为进入临界区而没有得到处理的中断，如果有，则应立刻转入中断处理。

（2）中断嵌套支持

RTOS都支持中断嵌套，即只要新产生的中断具有更高的优先级，它就可以打断当前中断的处理而被响应，从而提高系统对外部事件的响应能力。当发生中断嵌套时，如果需要进行任务重新调度，任务调度将延迟到最外层中断处理结束后再发生，以确保所有的中断都能够及时完成。

（3）堆栈空间保障

如果中断嵌套层次过多，所需保存的上下文环境也会增多，中断服务程序所占用的任务堆栈空间也会随之增大，容易导致堆栈溢出。因而为给每个任务分配堆栈空间时，一定要考虑中断嵌套的最坏情形，分配足够大的空间。但这种做法对于嵌入式系统而言资源将变得更为紧张。因而，针对这个问题，有些 RTOS，如 T—Kernel，设计了一个独立中断堆栈来保存系统所有中断产生的信息。每当中断发生，将堆栈切换到中断堆栈，而不是继续沿用任务堆栈。通过使用单独的中断堆栈，可以降低任务堆栈空间要求，提高系统资源利用率。

3.2.6　时钟定时器

RTOS 中有大量的定时及控制需求，例如任务周期性激活、任务延时控制、接收消息的有限等待、外部设备操作的超时控制等。所有这些都需要相应的定时器来进行监控，而系统一般只有少量的硬件定时器，因此需要凭借有限的硬件定时器来建立多个软件定时器，为用户及系统提供服务。本小节主要讲述软件定时器的相关内容。

3.2.6.1　定时器概述

定时器是作为系统时钟的一部分来维护，也就是说，系统时钟在给定的时间后会给出中断，而定时器指定的程序则是挂在这个中断上的中断服务程序，这是由于挂在系统时钟上能够保证精确的定时。不同系统可以为用户建立不同的定时器，在实时应用中，用户的实时任务希望建立的定时器类型如表 3—9 所示。

表 3—9　定时器类型

序号	描述
1	控制任务延时一个相对时间间隔后再激活
2	控制在一个相对时间间隔后，发送事件给任务

续表

序号	描述
3	控制任务延时到一个绝对的日期时间后再激活
4	控制在一个绝对的日期时间发送事件给任务
5	控制在每间隔一个时间间隔，周期性地发送事件给任务
6	超时控制用的看门狗定时器

通常，被定时器调用的程序会作为系统时钟的中断服务程序来执行，倘若内核由于某种原因不能立即执行该函数，它将会被放到异常任务工作队列中，而后以异常任务的优先级来执行。设置并启动定时器后，定时器开始计时，一旦指定的延时结束，与该延时对应的中断服务程序立即被调用。表 3—10 是使用定时器的相关系统服务。

表 3—10　定时器相关系统服务

序号	描述
1	创建定时器
2	启动定时器
3	终止定时器计时
4	复位定时器
5	删除定时器

使用定时器前要首先创建定时器，然后启动定时器服务。一旦指定的时间延迟结束，定时器将调用预定的中断服务程序，当然，也可以在延时时间结束前提前终止。定时器通常用于超时处理，当某项任务的执行超过了预期的时间则进行相应的错误处理。

3.2.6.2　定时器功能

(1) 创建定时器

创建定时器时，需要为这个定时器分配指定的名字。新创建的定时器没有被激活，且没有相应的定时器服务例程。定时器创建成功后，将为该定时器分配一个 ID 标识。下面的代码显示了一个定时器控制结构。

```
typedef struct
{
    timer_state state;                  /*定时器状态*/
    timer_time interval;                /*定时间隔*/
    timer_time remain;                  /*定时器剩余时间*/
    timer_service_routine_              /*定时服务例程入口*/
    handler handler;
    void *userData;                     /*用户数据指针*/
    timer_attribute attri;              /*定时器属性*/
    unsigned32 repeat;                  /*定时器触发次数*/
}timer;
```

这里，state 表示定时器的当前状态，可以是活动的、非活动的状态或是中间状态（如正在进行计时链表的插入操作）；interval 表示触发的时间间隔；remain 表示距离本次触发的剩余时间；handler 表示定时器需要触发的服务例程；userData 表示需要触发的服务例程的参数；attri 表示此定时器的属性，如触发类型等；repeat 表示该定时器已经重复触发的次数。

（2）启动定时器

启动定时器后，可以触发定时器服务。通常可以指定单次触发还是周期触发。在单次触发中，只触发执行一个挂接的定时服务程序；周期触发可以在每次触发服务后，经过相同的时间间隔又触发挂接在该定时器上的服务程序。

（3）终止定时器

终止定时器就是使定时器停止计时工作。因此，相应的定时器服务程序不再被触发，除非定时器被重新激活。

（4）复位定时器

复位定时器就是把定时器的状态恢复到原来设定的值。

（5）删除定时器

删除定时器时，若定时器还在工作，则先停止后删除。

3.2.6.3 定时器管理数据结构

下面以典型的 RTOS 为例，介绍 RTOS 如何管理定时器。

在定时器管理上，采用一个双向链表管理所有的定时器，内核中这个双向链表用变量 timer _ queue 表示。各个定时器按触发系统的绝对时间由近到远进行排序。定时器事件队列的数据结构如下。

```
LOCAL QUEUE timer_queue;
typedef struct timer_event_block
{
    QUEUE queue;            /* 双向队列 */
    LSYSTEM time;           /* 事件时间 */
    CBACK callback;         /* 回调函数 */
    VP arg;                 /* 回调函数参数 */
}TMEB;
```

创建定时器后，启动该定时器需要将其链入内核定时器队列 timer _ queue 中。在每次时钟中断服务程序中，将定时器的时间与当前时间进行比较，如果定时器时间小于或等于当前时间，则说明定时器已经到期，将其从定时器队列移出，并执行该定时器的回调函数。依次处理，直到遇到第一个没有到期的定时器为止。

3.3 设备管理与驱动

在 RTOS 中，设备管理通过 I/O 子系统来完成，应用程序打开指定的文件操作 I/O 设备，这个指定的文件可以表示一个非结构化的原始设备或是具有文件系统的结构化随机存储设备上的一个逻辑文件。I/O 设备是系统的重要资源，系统对 I/O 设备的管理内容包括：

1）按照用户任务的要求来控制 I/O 设备的工作，完成用户任务希望的 I/O 设备操作，减轻用户编制 I/O 设备输入输出程序的负担；

2）协调高速CPU和低速I/O设备间的工作，保证系统的正常运行；

3）尽量提高I/O设备的并行操作，提高输入输出设备的利用率。

I/O设备种类很多，与硬件关系十分密切。如何为用户任务提供一个简单易用的接口，使用户任务可用一种一致的方式使用这些外部设备，是RTOS必须解决的问题。

由于采用了与设备无关的用户接口，RTOS对不同设备的I/O操作是相同的。即使在实际中，这些文件也可能代表着不同的对象，但对RTOS来说，这都是相同的文件。

在系统底层，驱动程序负责直接和设备打交道，驱动程序控制着各种不同的设备。而应用程序则通过RTOS的I/O系统提供的接口来访问设备。

3.3.1 设备管理

外部设备种类繁多，如串口、1553B总线、CAN总线、GPS定位设备、Flash存储器等。不同设备牵涉到不同硬件的具体操作细节，因此，RTOS对外部设备的管理，一般组织成一种层次结构，由底层软件（板级支持包）实现对外部设备的具体操作，使这些操作细节对用户透明，并通过高层软件为用户提供一个简洁、友好又规范的接口。

3.3.1.1 设备管理模式

设备管理牵涉到的首要问题是设备无关性。用户希望所有的输入输出操作都与设备的类型无关，能够用一种一致的方式对各种设备的操作进行编程。无论是对键盘的输入操作、对串口的输入输出操作或者是对Flash文件的读写操作，只要提供不同的设备名称或文件名称，就可以用相同的方式来操作它们。一旦需要改变某个设备的类型，只要改变程序中相应设备的名称即可，至于设备的具体操作细节用户可以不必关心。

因此必须对各种输入输出设备提供一套统一的输入输出操作命令，用一个统一的命名规则来命名不同类型的设备。当任务使用这些名字请求输入输出时，RTOS 调用相应的设备管理程序来实现任务的请求。这样，RTOS 就必须有一种机制，把这些设备的名字映射为相应的设备管理程序。

设备的管理工作有两种不同的组织方式。一种是按整体式的系统结构来组织，当任务使用系统调用命令，向系统发出设备输入输出请求时，由自陷指令将系统状态切换到内核运行。内核中的设备调度程序把请求进行排队、调度和缓冲，并调用设备驱动程序，同设备中断服务程序互相配合，调用相应的函数完成任务的输入输出请求。

另一种方式是按照客户/服务器模式组织对设备的管理。操作系统把设备作为一种特殊文件来处理，因此有些系统设置一个文件服务器任务，实现对设备管理的统一接口。对磁盘的输入输出是一般的文件操作；对设备的输入输出是特殊的文件操作。然后对每一类设备设置相应的 I/O 任务，驱动设备（包括磁盘）的输入输出。任务需要进行设备输入输出时，通过系统调用命令的库函数，把请求转换为消息代码，发送给文件服务器任务。后者进行一些必要的处理，按照消息中的设备名称，把请求转交给相应的 I/O 任务执行。用户任务、文件服务器任务以及 I/O 任务三者的联系，如图3—12所示。

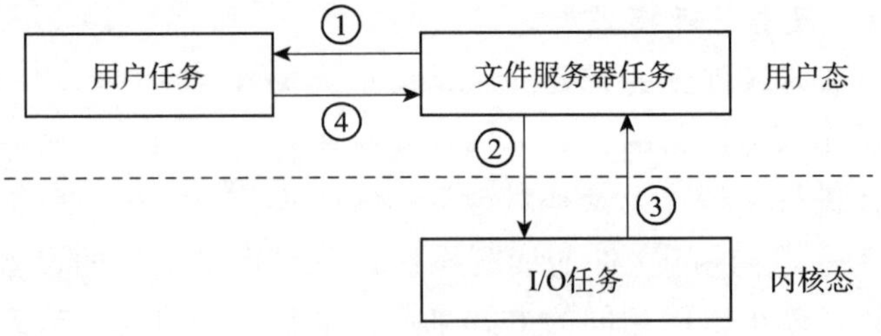

图 3—12　客户/服务器模式的 I/O 处理

3.3.1.2　设备分类

按照外部设备的工作特点，设备类型大致可分为以下三类。

（1）字符设备

字符设备是一种以字节为单位的 I/O 设备，这种设备不能编址，不作任何寻址操作，按字符流方式输入或输出数据。如果没有及时处理数据，后续输入将覆盖前一个数据，这也意味着丢失了一个数据。

（2）随机存储块设备

块设备把信息存储在可寻址的固定大小数据块中，CPU 以数据块为单位进行输入输出。数据块的大小视具体而定，目前最常见的是 512 字节为一块。这种设备一般采用 DMA（直接存储器访问）操作方式，当 CPU 希望进行输入输出时，除了给出设备存放该数据块的具体地址以及读写命令外，还要给出内存中存放该数据块的起始地址及数据块的大小。在输入输出过程中，数据直接在内存和设备之间传输。

（3）过程输入输出设备

过程输入输出设备是另一种可寻址的设备，但一般以字节或字为单位进行输入输出。在实时控制系统中，为了对执行过程进行控制，要把被控对象的各种测量参数由模拟信号变换为数字量，对过程对象进行控制。过程输入输出设备，就是实现这种信号转换的设备。当 CPU 需要测量某一过程对象的参数，或需要把某个经运算处理的控制数值输出去控制某个过程对象时，首先需要选择与该过程对象相连接的输入输出通道地址，然后启动设备，进行信号转换工作。

从资源分配角度看，I/O 设备又可以分为以下三类。

（1）独占设备（不可剥夺设备）

有些设备为了保证 I/O 的连贯性，一旦为某个任务服务后，在该任务使用这个设备时，独占这个设备的使用权，然后再释放这个设备。其他申请使用这个设备的任务，都得等到设备被释放，这样的设备称为独占设备。

(2) 共享设备（可剥夺设备）

有些设备允许若干个任务同时使用，这样的设备称为共享设备。

(3) 虚拟设备

通过 Spooling 技术共享的设备称为虚拟设备。对于独占技术，可以通过 Spooling 技术，改造成可为若干个任务所共享。例如，对打印机输出，可在文件系统中建立一个 Spooling 目录，把任务的输出收集在该目录的一个临时文件中。由 Spooling 任务使用打印机设备，输出临时文件中的内容，并删除该文件。

3.3.1.3 设备描述符

如果把 I/O 设备作为特殊的文件处理，就可以用文件的读写形式统一为对设备进行 I/O 操作。这时，如同文件名一样，用 ASCII 字符串对每一设备赋予一个名字。设备的名字在系统里是统一的，而文件的名字是用户按系统的规定自行命名的。在系统里，把这些名字映射为一个整数，对于设备，称为设备描述符，而对于文件，则称为文件描述符，有些系统把它称为句柄。系统里为每一种设备安排一个固定的设备描述符。而文件描述符或句柄，则是在文件建立或打开时由系统分配，在文件关闭时释放。

3.3.1.4 文件描述符

在基本 I/O 操作中，文件描述符是其中重要的元素。所有的文件都将由文件描述符来表示，操作都是面向文件描述符而言的。文件描述符是通过打开或创建文件的操作（open（）或 creat（））获得的。它是表示文件的唯一整数值。除 open（）和 creat（）外所有基本的 I/O 操作都是通过操作文件描述符完成的。

不论在何处定义，文件描述符都是全局可见的。例如：任务 A 打开了一个文件，并返回一个文件描述符，文件描述符的值为 4，那么任务 B 对同样值为 4 的文件描述符操作时，操作的都是相同的文件。这一切是由系统的文件描述符表实现的，后续将进行介绍。

在使用 open（）或者 creat（）函数打开一个文件时，系统会为文件在文件描述符表中分配一个文件描述符，并将其作为返回值传给创建文件的函数。当使用 close () 关闭一个文件时，系统将删除文件描述符。由于文件描述符表的大小是固定的，因而文件描述符的个数有限。为避免在使用中出现文件描述符资源不足的情况，要关闭那些已经不再使用的文件，释放资源。在 I/O 系统初始化时用户可以指定使用的文件描述符的个数。

3.3.1.5　文件描述符表

当使用 creat () 或者 open () 操作函数时，将会返回一个文件描述符。在后续的操作中都将使用文件描述符标识文件，I/O 系统必须将文件描述符和为该文件服务的驱动程序建立联系，同时将这些文件描述符与某些数据结构相关联。为实现这个目的，使用文件描述符表来维护这些关系，如图 3－13 所示为文件描述符表。

文件描述符表中包括驱动程序索引号以及由驱动程序确定的一个四字节的值。这个四字节的值是驱动程序中执行打开操作而返回的内部文件描述符，用于系统识别文件。在调用驱动程序的相关操作时，驱动程序用这个值代替文件描述符。

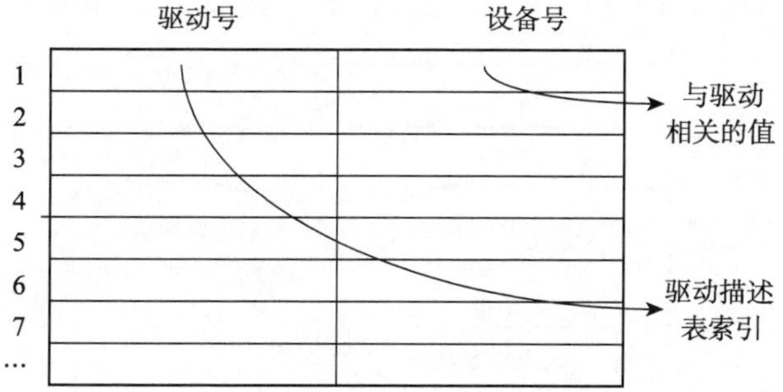

图 3－13　文件描述符表

3.3.2　设备驱动

设备驱动程序是外部设备与 CPU 的通信接口，向外部设备发出命令并与接口的各种寄存器交互，实现对设备的输入输出操作。外部设备与 CPU 的通信示意，如图 3—14 所示。

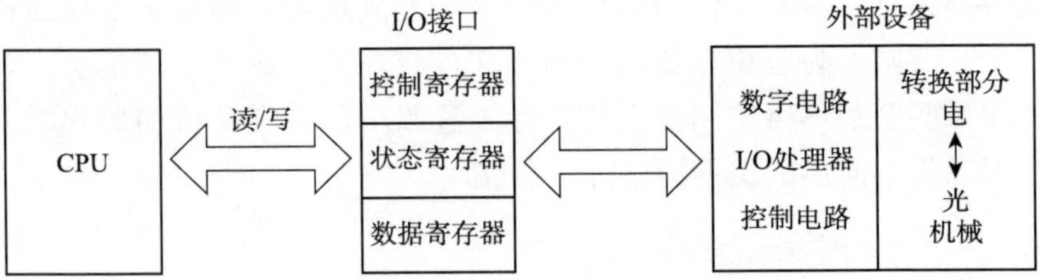

图 3—14　外部设备与 CPU 通信示意图

各种设备都有不同的控制寄存器，设备驱动程序需要与这些寄存器打交道。设备驱动程序在执行具体的 I/O 操作时，要进行超时控制。如果在一定时间内 I/O 操作没有成功，设备驱动程序或者是重复数次输入输出操作，或是把一个 I/O 错误码返回给用户任务。

总之，设备驱动程序的职责就是完成对 I/O 端口地址的读、写操作，它不能自动执行，只能被操作系统或应用程序调用。调用设备驱动程序主要有应用程序直接调用、应用程序通过操作系统内核调用和应用程序通过操作系统扩展模块进行调用三种方式，如图 3—15 所示。

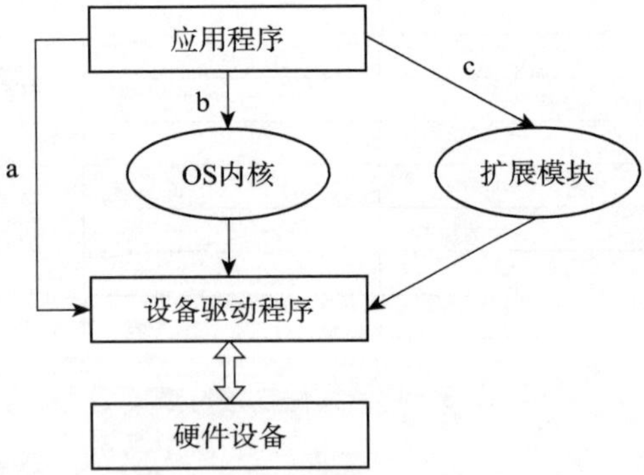

图 3—15　设备驱动程序的调用

a—应用程序直接调用；b—应用程序通过操作系统内核调用；

c—应用程序通过操作系统扩展模块进行调用

3.3.2.1 设备驱动的基本框架

不同的RTOS，设备驱动框架的设计也不尽相同。下面以VxWorks为例，介绍设备驱动的基本框架，如图3－16所示。

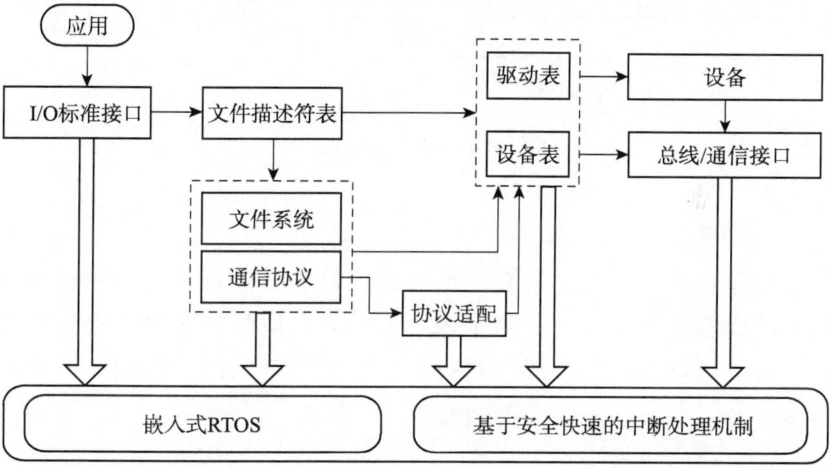

图3－16 VxWorks设备驱动框架结构

在该框架结构中，主要包括以下几个方面。

(1) I/O标准接口

为确保应用的可移植性，I/O接口应符合POSIX标准，即create、open、close、read、write、ioctl、select等；网络接口应符合socket标准，即socket、bind、listen、accept、send、recv等。

(2) 驱动表

I/O管理子系统对设备的管理通过驱动表完成，如图3－17所示，驱动表实际上是一个数组，它的每一个数组项是一个设备驱动程序地址表结构体，这个结构体包含初始化、打开、关闭、读、写、控制等操作函数的入口地址。若不支持相应操作，则它的入口地址为NULL。

除此之外，驱动表中还设置主设备号、次设备号，主设备号用于区分不同种类的设备，次设备号用于区分相同种类的不同设备，即同一种设备通过定义相同的主设备号可以共享对应的设备驱动程序。

	create	delete	open	close	read	write	ioct1	
0								
1								
2	myOpen	NULL	myOpen	myClose	myRead	myWrite	myIoct1	驱动程序
3								

驱动程序索引号

图 3—17　驱动表

(3) 设备表

设备表是一个双向链表，每当添加设备时，系统会向列表中添加新的设备节点。与其他两个表不同的是，设备列表的大小是动态的，可以任意地向其中添加新设备。不论是否访问的是同一个驱动程序，每一个设备都会占用链表的一个节点。

(4) 通信协议层

通信协议层的处理过程是通过驱动表调用相应的协议服务，再结合协议服务调用底层设备驱动的例程，通过将协议服务从驱动中分离开来，可以较好地在同一种协议上支持多种设备，从而有效减轻了驱动开发的难度并提高了可移植性。

(5) 协议适配层

协议适配层实现了通信协议抽象，将某种协议独立于实际传输的介质，同时数据交换也不考虑硬件平台的类型，由抽象的数据交换处理接口屏蔽硬件的差异。典型的应用是在嵌入式中间件中支持基于CAN总线、1553总线、CPCI总线、串口等总线传输的IP协议封装，协议适配层的访问相当于I/O标准接口调用底层硬件驱动例程的钩子服务。

(6) 底层驱动层

底层驱动层包括总线驱动、设备驱动层，设备一般挂接在不同的总线上，总线驱动往往需提供其特有的总线访问控制接口。

（7）RTOS 支持接口

RTOS 支持接口包括设备的中断管理机制，提供设备中断挂接、中断优先级排序等功能，是访问控制设备必不可少的环节；RTOS 还提供中断处理例程与任务、访问设备不同任务间的互斥、同步机制，支持设备的并发访问控制。

3.3.2.2　设备驱动程序的主要功能

设备驱动程序通常包含如下六项主要功能。

（1）设备初始化

初始化的目的是使设备处于某种工作状态，以便用户程序访问该设备。例如串口初始化包括设置串口波特率、数据位、奇偶校验位、停止位等。

（2）打开设备操作

打开设备操作实际上是查询用户指定的设备，并查看用户是否可以使用该设备。因为设备是共享资源，当设备正在被使用时，系统要对它进行保护，禁止其他任务对设备进行操作，直到设备资源被释放。

（3）关闭设备操作

关闭设备操作就是释放设备资源。任务对设备完成操作后，必须进行该操作，否则设备总是处于被占用状态，其他任务无法使用。与打开设备操作相对应，有打开操作就应该有关闭操作。

（4）从设备上接收数据

这项功能通常就是所说的读操作，接收外部传输来的数据。接收数据采用的方式有查询方式、中断方式和 DMA 方式。

（5）向设备发送数据

这项功能对应通常的写操作，把主机上的数据传送给外界。通常系统主动调用该操作进行数据发送，有时也采取中断方式发送数据。

（6）对设备进行控制操作

在设备使用过程中，有时需要对设备进行控制（例如改变设备状态），控制操作就能提供这种功能。例如，在使用串口过程中，需要改变串口波特率的设置，这就需要用到这种控制操作。

3.3.2.3 设备驱动程序的组成部分

根据设备驱动的主要功能，设备驱动程序大致由下面几部分组成。

1）设备驱动程序的注册函数：驱动程序开发人员需要编写一个函数，把相关的驱动程序（打开、关闭、读/写等）注册到系统设备驱动程序表中，以便系统对其管理及使用。

2）设备驱动程序的卸载函数：当系统不需要使用某设备时，需要从驱动程序表中卸载该设备驱动程序并释放设备占用的资源，这些操作由设备驱动程序的卸载函数完成。

3）设备打开和关闭函数：这两个函数的功能在设备驱动程序主要功能部分已经描述过，需要注意的是有打开设备操作，必须相应地有关闭设备操作。

4）设备读/写操作函数：设备与外界的通信主要由这两个函数完成，主要功能是完成设备与 CPU 之间的数据传输。

5）设备控制函数：在对设备的操作中完成相关控制操作，包括寄存器设置、设备状态调整等。

6）中断服务函数：该函数通常在对设备进行读/写操作时使用，当设备接收到数据或数据发送结束时，通过触发硬件中断信号，向系统报告这一状态，系统便执行中断服务函数进行相应的处理。

3.4 嵌入式文件系统

3.4.1 概述

3.4.1.1 嵌入式文件系统特性及分类

嵌入式系统中通常不直接使用通用文件系统的原因如下。

1）一般来说，嵌入式系统的应用条件远比通用文件系统计算机使用的环境恶劣，通用文件系统的计算机应对这些条件时，往往在可靠性设计上考虑不足。

2）通用文件系统是针对系统资源非常丰富的计算机平台，依靠运算速度较快的 CPU 系统，同时使用速度较慢的磁盘驱动器，因此它们常常大量使用缓存技术，耗费较多的系统资源。这与系统资源十分有限的嵌入式系统应用状况是完全不同的。

3）嵌入式系统中存储的内容往往是关键的数据资料和系统配置脚本，这些都需要在设计时保证其完整性，而对于一般的数据又允许一定程度的误码损伤，不需要严格保证存储的正确性。通过灵活的校验机制与坏损管理，可以达到更优化的存储速度与更高效的存储空间利用效率。但通用的文件系统是无法考虑这种有层次的存储要求的。

4）嵌入式系统存储时一般不使用硬盘，大多是使用 Flash 存储器来存放代码和数据，而从成本考虑，使用 Flash 存储器容量极为有限，可是通用文件系统资源占用空间大，如 NTFS 最小使用条件是 50 Mbyte，因而无法用于轻量级的嵌入式系统。

根据用途不同，嵌入式文件系统主要可分为四大类。

1）ROM 文件系统，即 Romfs。传统型的 Romfs 文件系统是最常使用的一种文件系统，是一种简单的、紧凑的、只读的文件系统，不支持动态擦写保存，按序存放所有的文件数据，这种文件系统格式支持应用程序在 ROM 中片内执行，可以节省大量的 RAM 空间。

2）磁盘文件系统，包括 FAT16、FAT32、Ext2fs、NTFS。FAT 文件系统不仅技术成熟、结构简单、系统资源开销小，而且易于在不同的硬件平台上实现。

3）Flash 文件系统，包含通用的 FAT 文件系统、TrueFFS、JFFS/JFFS2、YAFFS/YAFFS2。由于 Flash 存储器独特的特性，目前 Flash 文件系统广泛应用于嵌入式系统领域的各个方面。

4）内存文件系统，即 Ramfs，Ramfs 文件系统把所有的文件都放在 RAM 里运行，所以读/写操作发生在 RAM 中，大小可随所含文件内容大小而变化，这样能够最理想地使用内存，但其缺点是当系统重新引导时会丢失所有数据。

本节将以基于 Flash 存储器的文件系统为例，简要介绍嵌入式文件系统。

嵌入式 Flash 存储器文件系统要满足如下要求。

1）掉电安全性。嵌入式系统的运行环境一般来说比较恶劣，无论程序崩溃或系统掉电，都应该不会影响文件系统的一致性和完整性。文件系统的写入、垃圾回收等操作对系统异常非常敏感，容易造成数据丢失和数据垃圾，因此文件系统的设计与选用应多加考虑。

2）扇区平均使用。由于 Flash 存储芯片的擦除次数是有限制的，文件系统对 Flash 存储器使用时必须充分考虑这个特性，因此最好能均匀使用 Flash 存储芯片的每个扇区，以延长 Flash 存储器的使用寿命。

3）高效率垃圾回收。任何存储器在分配使用一段时间后，都会出现空区和碎片，需要进行碎片回收，以保证存储器空间的高效使用。而 Flash 存储器擦除是以扇区为单位的，因此碎片回收也应以扇区为单位，先移动扇区数据，再擦除扇区。

4）额外空间占用少。这里所指的额外空间是用于文件系统自身数据存放的空间，而不用于实际数据的存储。由于一般嵌入式系统中 Flash 存储器空间非常有限，越少的额外空间占用必然可以提高有用数据的存储空间。

3.4.1.2　嵌入式文件系统的体系结构

嵌入式文件系统由于功能和作用与普通桌面操作系统的文件系统不同，导致二者在体系结构上有很大的差异。在桌面操作系统中，文件系统不仅要管理文件，提供文件系统调用 API，还要管理各种设备，支持对设备和文件操作的一致性。在嵌入式文件系统中，这种规则发生了变化，嵌入式系统可以针对特殊的目的定制，但是对系统功能完整性和伸缩性提出了更高的要求，因此需要采取一种灵活的体系结构。对操作系统来说，文件系统是一个独立的、自包含的整体，可以灵活地加载和卸载，这一切操作对操作系统内核的功能没有任何影响。嵌入式文件系统体系结构从上到下一般有文件系统核心、高速缓冲管理和设备驱动程序三个层次，如图 3－18 所示。

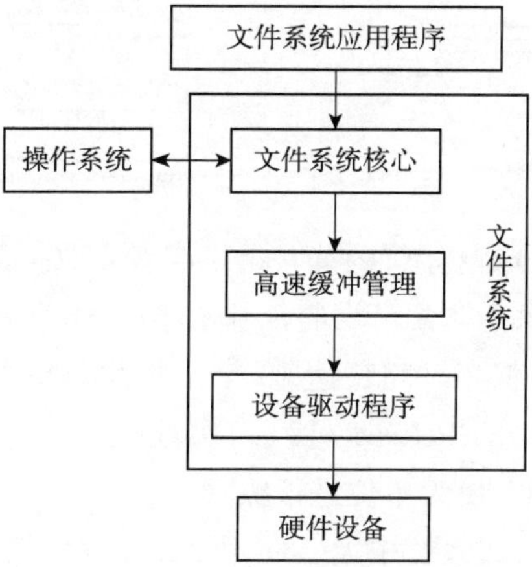

图 3－18　嵌入式文件系统的体系结构

1）文件系统核心，是整个系统设计的核心，也是嵌入式文件系统中用户唯一可见的部分，POSIX 中文件系统的标准系统调用可以在该部分实现。

2）高速缓冲管理，是文件系统的效率之源。高效的高速缓冲区管理算法能大幅度提高文件系统执行的效率，同时它要为文件系统的实现提供与硬件无关的统一接口，这是文件系统结构规整性的基础。

3）设备驱动程序，涉及到具体的硬件，设备驱动程序的另一重要任务就是提供统一的设备驱动程序接口。

3.4.2　Flash 文件系统

3.4.2.1　Flash 存储器

当今主流的非易失性存储器是 EEPROM 和 Flash 存储器，两者都是电可擦写的，基于浮栅 MOS 晶体管（Floating－Gate MOS transistor，FGMOS）构造而成。浮栅 MOS 晶体管的基本构造如图 3－19 所示，其特点是门限值可以根据浮栅捕获的电荷来调节。

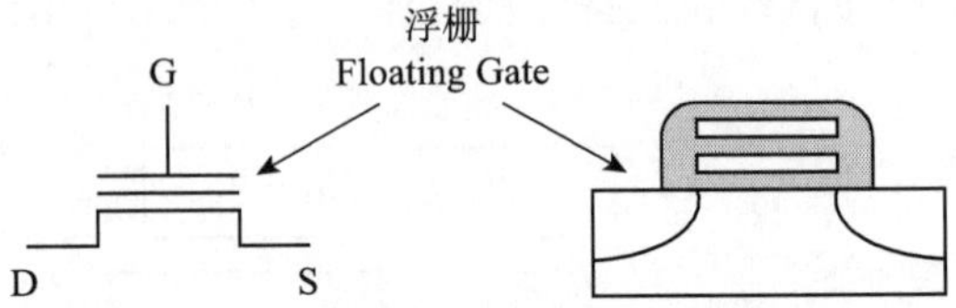

图 3—19 浮栅 MOS 晶体管的基本构造

一次浮栅 MOS 晶体管的读获得 1 或者 0 取决于可编程门限的数值。电荷捕获技术是非常可靠的，基于浮栅 MOS 的存储器可以经受 10^6 次重写操作，保存时间长达 10 年。两种非易失性存储器的主要区别在于写机制。EEPROM 可以一次性擦除和重写一个单元，而 Flash 存储器只能以块为单位进行擦除。

目前，在嵌入式系统中大多使用 Flash 存储器存放数据和代码。Flash 存储器和磁盘设备相比，在体积、抗震性和耗电等方面都有着明显的优势，并且成本低、密度大，非常适合嵌入式系统的数据存储。因此，在 Flash 存储器上建立文件系统具有广泛的应用价值。文件系统可将存储空间用直观的名称代替原始的地址空间，不用每次开发新系统都重新分配存储器，同时它提供与底层存储器无关的编程接口，使上层应用不再关心底层具体设备，可以方便地利用标准接口访问存储器。

Flash 存储器的内部构架和实现技术分为 NOR、DINOR、NAND、AND 四种，其中 NOR 型和 NAND 型是两种主流产品。NOR 型 Flash 存储器是由 Intel 公司于 1988 年首先推出，作为 EEPROM 的替代品出现，其优点是具有芯片内执行（eXecute In Place，XIP）的功能，具有快速随机访问、以字节为单位随机写的特点，因此，NOR 型闪速存储器适合用来存储少量的可执行代码。NAND 型闪速存储器由东芝公司 1989 年推出，专门为数据存储而设计的，其单元尺寸比 NOR 型器件小，具有更高的价格容量比，可以达到高存储密度和大容量。而且 NAND 型在性能上更加适合作为二级存储器。表 3—11 对 NAND 型与 NOR 型器件的性能进行了比较。

表 3—11　NAND 型与 NOR 型器件的性能比较

性能参数	NAND 型	NOR 型
读操作的时间	3.5 Mbit/s	15 Mbit/s
写操作的时间	0.65 Mbit/s	0.15 Mbit/s
擦除操作的时间	2 ms	1 s
擦除大小	8～32 Kbyte	64～128 Kbyte
擦除次数限制	1 000 000 次	100 000 次

表 3—11 列举了两种器件的主要性能参数，可获得以下三方面的结果：

1）相比于 NOR 型器件，NAND 型器件的写入、擦除速度较快；

2）NAND 型器件的读、写操作单位采用 512byte 的块，与磁盘扇区大小相同，因此，便于使用驱动磁盘的文件系统，通用性更强；

3）NAND 型具有更高的擦除上限，对于经常更新的大容量数据存储的应用来说，能够提供更长的使用寿命。

因此，NAND 型器件是嵌入式系统中大容量、高密度数据存储的理想选择。

3.4.2.2　Flash 文件系统简介

基于 Flash 存储器构建稳定可靠的文件系统，须考虑以下问题：

1）写 Flash 前需要擦除，且擦除单位是区块，因此对文件的修改不能简单地直接覆盖操作；

2）对文件操作的整个过程中可能发生意外（例如系统断电），文件系统需要有从意外事件中恢复的能力，并具有一定的日志特性以确保数据的完整性；

3）由于 Flash 区块可重复擦除次数有限，不适合采用通常文件系统中的集中式文件分配表（File Allocation Table，FAT）结构，否则存放 FAT 的区块将会比其他数据区块先行损坏，从而导致整个文件系统的崩溃；

4）需要进行磨损控制，尽量限制并平衡各区块的擦除次数，避免在文件系统使用量较小的情况下只利用较前端的区块并反复擦写：

5）对于已经损坏的块，文件系统必须有能力检测并标记；

6）需要对处理时间与占用内存空间这对矛盾进行权衡。

鉴于 Flash 存储介质的读写特点，传统的文件系统已不适合应用在嵌入式系统中，缺乏有效的扇区擦写支持、损耗平衡支持及掉电保护能力。基于这样的原因，产生了很多专为 Flash 设备而设计的文件系统。

（1）True Flash 文件系统

True Flash 文件系统（TrueFFS）是美国 M－Systems 公司的独有专利技术，最初是为 VxWorks 操作系统定制的，但现在最新版本的 TrueFFS 几乎对所有的操作系统都能提供很好的支持。它为种类繁多的 Flash 存储设备提供了统一的设备接口，并支持大多数流行的 CPU 架构，在一定程度上克服了日志结构对兼容性带来的不良影响。TrueFFS 实现的主要功能包括：损耗均衡、碎片回收、块分配和关联数据集结及错误恢复等。TrueFFS 保证所有存放在 Flash 上的数据是可恢复的，关键在于使用了一种“先写后擦”的策略，当更新 Flash 一个扇区的数据时，只有在更新操作完成并且新存储的数据校验成功后，先前的数据才会被允许擦掉，这样的结果是使数据区块不能处于部分写状态。如果操作成功，新扇区的数据有效，否则旧扇区的数据有效，这种机制加强了写到 Flash 存储器中数据的可靠性。

（2）JFFS/JFFS2 Flash 文件系统

JFFS 文件系统是瑞典的 Axis Communications 公司在 GNU General Public License 下发布的自由软件，主要用于嵌入式 Linux，同时支持 NOR Flash 和 NAND Flash。

Red Hat 公司的 David Woodhouse 对 JFFS 进行了改进，形成了第二个版本——JFFS2 Flash 文件系统，最初是针对 Red Hat 公司的嵌入式产品 eCos 开发的嵌入式文件系统，因此 JFFS2 也可以用在

Linux、uCLinux中。JFFS2是一个可读写的、压缩的、日志型文件系统，并提供了崩溃/掉电安全保护，克服了JFFS的一些缺点，包括使用了基于哈希表的日志节点结构、加快了对节点的操作速度、支持数据压缩、提供了“写平衡”支持、支持多种节点类型、提高Flash存储器的利用率、降低了内存的消耗等，这些特点使JFFS2文件系统成为目前Flash设备上流行的文件系统。缺点是当文件系统已满或接近满时，JFFS2运行会变慢，这主要是因为碎片收集的问题。

（3）YAFFS/YAFFS2 Flash文件系统

YAFFS/YAFFS2是一种和JFFS/JFFS2非常类似的Flash文件系统，它是专门针对NAND Flash设计的文件系统，目前有YAFFS和YAFFS2两个版本，一般来说，YAFFS版本对512字节/页以下都有很好的支持，而更大的页就需要YAFFS2版本，如2 K字节/页。

和JFFS相比，YAFFS裁剪了一些功能，所以速度更快，对内存的占用更小。此外YAFFS自带NAND芯片驱动，为直接访问文件提供了API接口，用户可以不使用操作系统接口中的内存驱动技术（Memory Technology Device，MTD）而直接对文件进行操作。

YAFFS对文件系统上的所有内容（如文件、目录、链接、设备文件等）都统一作为文件处理，每个文件都有一个页面专门存放文件头，文件头保存了文件的模式、所有者ID、组ID、长度、文件名等信息。因为需要在一页内放下这些内容，所以对文件名的长度、符号链接对象的路径名等长度都有限制。对于NAND Flash上的每页数据，都有额外的空间用来存储附加信息，通常NAND驱动只使用了这些空间的一部分，YAFFS正是利用这部分空间中的剩余部分存储文件系统的相关内容。由于支持的页变大，YAFFS2需要使用更多的空闲页面来存储这些信息，造成YAFFS和YAFFS2在存储结构上的差异。

第4章　国外航天应用的 RTOS 产品

随着信息技术飞速发展，各类装备的智能化趋势不断加强，嵌入式 RTOS 以其占用内存少、性能高、具有可伸缩性、性能稳定等特点，在航空航天和军事工业领域得到了越来越广泛的应用。

国外已经开展了多年的 RTOS 研究与应用，出现了许多商品化 RTOS 产品，如 VxWorks、Integrity、QNX 等。同时，开源系统中也出现了较多优秀的嵌入式操作系统成果，如 RTEMS、ThreadX 等。

NASA 自 20 世纪 80 年代以来，就一直在航天器中采用 RTOS 作为基础支撑平台，火星极地登陆者号、勇气号、深度撞击号等都采用了 RTOS，使用结果表明非常成功。

可以说每一种 RTOS 都有其自身的优点，它们的体系结构以及所能提供的服务也不尽相同。而实时系统本身的特殊性又对 RTOS 提出了许多共性的需求，如实时性、确定性、并发性、故障探测、容错能力、可裁剪性及标准的应用编程接口等。

本章主要介绍应用于航天领域的、较为知名的 5 个 RTOS 产品，分别为 VxWorks、Integrity、RTEMS、QNX、LynxOS，对其发展历史、版本构成、功能特点等进行介绍。

4.1　VxWorks 产品介绍

美国风河（Wind River）公司组建于 1981 年，是一个专门从事 RTOS 开发与服务的软件公司，其主打产品是著名的 VxWorks，该公司在 RTOS 领域被世界公认为是最具有领导作用的公司。

VxWorks 是 Wind River 公司于 1983 年设计开发的嵌入式

RTOS 产品，具有良好的持续发展能力、高性能的内核和友好的集成开发环境。在收购了竞争对手美国集成公司的 pSOS RTOS，以及著名的开源 RTOS RTLinux 后，Wind River 公司极大地拓展了其在军用和航天领域以外的民用嵌入式系统领域，并获得了美国市场以外的广阔市场发展空间。

VxWorks 是一个运行在目标机上的高性能、可裁剪的嵌入式 RTOS，可为程序员提供高效的实时多任务调度、中断管理、任务间同步通信等功能。基于 VxWorks 操作系统的应用程序可以在不同 CPU 平台上轻松移植，这是因为 VxWorks 为各种 CPU 平台提供了统一的编程接口和一致的运行特性，屏蔽了不同 CPU 之间的底层差异，使应用程序员可以将主要注意力放在应用程序本身上，而不必在系统资源的管理上花费精力。

VxWorks 以其良好的可靠性和卓越的实时性被应用在航空、航天、通信等高可靠及强实时性要求的领域中，如卫星通信、弹道制导、飞机导航、军事演习等。在美国的 F—16、F—18 战斗机、B—2 隐形轰炸机和爱国者导弹，以及 1997 年 4 月在火星表面登陆的火星探路者号上也都使用了 VxWorks 产品。

4.1.1 VxWorks 基本结构

VxWorks 嵌入式 RTOS 包括微内核 wind、丰富的设备驱动、网络协议，以及可靠的文件系统，并提供 C/C++编程接口。这些功能还可与 Wind River 公司其他产品以及 320 个合作伙伴的产品联合使用。VxWorks 微内核占用了较小的存储空间，并可高度裁剪，保证了系统能以较高的效率运行，系统结构如图 4—1 所示。

（1）板级支持包（BSP）

BSP 是系统用来管理外设的部分，为各种板卡的硬件功能提供统一的接口。它由初始化和驱动程序两部分组成。所谓初始化是指从系统上电复位开始直到 wind 内核和用户根任务启动这段时间系统的执行过程。驱动程序就是一些包含 I/O 操作的子函数。初始化包

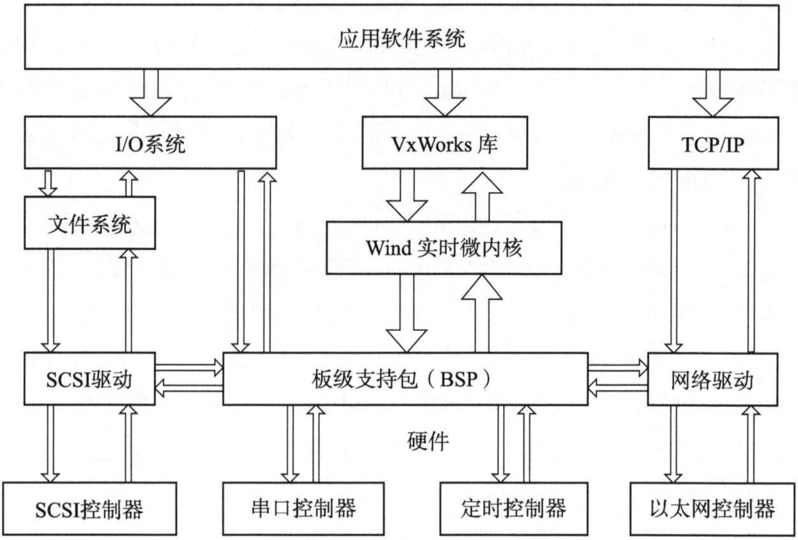

图 4—1 VxWorks 基本结构图

括 CPU Init、Board Init 和 System Init，其中 CPU Init 初始化 CPU 的内部寄存器，Board Init 初始化各类 I/O 寄存器及设备状态复位，System Init 为系统的运行准备数据结构，进行数据初始化。每个 BSP 都包括 ROM 启动或其他启动机制。

（2）微内核 wind

微内核 wind 是 VxWorks 的核心，包括多任务调度（优先级抢占及时间片轮转调度方式）、任务间的通信、同步和互斥、中断处理和内存管理机制等。

（3）网络系统

VxWorks 提供了对 TCP/IP 等各种通信网络的“透明”访问，包括与 BSD 套接字兼容的编程接口、远程过程调用、SNMP、远程文件访问以及自举协议 BOOTP 和地址解析协议 ARP 代理。所有 VxWorks 的网络机制都遵循标准的 Internet 协议。

（4）文件系统

VxWorks 提供了适合于实时应用的文件系统，主要包括与 MS－DOS 兼容的 Flash 文件系统、与 RT－11 兼容的文件系统、Raw Disk 文件系统和 SCSI 磁带设备。

（5）I /O 系统

VxWorks 提供了一个快速灵活的、与 ANSIC 兼容的 I/O 系统，包括 UNIX 标准的缓冲 I/O 和 POSIX 标准的异步 I/O。

4.1.2　VxWorks 主流版本

为全面支持高可靠军事应用和民用领域的需求，VxWorks 系统提供了安全版本和通用版本两个不同系列版本进行有效支持。

4.1.2.1　VxWorks653

VxWorks653 是面向安全关键应用、符合 ARINC 653 和 DO－178B 标准的安全内核版本，为航空航天和军事工业提供了严格的运行平台，特别关注于安全关键应用的可靠性和安全性需求，同时也考虑了应用的可移植性和可重用性。

VxWorks653 具有以下特点：

1）遵循 ARINC－653－1 APEX（APplication EXecutive）接口标准；

2）提供强大的两级时空域调度器，支持基于 MMU 的空间域保护及虚拟执行环境的时间域保护；

3）支持 IBLL（Independent Build，independent Link，independent Load）；

4）支持 RTCA DO－178B/EUROCAE ED－12B 认证；

5）支持 C/C＋＋、Ada、Java 语言，支持 Ada 和 C 语言的 ARINC－653－1 APEX 接口。

2009 年，Wind River 公司宣布，NASA 采用 VxWorks653 作为战神 1 号（Ares 1）和战神 5 号（Ares 5）新一代运载火箭飞行控制

计算机的 RTOS。在 NASA 的新一轮航天计划中，战神 1 号和战神 5 号火箭将负责把航天员和大型设备送入太空轨道。VxWorks653 将作为仪器仪表单元航空电子系统（Instrument Unit Avionics，IUA）的基础，在战神 1 号和战神 5 号火箭中实现引航、导航和控制功能。

VxWorks653 平台提供了严格、完整的 ARINC 653 集成化模块航空电子设备基础架构，支持 RTCA DO－178B Level A 认证，可以满足航空、航天等军事工业企业的严格需求，有效解决关键级任务的安全性要求，并实现非关键应用在共享计算平台上的使用。

4.1.2.2 VxWorks6.9

Wind River 公司于 20 世纪 90 年代发布通用版本 VxWorks5.4 后，经过 10 余年的发展，版本不断升级，功能不断加强。内核变迁历经了 5.5、6.0、6.1、6.2、6.3、6.4、6.5、6.6、6.7、6.8，目前的最新版本是 VxWorks6.9 版本，各方面的功能都进行了大幅度的增强。

2011 年 3 月 Wind River 公司推出的 VxWorks6.9 版本，提供了 64 位运算能力，进一步强化了多核处理能力，是目前 RTOS 中最先具备 64 位支持能力的产品之一。

面临呈爆炸式增长的数据量所带来的压力，64 位运算能力是缓解这种压力的有效手段，可以提高对于大数据量的实时处理能力。高精密度雷达系统、声呐装置及感测设备，以及工业与医疗应用的高分辨率成像系统等，都亟需获得 64 位运算能力的支持。

VxWorks6.9 同时也提供优化的多核处理性能，无论是在对称多处理（Symmetric Multiprocessing，SMP）或者非对称多处理（Asymmetric Multiprocessing，AMP）的系统配置下皆可有效运作。目前 VxWorks 与 Intel 的优化版 C＋＋编译工具以及 IPP（Intel Performance Primitives）软件函数库搭配组合提供，专门用来支持 Intel 硬件平台架构。除适用 Intel 硬件架构外，VxWorks6.9 也整合了一个多核 SMP 和 ARM Thumb－2 指令集，以便增加对 ARM Cortex A9 处理器架构的支持能力。此外，VxWorks6.9 也大大增强了网络连接能力，不但加入了全新的安全防护功能，同时也增加了对网络工程任务组制定标准（Internet Engineering Task Force Request for Comments，IETF RFC）的支持能力。

4.2　Integrity 产品介绍

Integrity 嵌入式 RTOS 是由美国 Green Hills 公司开发的高可靠、强实时嵌入式 RTOS，是目前 RTOS 市场占有率排名第二的产品，被 NASA JPL 选中用于测试在太空中的新技术。

Integrity 操作系统重点针对航空航天等领域的高可靠、高安全、高可用需求进行系统设计，通过了 RTCA DO－178B Level A 认证。Integrity 操作系统由于其优越的功能、性能及安全性，被应用于航空航天等国防军工领域。例如，2005 年 3 月，Green Hills 公司宣布，Integrity 操作系统被应用于欧洲最新的战斗机“台风”的任务部署系统中。Kongsberg 防御系统也把 Integrity 操作系统应用在基于多核结构的联合攻击导弹系统中。

Integrity 是最早根据 POSIX：IEEE 和 Open Group 认证计划和 IEEE 1003.1－2003 系统接口产品标准进行认证的 RTOS 之一，使用了基于硬件的内存保护机制来隔离并保护内核和用户任务，防止误操作和恶意攻击。

Green Hills 公司针对高可靠军事应用需求，共提供了三个系列五个内核进行有效支持，以适应不同应用需求，如表 4－1 所示。

表 4－1　Green Hills 公司内核列表

内核系列名称	功能特点
μ－velOSity	极小的代码量 极快的启动时间 易学易用

续表

内核系列名称		功能特点
velOSity		较小的代码量 较快的启动时间 成熟的中间件、驱动和板级支持包
Integrity 系列内核	Integrity －178B RTOS（安全内核）	高可靠性和高安全性 完全的内存保护 安全分区 多项认证
	Integrity RTOS（通用内核）	
	Integrity PC（应用隔离内核）	

4.2.1 Integrity－178B RTOS

Integrity－178B RTOS 是 Integrity 家族中最具代表性的 RTOS，被广泛应用在航空领域，如 F－16、F－22、F－35 战斗机，也用于民用客机，如空客 A380、波音 787 等。2005 年，A380 大型客机与 Green Hills 公司签订了在 A380 发动机监控系统上使用 Integrity－178B RTOS 的协议。凭借这些安全关键领域的卓越业绩，Integrity－178B RTOS 在航空电子系统的商业操作系统领域占据了不可动摇的地位。

以往安全关键系统是依靠多个子系统的联合实现对多重安全级数据的处理，每个子系统都有专门的处理器来运行特定安全级的应用程序。随着处理器技术的进步，在单一处理器上运行多重安全级程序的要求越来越强烈，但是基于硬件的多重安全级数据之间的隔离机制既增加了系统开发的费用，也降低了整个系统的灵活性，因此采用软件结构代替硬件以提供不同安全级数据间的隔离，即 MILS（Multiple Independent Levels of Security）结构便成了安全关键系统的重要组成部分，MILS 结构采用分层的方法保证安全性，如图4－2所示。

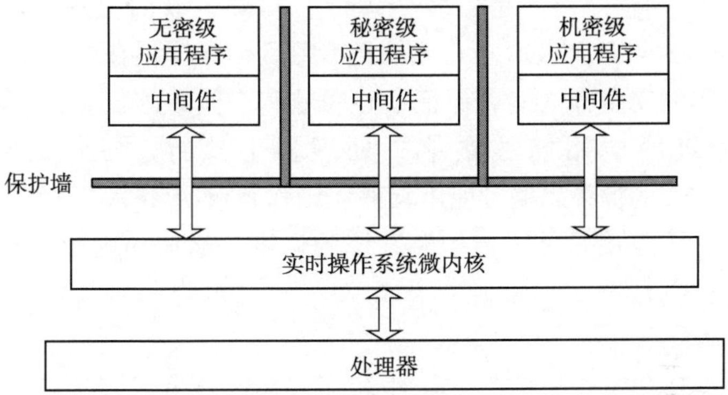

图 4－2　MILS 结构示意图

整个构架可分为三层：安全微内核、中间件和应用程序层。在传统操作系统中，整个系统支持单一的安全策略，而 MILS 结构不仅支持多重安全策略，而且构建了一个分层的系统来实现这一机制，每层完成不同的功能，同时低层为高层的执行提供服务。MILS 结构不仅支持处理多种不同安全级的数据，而且保证了数据间的完整性和保密性。

1）实时操作系统微内核，负责最核心的特权功能和最关键的访问控制功能，包括硬件初始化、设备控制、应用程序调度和分区，对整个系统安全策略的执行起着主要作用。

2）中间件层，位于 MILS 结构的第二层，与传统中间件概念相比，MILS 结构中间件的含义更加广泛。大多数操作系统的功能都是由中间件服务来完成。例如，文件系统、设备驱动、内存管理和网络系统等，与此同时也包含通用的中间件服务，如共用对象请求代理程序、数据分发型服务和网络服务等。各个中间件被安全内核提供的内核隔离机制完全隔离，它们之间的访问必须通过安全内核的访问控制机制。同时用户进程对其他中间件服务功能模块的访问也必须通过安全内核。因此某个区间的漏洞和错误不会直接影响到其他区间，从而增强了系统的安全性。

3）应用程序层，是由多个执行不同安全级的应用程序构成。Integrity—178B RTOS 操作系统把 MILS 结构应用在整个系统架构中，提供的安全分区能力保证了时间域和空间域的隔离，使多重安全关键级的应用能够在单一处理器上执行。与此同时借鉴 ARINC653 的保护思路，应用软件和操作系统采用 APEX 定义的功能接口，使应用软件可以控制系统的调度、通信和内部状态信息，如图 4—3 所示。

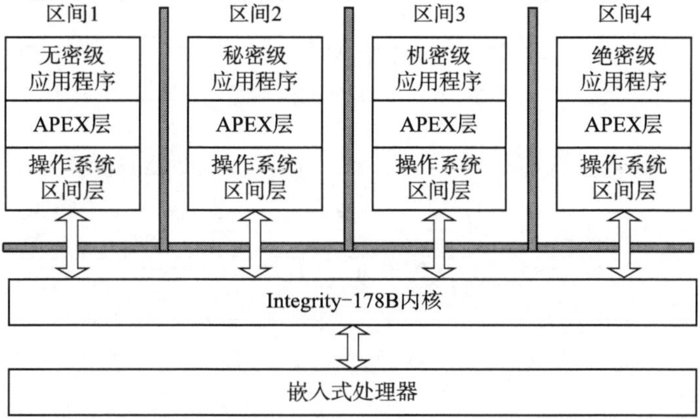

图 4—3　Integrity—178B 安全内核的 MILS 结构

分区是 ARINC653 的核心概念，也是 Integrity—178B RTOS 安全性一大亮点。分区的单位称为区间，在不同区间中运行不同安全级的应用。Integrity—178B 使用硬件存储器保护调度程序，为运行于相同硬件平台上的应用程序提供时间、空间和资源的划分。通过区间的隔离，在应用程序和内核程序间有效地建立了防火墙，防止一个应用程序中的错误破坏其他应用程序或内核程序。

Integrity—178B RTOS 的功能特点如下。

1）静态内存分配。为实现高性能及高安全目标，Integrity—178B RTOS 放弃了动态内存分配策略，使内核能够保证在硬实时条件下完成相应的计算。

2）内存保护。Integrity－178B RTOS 使用内存管理单元（MMU）保护用户程序、驱动程序及分区内部通信访问的有效性，时钟和定时器也被相应的访问权限所保护。

3）高安全性。Integrity－178B RTOS 通过了 EAL6 级认证。安全评估级别（Evaluation Assurance Level，EAL）是一项评估 IT 产品和系统安全的国际认证。

4）提供两级优化调度器。支持时间分区、空间分区以及分区内、跨分区通信。

5）遵循 ARINC－653－1 APEX 接口标准。

4.2.2 Integrity RTOS

Integrity RTOS 是 Green Hills 公司提供的通用内核版本，支持当前主流的各类处理器，并提供一系列丰富的 BSP 和各类应用组件，供用户根据应用需求灵活配置与选用，如图 4－4 所示。

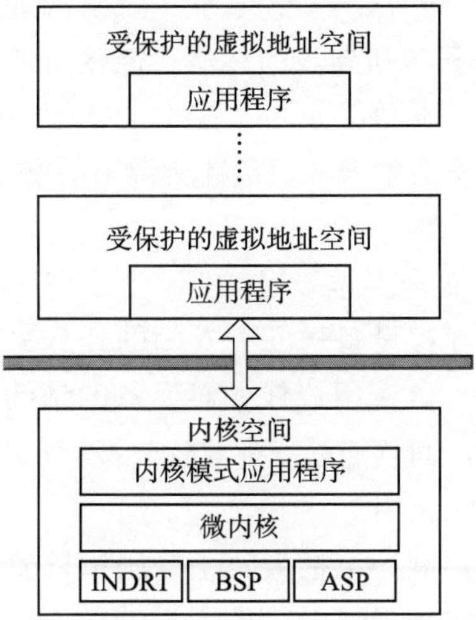

图 4－4　通用内核 Integrity RTOS 结构示意

Integrity RTOS 的功能特点如下。

(1) 支持内存保护功能

在 Integrity RTOS 中，多个虚地址空间映射到实际物理内存中，映射由 MMU 执行。如果一个任务尝试去访问一个非法的内存地址空间，该动作将立即通知内核，并将该任务挂起。对于这样的任务，内核提供多种处理方案，包括杀死或者重启该任务，或对该任务进行诊断和日志分析。在 Integrity RTOS 中，内核与应用程序分别使用不同的地址空间，而且内核的地址空间是静态分配好的，保证了最大的安全性。用户可以访问虚拟内存空间，也可以直接访问物理内存空间，访问的权限和访问内存的种类也可以设置。

(2) 任务间通信

任务间可以用消息传递信息，任务可以处于同一地址空间中，也可以处于不同地址空间中，甚至可以分布在不同的处理器中。消息可以包含数据、缓存、内核对象、内核对象的链接、消息链、RPC 等，可以支持同步和异步的传输。链接对象是不同地址空间共享内核对象的方式，不同任务可以通过“安全”指针共享内核对象。这种“安全”指针不会带来普通指针所带来的安全隐患。

(3) I/O 设备对象

物理设备提供安全虚拟设备访问，包括 I/O 寄存器、DMA 传输、中断处理等。虚拟设备访问有专门的任务来维护，并在用户的虚地址空间内运行，负责用户任务对设备的访问。虚拟设备不仅能动态地装载和卸载，而且能动态配置优先级，独立于内核运行。

(4) 安全的系统调用

强制执行访问控制，包括为防止非法指针使用指针索引，强制参数类别检查；为防止隐式的优先级反转，不在系统调用中使用互斥信号量；为防止堆栈溢出，使用 MMU 和编译器内嵌检查代码来检查调用参数等。

4.2.3　Integrity PC

Integrity PC（Padded Cell）采用虚拟化技术，为 PC 用户提供一个支持多个宿主操作系统运行的环境，有效隔离不同软件系统间的影响，提高实时应用的安全可靠性，如图 4—5 所示。

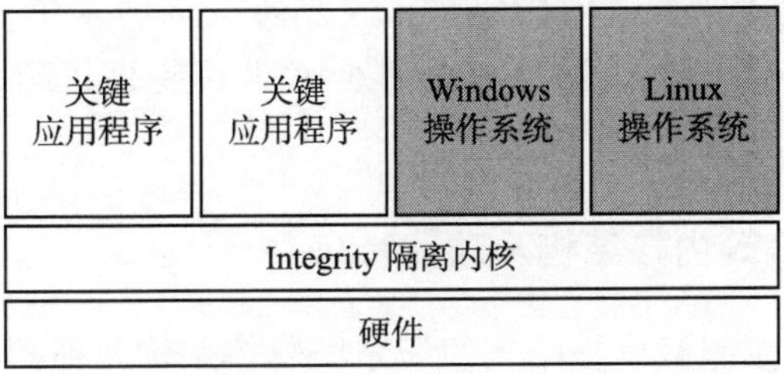

图 4—5　应用隔离内核 Integrity PC 结构示意

4.3　RTEMS 产品介绍

实时多处理器系统（Real－Time Executive for Multi－processor System，RTEMS）是一个开源的 RTOS，诞生于 20 世纪 80 年代。最初是美国军方为实时导弹系统而开发，由美国陆军导弹指挥部于 1988 年研发完成，名称为实时导弹系统（Real－Time Executive for Missile Systems），后一度改名为实时军用系统（Real－Time Executive for Military Systems）。随着多处理器嵌入式系统应用的普及，RTEMS 引入了对并行处理的支持，并再次改名为实时多处理器系统。

RTEMS 作为开源项目在互联网上（http：//www. rtems. com/）发布，开发工具链采用 GNU 系列，编译器为 GCC，调试器为 GDB。RTEMS 目前由美国 OAR（On－line Applications Research）公司对其进行维护，至今发展仍很活跃，不断完善并新增系统功能。在开源的嵌入式操作系统中，RTEMS 的功能和性能是公认比较领先的。

RTEMS采用了微内核结构，运用了面向对象、构件化等技术，支持多处理器、POSIX 1003.1b 和 ITRON 接口，具有强实时性、稳定性、可配置性、可扩充性和可重用性，可与第三方软件构成功能强大的应用平台，已在航空航天、工业控制和医疗等领域得到广泛应用。

在航空航天领域的应用包括：美国防空火箭系统、以色列 PLA 航空公司的飞行检测仪器、澳大利亚科学卫星 FedSat、欧洲雷达阵列控制管理系统 EISCAT 等。

4.3.1 RTEMS 内核结构及功能特点

RTEMS 按照微内核结构组织系统总体架构，如图 4—6 所示。

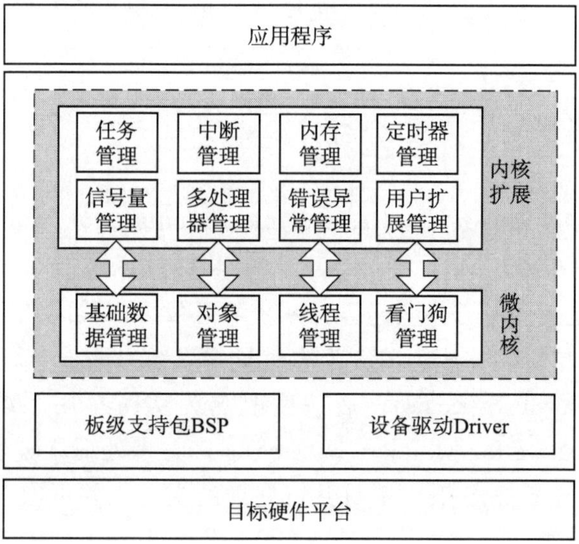

图 4—6 RTEMS 体系结构

1）微内核提供的功能包括基础数据管理、对象管理、线程管理、堆管理、看门狗管理、时间管理等。

2）内核扩展模块提供一系列管理器，支持系统初始化、多任务管理、中断管理、系统时钟管理、定时器管理、信号量管理、消息通信、事件管理、信号管理、分区管理（固定大小内存管理）、区域管理（变长内存区管理）、双口/多口内存管理、I/O 管理、错误与异常管理、用户扩展管理、多处理器管理等。

RTEMS 功能特色如下。

1）多处理器控制：RTEMS 提供多处理器扩展功能，可以协调分布在不同处理器上的任务。RTEMS 支持同构的多处理器，以及异构的混合型多处理器。通过多处理器控制功能，可以屏蔽多处理器之间差异，提供给上层应用统一的逻辑全局映象，实现并行优化处理。

2）面向对象设计：RTEMS 的一个独特之处在于，它是面向对象的实时嵌入式操作系统。在 RTEMS 中，任务、中断、内存等都是对象，RTEMS 提供了大量的对象控制接口，能动态管理这些对象。通过对象管理接口，能缩短程序的代码量和开发周期，提高系统的扩展能力。

3）多 API 接口支持：RTEMS 提供了多种 API 的接口，除了 RTEMS 本身的 API 以外，还提供了 POSIX 接口、pSOS 的 API，以及 ITRON 的 API。这些 API 能让软件设计者摆脱对多任务和多处理器控制的底层细节。此外 RTEMS 还提供内存管理、消息管理、互斥变量管理、GDB 调试等一系列的 API。

4.3.2　RTEMS 版本发展

RTEMS 具有 C/C++语言版本和 ADA 语言两个版本。目前最新的版本是 2011 年 7 月发布的 4.10.1 版本。RTEMS 的发展历程如表 4—2 所示。

表 4—2　RTEMS 系统发展历程

年份	系统说明
2011	发布 4.9.6 和 4.10.1 版本；完善了公共的 API；实现了 SIMD 支持；新增了 BSP 支持，包括 ARM/LPC24XX、ARM/LPC32XX、Im32/Im32 _ evr；新增了动态时钟速度检测功能

续表

年份	系统说明
2010	发布 4.9.4 版本；修正了 4.9.3 版本中缺失周期统计的错误
2009	发布 4.9.2 和 4.9.3 版本；提供了在 motorola _ shared BSP 上对 mvme2600 和 mvme2700 的支持；增加了 ISR 可调用的支持优先级继承协议的信号量功能；改善了 MVME5500 BSP；增加了 CCR 停止指令的内联汇编等
2008	发布了 4.9.0、4.9.1、4.8.0、4.8.1、4.7.2、4.7.3 版本；参加了 Google Summer of Code 2008 活动；提升了 BSP 初始化架构，可配置统一标准的 C 编程堆和 RTEMS 工作区；在 ARM/Thumb 上可执行程序减小为 15 Kbyte；新增了 Lattice Micro32、Renesas M32C、Renesas M32R、LPC2478 和 gen83xx BSP
2007	发布了 4.7.0、4.7.1 版本；增加了纳秒级时钟精度支持，以及相应的单调速率调度算法；任务优先级改变时重排列，并阻塞在优先级队列中；支持代码压缩；添加了 POSIX Barriers、Spinlocks 和 RWLocks；添加 Classic API Barriers；成功建立了 CPU Kit RPMs
2006	新增了 BSP，包括：ADI Blackfin、Altera NIOS II、SPARC LEON3
2005	新增了 Arcturus Networks uC DIMM ColdFire 5282 板的 BSP；Radstone 公司的 EmPower EP1A 支持 Empower PMCQ1 高速串行通信 和 MIL－STD－1553 PMC 模块；提供用于 GamePark 公司的掌机 GP32 的 BSP ；除了 4xx 板的 PowerPC BSP 外，都采用了新的异常模型
2004	RTEMS Wiki 投入使用；支持 Motorola 公司的 MVME2100 处理器；提供了 MVME5500 处理器的 BSP；提供 Intec 公司 Automation SS555 的 BSP；提供用于 Cogent boards 的 BSP，包括基于 ARM 的 CSB336 和 CSB337，基于 MC68360 的 CSB360，基于 MIPS 的（AMD Au1100）CSB350
2003	发布 RTEMS 的 NFS 客户端；发布 CEXP，它是一个拥有完整符号表存取和目标文件载入的 C 语言表达式解释器；GoAhead Webserver 更新到 2.1.4；ncurses 更新到 5.3
2002	支持 DOS（FAT12，FAT16，FAT32）文件系统；ARM 移植完成并通过测试；GNAT 合并到主 FSF GCC 源码库；在 i386－rtems GCC 工具上增加软件 float multilibs
2001	优化了 MIPS BSP；添加 MIPS JMR3904 仿真器的 BSP；为 NASA 添加到 space hardened Mongoose V 的移植；提供 ColdFire 处理器 MCF5206eLITE Evaluation Board 平台的 BSP；使用 GNATS 工具跟踪问题
2000	支持更多主机（Solaris，Cygwin，FreeBSD）和支持 Ada95；添加 ARM、Hitachi H8 和德州仪器公司 C3x/C4x 处理器的 BSP；ncurses 5.2 程序包移植到 RTEMS 作为 Add－On 包一部分

续表

年份	系统说明
1999	GNU avl 1.4.0 移植到 RTEMS 作为 Add－On 包一部分；支持 ITRON 3.0；添加 PPPD；为 Motorola 公司的 Computing PowerPC 板添加 BSP，支持 VME 总线、CompactPCI 总线；支持初步的内存文件系统
1998	完善了 4.0.0 版本的 POSIX 线程库；OAR 公司成为 RTEMS 的主要发行和维护方；添加了 Hitachi 公司 SH 系列的 BSP 和文件系统
1997	GNAT/RTEMS 在 SPARC/ERC32 处理器上得到验证；首次支持 GNU autoconf 和 TCP/IP；采用自由软件基金会 FSF 的 GPL
1996	发布 3.6.0 版本，POSIX 1003.1b 标准的线程首次可用；提供 AMD A29K 和 MIPS 的 BSP；注册 www.rtems.com 域名
1995	在 3.5.0 版本中新增 PowerPC 的 BSP；3.5.01 版本增加 ESTEC 赞助的 SPARC/ERC32 BSP；3.2.0 版本包含 IDP 和 MVME162 BSP；3.1.10 版本包含到 Hewlett－Packard PA－RISC 处理器的 BSP；项目采用 GNU CVS 版本控制系统进行源代码管理；支持 POSIX 1003.1b；文件转换成 GNU TeXinfo
1994	3.1 版本 Ada 语言中添加了多处理器支持技术
1993	3.0 版本包含了 C 和 Ada 语言两个版本
1992	2.0.1 版本采用 GNU 工具；Intel i960 的移植采用 GNU 工具；SCC（Superconducting Super Collider）成为使用 RTEMS 的第一个非军方用户
1991	1.31 版本支持 Intel i960 和 Cyclone CVME961 BSP；1.30 版本具备多处理器支持
1990	支持 Intel i386 BSP，包含 Force FORCE386 BSP；在陆军导弹指挥部使用
1989	美国陆军导弹指挥部开放 RTEMS 源码

4.4　QNX 产品介绍

QNX 是一款高可靠、基于微内核的 RTOS，由 QNX 软件系统公司（QSSL）研制。QSSL 公司成立于 1980 年，总部位于加拿大渥太华，是 Research In Motion 公司（RIM）旗下的子公司，是嵌入式系统市场上的操作系统、中间件、开发工具和专业服务的重要提供商。经过近 30 年的发展，产品已遍及全球 100 多个国家和地区，在航空航天、路由器、汽车电子、工业控制、医疗设备等领域得到广泛应用。

QNX RTOS 在军事领域中的应用包括：无人机控制系统、跟踪坦克的声音传感系统、军用无线电高速无线数据传输系统、无人潜水器、反坦克武器导航系统、飞船嵌入式控制器、陆军便携 GPS/通信系统、雷达导航着陆系统、军用气象卫星试验台等。

QSSL 不断发展 RTOS 产品，包括 QNX2、QNX4 和 QNX6，其应用程序接口符合 POSIX 标准，使 Linux/UNIX 程序能够方便地移植到 QNX 系统上来，极大地扩展了 QNX 系统的可用资源。除此之外，QNX 系统提供了丰富的网络通信协议，支持不同机器之间的高效网络互联及通信。

针对高可靠军事应用需求，QNX 系统提供了四个不同内核版本，以适应不同应用需求，如表 4—3 所示。

表 4—3　QSSL 公司内核列表

内核系列名称	功能特点
QNX Neutrino RTOS	丰富的硬件平台支持； 微内核系统架构； 支持混合多处理器模式
QNX Neutrino RTOS Secure Kernel	通过了 EAL 4+认证； 支持 SMP 对称多处理器模式； 支持自适应分区模式； 支持 POSIX 接口（1003.1—2001 POSIX.1）
QNX Neutrino RTOS Safe Kernel	通过 IEC 61508 安全完整性 3 级（SIL 3）认证
QNX RTOS v4	提供对历史遗留系统的支持与维护

4.4.1　QNX Neutrino RTOS

QNX 是一个基于微内核的 RTOS，微内核负责操作系统的基本服务，称为 Neutrino，Neutrino 是三个单词的复合，即：Neu＝New、Tri＝Triple、No＝Kernel。Neutrino 也是 QNX 公司对新一代操作系统内核的统一简称。

作为一个微内核操作系统，QNX 系统在内核中实现最基本的服务，如中断、定时器、任务调度等。而其他功能组件，如文件系统、设备驱动、协议栈等都运行在安全的、有内存保护的用户空间，并内置了容错保护，这就保证了任何一部分出错都不会影响其他部分和内核功能，并且可自动重启恢复。QNX Neutrino 微内核最小能够裁剪到 12 Kbyte，所有组件通信都经过一个单一明确定义的消息传递层，形成了一个虚拟"软件总线"，如图 4－7 所示，可以动态加载或卸载所有功能组件。较为特别的是，消息传递能透明地跨越处理器的边界，提供无缝接入，而不管资源分布在网络上的哪个节点。

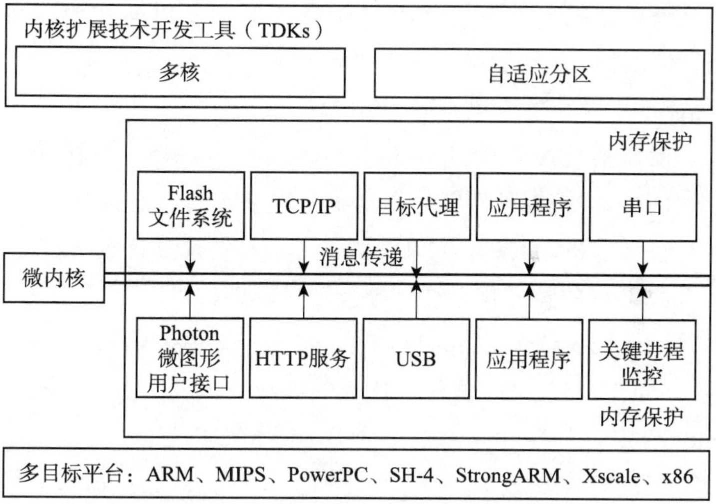

图 4－7　QNX Neutrino RTOS 体系结构

随着 QNX Neutrino RTOS 的研发进展，QSSL 公司在完成操作系统基本功能基础上，进一步丰富了跨平台组件、图形界面、工具链及各类设备驱动等功能模块。

在具有高可靠内核的基础上，QNX 系统与 UNIX 系统保持了高度的兼容性，绝大多数 UNIX 或 LINUX 应用程序可以在 QNX 系统下直接编译运行，因而支持 UNIX/LINUX 应用程序到实时嵌入式平台的快速移植。

2011 年 5 月，QSSL 发布了 QNX Neutrino RTOS 6.5.0 版本和 QNX Momentics Tool Suite 6.5.0 版本，为国防军工、汽车电子、工业控制、医疗器械、网络通信等领域的嵌入式系统研发提供有力支持，并增强了多核支持、持久化发布/订阅服务、工具链升级以及各种性能优化工具等，具体介绍如下。

1）增加了支持 ARM Cortex－A9 处理器和飞思卡尔 Power e500MC 处理器的 SMP 多核版本，支持的最高核数可达 32 个，增强了密集型计算应用的可扩展性。

2）持久化发布/订阅（PPS）服务，该服务可简化集成多种硬件设备和软件组件复杂系统的设计和维护，允许更换和升级系统组件，无需改动系统的人机接口（HMI）。

3）操作系统性能提升，QNX Neutrino RTOS 6.5 优化了在多目标平台中的内核处理性能，提高了文件系统的处理能力。

4）新增多种工具链，QNX Momentics 工具套件提供了基于 Eclipse 开发环境的集成化设计与分析工具套件，可帮助开发人员深入了解系统行为。支持 Eclipse 平台 3.5.2、Eclipse CDT6.0 和 GNU 编译器（GCC）4.4.2，提供了优化的编译技术，包括惰性链接（lazy linking）和 GNU 哈希算法（GNU hashing）等。

5）新增对 x86 板卡的支持，QNX Neutrino RTOS 6.5 推出了对 Intel 高级可编程中断控制器（APIC）、Intel 消息信号中断（MSI）的支持，并且扩展了对 Advantech（研华）、Intel 和 Kontron（控创）x86 板卡的支持。

4.4.2 QNX Neutrino RTOS Secure Kernel

为了适应航空航天、国防军事等安全关键任务领域高可靠、高安全应用需求，QSSL 公司推出了经 EAL4＋认证的 QNX Neutrino RTOS Secure Kernel。

与其他系统相比，QNX Neutrino RTOS Secure Kernel 对微内核及功能模块，如设备驱动、文件系统、网络协议栈等，提供了更为严格与有效的隔离与安全保护措施，因而，具有更高的系统安全性，如图 4—8 所示。

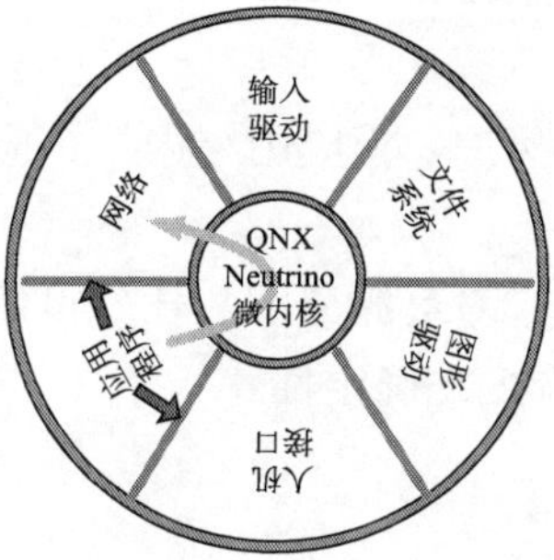

图 4—8　QNX Neutrino RTOS Secure Kernel 示意

QNX Neutrino RTOS Secure Kernel 中的每个功能模块都有自己独立的地址空间，应用程序的交互通过内核管理机制来进行，这就保证了安全性和可控性，一个组成部分不能在未经许可时检测或破坏其他组成部分。QNX 使用该方法，减小了运行在特权模式下程序代码的复杂性。这种独特的 RTOS 自适应分区技术保证了应用程序对系统资源的利用，同时防止了恶意软件侵入系统的其他部分。在过载的情况下，该技术执行硬件资源保护，确保应用程序能够使用预期的共享资源。

此外，QNX Neutrino RTOS Secure Kernel 提供了更好的多核处理器 SMP 支持，以及丰富的 POSIX 接口（1003.1－2001 POSIX.1），支持应用的快速移植与重用。

4.4.3　QNX Neutrino RTOS Safe Kernel

QNX Neutrino RTOS Safe Kernel 通过了由英国 Sira 公司执行的 IEC 61508 安全完整性 3 级（SIL 3）认证。IEC 61508 是由国际电工委员会（IEC）制定的用来评价电子系统功能安全的一个国际标准。该认证需由独立的认证机构进行系统的评价。SIL 等级认证依据 IEC 61508 标准进行定义，用来表示系统的失效风险，SIL 等级越高，系统失效风险越低。

QNX Neutrino RTOS Safe Kernel 具有如下特色。

1）良好的安全状态设计：保证内核一直处于安全状态，即处于稳定的系统运行状态。

2）有效的隔离与保护：为应用与内核、应用与应用之间提供了有效的隔离与保护。

3）调度的确定性：对资源分配与任务可调度性进行了验证，可确保资源分配与任务调度的确定性。

4.4.4 QNX RTOS v4

QNX RTOS v4 是 QNX Neutrino RTOS 的先驱，保持着对历史遗留系统的维护与支持。目前最新的 QNX RTOS v4 版本发布于 2011 年 7 月。

QNX RTOS v4.0 的微内核仅占 10 Kbyte，由时间分配表、消息通信和中断处理组成，所有其他操作系统的功能如文件处理、设备 I/O、网络管理等都由各自的服务处理器管理。下面简要介绍 QNX RTOS v4 的主要特点。

1）QNX RTOS v4.0 具有模块化结构，可以按照用户的需要随时配置用户的操作系统，同时这种配置可以动态实现，不必重新配置系统，还可设置一个嵌入式系统作为网络节点，也能在嵌入式系统中进行远程诊断。

2）具备高效的资源管理能力，过程管理负责生成、装载、执行和结束，过程管理符合 POSIX 1001.1 和 POSIX 1003.16（以前为 1003.4）标准规范。

3）文件管理系统支持 POSIX、DOS、ISO 9660（CD－ROM）、ROM、SRAM 和 Flash 文件系统。

4）设备管理提供处理器和终端设备之间的高效率、低消耗的服务接口。

5）支持功能模块之间的可靠消息通信。

6）支持 ISA、PS/2、STD、STD32、VME、PC104、PCI 和 PCMCIA 等总线。

7）允许用户增加自定义的资源管理，如各种 I/O 服务器等。

4.5 LynxOS 产品介绍

LynxOS 是美国 LynuxWorks 公司的产品。LynuxWorks 公司前身是著名的 RTOS 提供商 Lynx，至今已成立 20 余年。其产品定义目标非常明确：一个标准（DO－178 标准）、两个市场（航空和国防），关注的核心是高端和航空市场。该公司主要按照三个方向发展：

1）研制硬嵌入式 RTOS LynxOS；

2）提供兼容 Linux 的嵌入式操作系统；

3）提供安全的嵌入式 RTOS。

目前 LynuxWorks 公司包括四大类产品，如表 4－4 所示。

表 4－4　LynxWorks 公司产品分类

产品类型	特点
BlueCat	基于 Linux 的软 RTOS
LynxOS	硬 RTOS
LynxOS－178B	符合 DO－178B 标准的 LynxOS
LynxOS－SE	安全 RTOS

本节将介绍其中的 RTOS 产品，包括 LynxOS、LynxOS－178B 和 LynxOS－SE。

4.5.1 LynxOS

LynxOS 是一种符合 POSIX 标准的类 UNIX 硬 RTOS，具有完全的可重入性和抢占性，能够创建符合 POSIX 标准的实时进程。除此之外，LynxOS 还提供了一套功能强大、易于使用的开发工具，具有 LINUX/UNIX 开发经验的程序员可以很快地熟悉并开发出 LynxOS 下的实时应用。

LynxOS 目前最新的版本为 5.0，其主要功能如下：

1）硬实时确定性；

2）多任务、多线程调度，任务数量不限；

3）支持 MMU 内存保护；

4）基于页面管理的内存管理；

5）支持 256 个优先级；

6）优先级继承防护；

7）支持四种任务调度策略：FIFO、优先级抢占、时间片轮转、非抢占式；

8）确定的上下文切换时间；

9）快速的中断响应处理；

10）虚拟内存管理；

11）高效的任务间通信，支持 POSIX 1003.1－2003 PSE 53/54；

12）兼容 SystemV 任务间通信；

13）支持 MMAP 和共享内存；

14）快速的启动时间；

15）可配置的时间片精度；

16）设备驱动可加载；

17）有效的浮点上下文切换；

18）支持静态、动态库链接；

19）支持 ELF 文件格式、SVR4－style ELF 共享库格式；

20）基于网络的内核启动方式 Kernel downloadable image（KDI）；

21）支持 2Gbyte 内存；

22）支持内核调试与 watchpoint；

23）动态设备驱动加载。

在 LynxOS 中，线程是 LynxOS 的运行实体，线程间通信包含同一进程中两个不同线程间的通信，以及分别属于不同进程的两个线程间的通信。线程间通信的机制有：管道、消息队列、共享内存等。如图 4－9 所示，每个进程都有自己的保护地址空间，进程间的通信需要内核服务。同一进程内的所有线程共享相同的地址空间内，能够使用全局变量和共享数据。

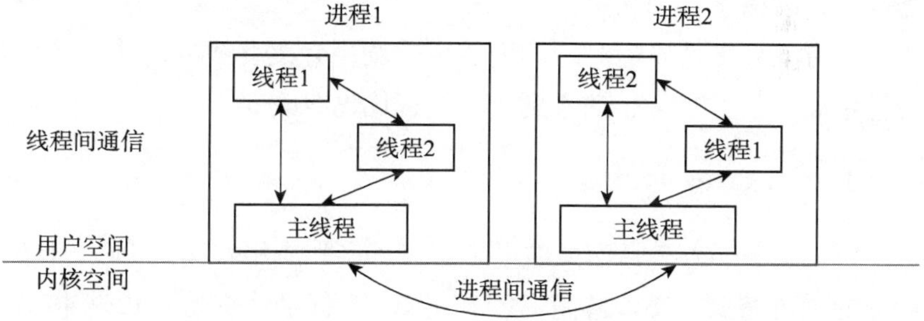

图 4－9　线程空间

LynxOS 也有内核线程，它们是操作系统的一部分，主要在设备驱动中被使用。应用程序不能创建内核线程。LynxOS 在内核中能够使用线程来执行 I/O 处理的大部分工作，而在其他操作系统中，这些工作是由中断服务程序（ISR）完成。同样地，在 LynxOS 中，是通过内核线程来执行大部分原本应该由 ISR 完成的工作，通过信号量的同步机制来完成中断处理。这样做的好处是，增强了系统的实时处理能力，即使系统正在执行中断处理，也可以被拥有更高优先级的线程抢占。

线程是被调度的实体。LynxOS 只有一个调度器，用户线程和内核线程都以同样的方式被调度，这意味着一个用户线程可以抢占一个内核线程。内核线程就像用户线程一样，是可以被调度和区分优先级的。

调度器保存了所有就绪的线程列表。调度器是内核的一部分，由调度器来决定此刻哪一个线程在 CPU 中执行。LynxOS 内核是完全抢占式的内核。抢占是指在一个线程执行完之前，调度器中断这个线程，把 CPU 分配给另一个线程。即使当一个线程正在执行系统调用时，LynxOS 内核也允许抢占。

调度器线程列表中的线程只有两种状态：执行状态和可运行状态。执行状态指当前在 CPU 上运行的线程，当然，任何时候都只有一个线程处于执行状态。可运行状态是指已经准备好，随时被调度器选中都可以运行的状态。

当有下列事件发生时，调度器会被调用并改变线程的执行顺序：硬件中断、信号产生、消息到达、线程优先级改变。

4.5.2 LynxOS－178B

LynxOS－178B 是面向航空和军工等高端应用，满足 DO－178B 标准的高可靠 RTOS，遵循 ARINC653－1 标准，支持 APEX 接口，并提供相关的系统服务。

LynxOS－178B 操作系统独立于底层硬件平台，提供了板级支持包（BSP）、CPU 支持包（CSP）层，为 LynxOS－178B 提供硬件隔离服务，应用程序则通过 API 来使用 LynxOS－178B 提供的服务。

LynxOS－178B 提供对三种资源的限制访问，包括时间、内存及系统资源，支持时间、空间及资源分区操作，具有高保护级别。其中分区技术是 LynxOS－178B 的主要特色，通过对时间、空间及资源的分区，为应用提供了故障容错特性。每个分区类似于一个虚拟机（Virtual Machine，VM），VM 之间完全隔离，彼此不能感知，防止分区间的干扰，各分区可对应不同的安全级别，从而更有效地保证资源的安全性。对于应用来说，每个区间就好像是一个独立的硬件。区间之间不共享任何的内存和其他的系统对象，如图4－10所示。

由图 4－10 可知，LynxOS－178B 使用了两层系统结构，自身实现了分区内核，而分区 OS 的选择是由用户决定的，该体系结构分

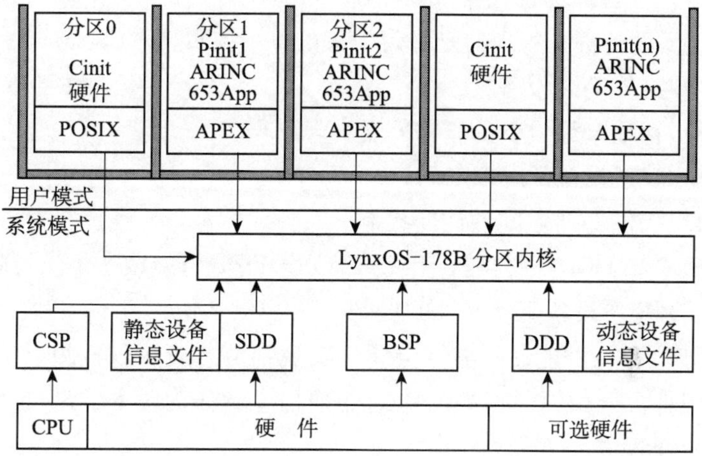

图 4—10　LynxOS—178B 体系结构图

为以下几部分。

（1）启动代码

启动代码引导处理器进行系统自检，保证硬件设备处于正确操作状态。启动代码一般固化在硬件上。

（2）CPU 支持包（CSP）

CSP 包括所有硬件体系相关的处理程序，包括 MMU、浮点以及异常处理程序，CSP 程序和 LynxOS—178B 内核链接形成一个执行映像。

（3）板级支持包（BSP）

BSP 包括初始化和控制目标硬件的相关函数，主要负责：

1）启动和关闭软件的接口；

2）为板上的 I/O 建立虚拟地址的映射；

3）中断控制器的接口；

4）提供了错误信号中断的缺省处理程序；

5）PCI 控制器的接口；

6）系统时间（tick 时钟）的接口。

(4) 设备资源管理器 (DRM)

PCI 设备资源管理器是平台无关的，主要负责：

1) 定位 PCI 设备；

2) 管理 PCI 设备的归宿问题；

3) 映射设备到虚拟空间；

4) 提供 PCI 空间的访问控制。

BSP 和 DRM 同样需要和 LynxOS－178B 链接成一个执行映像。

(5) 静态设备驱动 (SDD)

SDD 是一种能够隔离特定硬件实现细节与应用软件组件实现的软件组件。例如硬件相关的中断处理程序和作为设备驱动加入内核的内核线程。

(6) 动态设备驱动 (DDD)

DDD 是为支持目标硬件上一些可选的设备而提供的。这些驱动存放在文件系统中，当 LynxOS－178B 内核被启动后，在区间被运行之前，DDD 将会被装载进系统。

(7) LynxOS－178B 内核

LynxOS－178B 内核与 CSP、BSP 及 SDD 直接链接在一起。在初始化的时候，DDD 将会动态的链接到 LynxOS－178B 上，并且成为操作系统的一部分。

(8) 通用初始化进程 (Cinit)

Cinit 是 LynxOS－178B 初始化后运行的第一个进程。Cinit 运行于操作系统的最高特权级别下，它读取每个虚拟机配置表 (Virtual machine Configuration Table，VCT)，同时创建相应的 VM 区间。Cinit 主要完成的工作如下：

1) 验证和读取 VCT；

2) 装载动态设备驱动；

3) 初始化系统的环境变量设置；

4) 挂接文件系统；

5) 初始化调度器；

6）对 VCT 中定义的区间致命错误进行处理。

（9）区间初始化进程（Pinit）

在 LynuxOS－178B 初始化到准备运行区间的时候，Cinit 将会调用每个区间中唯一的 Pinit 进程去完成区间的环境设置并运行应用程序。Pinit 运行于操作系统的最高特权级别上。

4.5.3　LynxOS－SE

LynxOS－SE 产品基于 LynxOS 和 LynxOS－178B 技术，其内核 LynxSecure，具有小巧、高效、安全等特点，通过了 EAL4 认证，支持时、空域分区保护，兼容 POSIX、ARINC 653 以及 Linux 接口。

LynxOS－SE 对 RAM 进行了扩容，让开发人员能更好地利用当前硬件资源。同时，该系统还拥有全面集成的、优化的 GNU 工具。

LynxOS－SE 的主要功能如下：

1）系统基于 MILS 架构；

2）提供高性能虚拟机监控器 HPH（High－Performance Hypervisor）；

3）兼容 POSIX1003.13：2003（PSE53），以及 ARINC653 APEX 接口；

4）提供强大的时、空域调度器，支持基于 MMU 的空间域保护，以及虚拟执行环境的时间域保护；

5）与 Linux 二进制兼容；

6）支持网络 QoS；

7）提供嵌入式系统跟踪工具 SpyKer 进行系统调试与分析；

8）支持 X11、OpenGL。

第 5 章　高可靠 RTOS 设计原理

高可靠 RTOS 的设计原理与方法研究，一直是国内外学术界与工业界的研究热点之一。操作系统两大国际顶级会议 OSDI（Usenix Symposium on OS Design and Implementation）和 SOSP（ACM SIGOPS Symposium on OS Principles）近年的研究热点主要集中在操作系统错误模式分析、任务确定性执行、无锁同步机制、资源竞争处理策略、细粒度内存保护、设备驱动加固、文件系统恢复机制等，均与提高操作系统可靠性密切相关。

本章主要围绕高可靠 RTOS 设计原理展开，首先介绍 RTOS 可靠性设计理念，包括 RTOS 面临的各种问题和挑战，提出一个高可靠 RTOS 设计模型；其次对高可靠 RTOS 设计范例进行介绍，包括应用背景、关键技术和典型系统实例；再次介绍一种新型的高可靠 RTOS 设计模型——事物存储模型，它通过消除锁机制，提供一个无锁环境，避免资源竞争和死锁等一系列问题；最后对 RTOS 的形式化验证方法进行简要介绍，说明验证技术是当前确保 RTOS 可靠性和正确性的热点技术手段。

5.1　RTOS 可靠性设计理念

5.1.1　RTOS 可靠性设计面临问题

要全面提高 RTOS 的可靠性，首先需要从其面临的挑战出发，分析问题原因，总结、归纳、提炼出提高可靠性设计的主导思想与方法。因此，本小节从介绍 RTOS 在安全关键领域应用中所面临的问题入手，分析外部环境因素和内在影响因素。

5.1.1.1　RTOS 运行环境

航天领域应用的 RTOS 运行于各类航天器的计算机中，与地面系统相比，太空环境有着许多不同点，简要归纳如下。

（1）空间环境复杂、恶劣

太空中运行的计算机系统一直处于带电粒子构成的辐射环境中。空间辐射主要来自宇宙射线、范艾仑辐射带、极光辐射和太阳耀斑等。在宇宙射线中，90％为质子（氢核），7％为 α 粒子（氦核），1％为电子，此外还有 X 射线等。被地球磁场所捕获的宇宙射线中的带电粒子，在地球周围形成以地磁赤道为中心的内、外两个环形辐射带，称为内、外范艾伦辐射带。在太阳活动周期中，空间环境的辐射通量可能改变一个数量级，太阳耀斑则可能使粒子辐射通量增加几个数量级。

空间辐射会导致单粒子效应和总剂量效应。单粒子效应是指单个高能粒子引起的电子器件状态的瞬时扰动，它能引起电路的瞬时失效，如存储器信息发生差错（包括 α 粒子辐射引起的软错误）、逻辑电平变化、计数器停止计数，或读写、寻址以及 CMOS 电路的门锁等现象。总剂量效应是由于界面态的产生和栅氧化层内正电荷的积累，使阈值电压发生负漂移，从而导致材料加速退化、逻辑功能失效、漏电流增加、工作速度降低、噪声容限下降引起的失效。总剂量效应是辐射效应中最常见的一种，它与辐射的种类和能谱无关，只与最终通过电离作用沉积的总能量有关，属于累积效应。

宇宙空间的强辐射环境对计算机中的电子元器件危害十分突出。法国地球资源卫星 SPOT－1 星载计算机存储器在轨工作的前 3 年半期间，共发生 11 次单粒子翻转事件，通常每次要影响卫星正常工作 1～3 天；美国林肯试验卫星，由于单粒子翻转事件，使陀螺漂移超出规定值，严重干扰了卫星的正常运行；我国发射的风云 1 号气象卫星也曾由于不堪恶劣的辐射环境而遭受重大挫折。

（2）高度容错性

由于空间环境比较恶劣，电子设备的工作要受到宇宙中电磁场的辐射和重粒子的冲击作用，容易引发单粒子翻转和单粒子锁定等效应，严重影响计算机的工作，因此对 RTOS 的可靠性及容错性有着近乎苛刻的要求。

所谓容错，就是指一个系统在运行时发生故障，仍能提供不间断服务的能力。这个问题涉及两个方面：首先，系统应采取各种抗辐射加固策略和方法，尽力排除辐射的影响；因而需要多个层面、多个渠道的容错设计策略，包括 CPU 冗余、外部设备冗余、多机容错结构，以及软件级容错等，从而提高系统遭遇致命错误后的工作能力。

同时，由于空间计算需求不断增长，对 RTOS 的性能要求也越来越高。如何有效平衡 RTOS 的高可靠性及高性能，也已成为 RTOS 技术发展中的一个关键环节。

（3）长寿命周期运行

随着深空探测计划等项目的推进，航天器上工作的计算机系统寿命已越来越长，甚至高达数十年。在长寿命周期运行期间，系统有可能发生功能变更、系统重构，或者进行故障修复，都需要 RTOS 具有较好的远程在轨维护、在轨调试等功能支持。

（4）低功耗运行特性

航天器上的计算机系统和地面计算机系统最大不同之一就是散热问题，地面计算机可以增加风扇或者配置制冷设备（如空调），来降低系统运行环境的温度，从而降低系统温度。航天器上计算机受限于环境因素，系统散热将无法依靠风扇或者空调，而主要靠热辐射进行，这使得降低系统温度非常困难。因此，为了保证系统有尽量低的工作温度，系统在设计的时候必须考虑低功耗特性。

5.1.1.2 RTOS 内在问题

随着硬件体系结构不断复杂，系统功能日益丰富，代码规模不断庞大，并发/并行处理程度加深，对于 RTOS 自身发展而言，也面临着严峻的挑战，主要可归纳为如下几方面。

（1）硬件设备的复杂性、多样性导致系统出错频繁

在操作系统中，硬件相关代码占到很大的比重，例如 Linux 内核代码中大约 70%的代码是设备驱动程序，Windows XP 操作系统中有 35 000 多个设备驱动程序。操作系统的开发人员，需要熟悉各类硬件体系结构及外部设备特性，稍有不甚造成的错误，将导致系统崩溃。据斯坦福大学的一项研究表明，Linux 驱动程序缺陷出现的频率比内核其他部分高 5～7 倍以上。另外，虽然 VxWorks 的稳定性在业界甚有口碑，但随着硬件平台及外设不断丰富，在 VxWorks5.5 出现了 USB 部分代码存在错误，直接影响到产品的稳定性与可靠性。

（2）高度并发处理导致严重的资源竞争问题

RTOS 内核中面临极为频繁的竞争行为，这些竞争行为是由任务之间、中断之间、中断与任务之间对各类共享资源并发访问与重入操作所引起的，对系统的可靠性带来了巨大的威胁，包括原子性破换、数据一致性破坏、死锁、优先级逆转等。据统计，竞争类错误在操作系统软件中出现的比例远高于其他软件。

（3）海森堡错误导致系统故障定位困难重重

相对应用软件而言，RTOS 的错误定位难度要高很多。一方面，由于 RTOS 是系统的最底层软件，缺乏其他的软件作为运行支撑，因而，对其调试及测试均需要定制的工具才能完成。另一方面，由于 RTOS 运行的高度并发性、时序相关性，导致其错误不易被发现，错误重现难度极大，即所谓海森堡错误。有些错误甚至几个月、几年才出现一次，这给错误定位及解决带来了困难。微软公司内部开发出了一套名为 CHESS 的海森堡错误重现工具，为操作系统开发提供了很大的帮助。因此，在 RTOS 设计中需要考虑如何嵌入观测代码，以便有效采集系统运行状态及相关数据，重现系统运行错误场景及过程。

（4）隔离与保护手段仍显薄弱

各应用系统在保障自身运行正确性和安全性外，还需要防止其

他模块发生错误之后不受“错误级联反应”的影响。需要 RTOS 提供一种有效的隔离与保护机制来限制错误的扩散与蔓延。现有的隔离与保护手段，主要借助于 MMU 和 MPU 对地址空间进行保护，存在保护粒度大、资源消耗多、性能影响大等缺陷，仍缺乏一套有效的、软硬件结合的隔离手段与机制。

5.1.2　高可靠 RTOS 设计模型

面对 RTOS 可靠性的种种挑战，需要运用新的设计理念，从根本上改善与提高系统可靠性。经总结、分析和凝练，我们提出一个高可靠 RTOS 的设计模型，如图 5－1 所示。

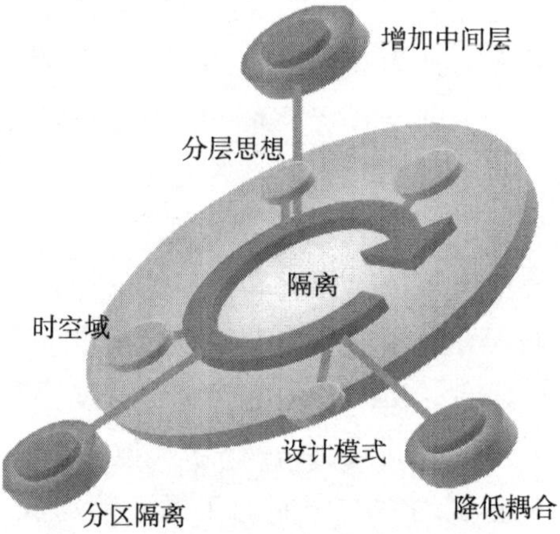

图 5－1　高可靠 RTOS 设计模型示意图

上述设计模型主要体现了三类设计理念。

(1) 分区隔离

分区隔离是从广度上来考虑 RTOS 的可靠性设计。RTOS 运行的基本单元是任务，而一个任务所占用的资源就是内存空间和 CPU 执行时间两方面。可以从这两方面着手将任务进行隔离设计，使其互不影响，即从空间和时间上将任务隔离在不同的区间内。

每个任务在各自的区间内运行，一旦发生错误，则局限于本区间，对其他任务则完全没有干扰，从而增强系统的可靠性。

（2）增加中间层

著名计算机科学家 David Wheeler 曾说过一句名言：“计算机科学领域的任何问题都可以通过增加一个间接的中间层来解决。”增加中间层思想，就是一种从 RTOS 体系结构上考虑，通过增加一个中间层来提高系统可靠性的设计思想。

当前 RTOS 的典型层次结构划分如图 5－2 所示。加入中间层的思想，是在 RTOS 层次结构中增加一个新的中间层，起到错误隔离、阻止错误扩大化的作用。

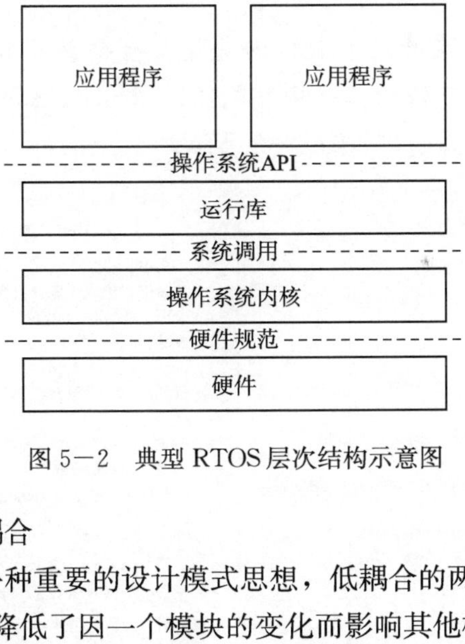

图 5－2　典型 RTOS 层次结构示意图

（3）降低耦合

低耦合是一种重要的设计模式思想，低耦合的两个作用如下：

1）低耦合降低了因一个模块的变化而影响其他模块的范围；

2）低耦合使得模块更内聚，结构更简单，可裁剪性及理解性更好。

在 RTOS 的设计中采用低耦合思想，将有助于提高可靠性。现有的 RTOS 内核包含任务管理、同步通信、内存管理、设备驱动等功能模块，并往往内聚在一起，任何一个模块的错误都将导致系统崩溃。究其原因，RTOS 内核的功能模块间耦合度太高导致了系统可靠性降低，因此可以采用低耦合的思想，拆分各功能模块，重新组织 RTOS 功能结构，使其独立开来，以此增强可靠性。

纵观上述设计模型可以看到，高可靠 RTOS 设计的核心思想在于“隔离”。无论是分区隔离中的时空域隔离、增加中间层中的执行隔离、还是降低耦合中的功能模块隔离，都蕴含着这个思想，无非是纵向、横向的切分维度不同。因此对于高可靠 RTOS 的设计，应紧紧抓住隔离思想，将其贯穿于 RTOS 设计与开发的每个过程中，如此才能确保 RTOS 的可靠性。

5.1.3 可靠性与性能的权衡设计

实时性与可靠性对于 RTOS 来说，都是必不可少的基本要求。但两者之间既相互依赖，又相互制约，以 uC/OS 和 VxWorks 的中断处理机制为例说明，如图 5—3 所示。

uC/OS中断处理过程（全部为“用户编写”）

```
_OSTickISR:
    ;保存寄存器
    PUSHA
    PUSH    ES
    PUSH    DS

    ;具体工作
    …
    ;调用C函数
    CALL    FAR PTR_OSTimeTick
    …

    ; 恢复寄存器
    POP     DS
    POP     ES
    POPA

    ;中断返回
    IRET
```

VxWorks中断处理过程

```
_ISR_Handle:
    /*插桩，进入中断，并保存寄存器*/
    call        _intEnt
    pushl       %eax
    pushl       %edx
    pushl       %ecx
    …

    /*调用用户C函数*/              ┐
    pushl       $_parameter       ├ 用户编写
    Call        _routine          ┘

    …
    /*插桩，恢复寄存器，并考虑调度*/
    popl        %ecx
    popl        %edx
    popl        %eax
    jmp_intExit
```

图 5—3 uC/OS 与 VxWorks 中断处理比较

uC/OS 的中断处理机制很简单，中断处理程序完全由用户编写，各种 CPU 寄存器的保存、恢复和任务重新调度工作均由用户自行实现，用户完全可以根据需要来选择保存寄存器；VxWorks 在中断处理机制中，采用了中断代码插桩技术，即在中断服务程序的首、尾均嵌入了系统代码，自动保存和恢复所有通用寄存器，并在退出时完成重新调度。

由上述分析可知，uC/OS 的中断处理实时性高，但同时可以看到，它完全由用户来掌控中断程序的编写，存在着很大的风险，特别是汇编代码的编写、汇编与 C 语言代码的混合编程、栈空间分布等都是难点，其可靠性难以得到保障。与此相反，VxWorks 的中断处理中，用户仅需编写 C 语言中断处理程序即可，几乎可以不考虑栈分布、汇编代码和混合编程等问题，系统已自动帮用户完成了相应工作，可靠性显著增加，但对性能有一定影响。

容错技术是常用的增强系统可靠性的技术。在 RTOS 中增加容错功能，将大大增加系统的复杂度和开销，从而降低系统运行效率。图 5－4 为加入容错层后对系统的测试结果，以 100 次系统调用、实时调度、上下文切换、C 标准库调用和矩阵乘法为例进行测试。由图 5－4 可以看出，在内核层采用容错以后，执行时间显著变大，效率降低。

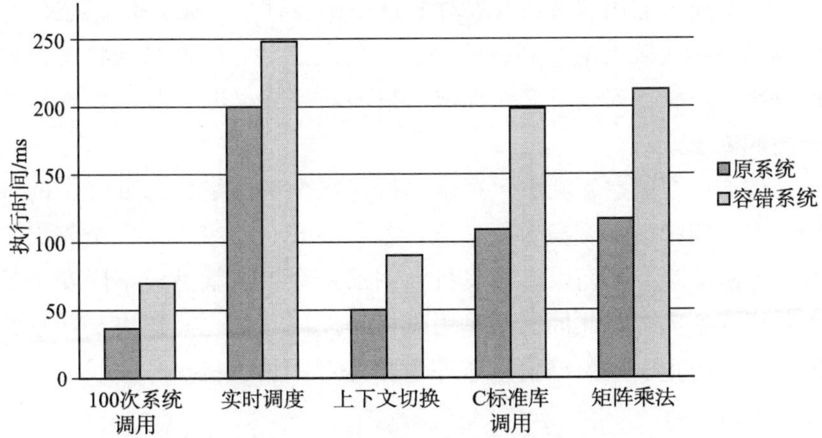

图 5－4　原系统与加入容错层的系统不同操作的执行时间比较

因此，在 RTOS 的设计中需要考虑实时性与可靠性的平衡与折中，以下给出几点建议。

1）层次化设计方法：例如，在 RTOS 的可靠性设计中，按照内核层、服务层、用户层分别来划分多层次、细粒度的容错功能，以便于根据具体背景，灵活地配置与定制容错策略，达到实时性与可靠性的折中。

2）策略与机制相分离方法：在可靠性设计过程中，将策略与机制相分离，RTOS 仅提供可靠性机制与策略接口，而将可靠性策略的实现规则及方法交由应用程序完成。

3）软硬件协同的方法：将部分软件容错机制交由硬件实现，以获得良好的执行效率。

5.2 高可靠 RTOS 设计范例

5.2.1 分区操作系统

5.2.1.1 概述

航空航天应用的飞速发展对 RTOS 的设计不断提出很多新要求，特别是新一代航天电子系统的综合化发展趋势，软件系统将变得更加复杂，对软件安全可靠性提出了很多新挑战，也对 RTOS 提出了更高的要求。

例如，在航空领域中，军事飞机将和全球网络信息系统中的各个结点之间频繁地交换数据信息，各种高安全等级和低安全等级的数据不断交互，因而，军用飞机面临的最大挑战就是对不同安全等级数据的处理。与此同时，军用飞机和民用飞机之间还需要共享数据信息，防止安全关键信息意外泄露是对军用飞机操作系统的一项基本要求。

除了各种数据之外，军用飞机系统中的任务按其重要性可分为安全关键、生存关键和任务关键 3 种类型，它们之间不能互相产生有害的影响，尤其是重要性级别低的任务不能影响重要性级别高的任务。这就要求所使用的系统能够在时间和空间域上提供保证，换句话说，就是操作系统必须提供安全的分区能力，以此来提供实时的调度保护和内存保护。

基于此，1997 年 1 月，美国制定了综合化、模块化航空电子应用软件标准接口（ARINC653），为综合化航空电子操作系统的需求进行了定义，提出了基于时空域的分区操作系统思想，并明确了应用软件与操作系统、操作系统与底层硬件的接口标准。

分区操作系统是面向综合化航空电子系统、满足 ARINC653 标准的嵌入式实时操作系统。为了防止应用之间的干扰，系统实现了各个应用之间的时间和空间分区，使得分配给一个分区的执行时间不会由于其他分区的超时运行或意外的事件而有所改变，一个分区出现故障也不会影响到其他分区的运行。一个分区是一个独立的应用环境，由数据、上下文关系、配置属性和其他项组成。分区的运行要满足时间和空间的要求。

目前，国外高可靠 RTOS 已经进入商品化阶段，如 Green Hills 公司的 Integrity－178B、Wind River 公司的 VxWorks AE653、LynuxWorks 公司的 LynxOS－178 等。Integrity－178B 在 2002 年 12 月通过了航空高安全标准 DO－178B A 级认证，该操作系统主要应用在新一代大型商业和军事飞机上，如波音 787、A400M 军用运输机等。在 2005 年，A380 大型客机与 Green Hills 公司签约，通过了在 A380 发动机监控系统上使用 Integrity－178B 的协议。凭借这些安全关键领域的卓越性能，Integrity－178B 在下一代航空电子系统所使用的商业操作系统领域占据了不可动摇的地位。其后，LynxOS－178 和 VxWorks AE653 也通过了 DO－178B A 级认证。

5.2.1.2　关键技术

（1）分区架构

分区本身是一个操作系统，具有任务管理、任务调度、内存管理、任务间通信等功能。在航空电子系统中，操作系统是多层次结构。在核心层上，操作系统负责分区管理和分区之间的通信。分区之间的通信可以是同一个核心模块内分区的通信，也可以是处于不同核心模块内分区之间的通信。一个核心模块可以支持一个或多个分区，并保证各个分区之间相互独立运行。分区分为应用分区以及系统分区，应用分区运行在用户态，不能直接访问底层核心以及系统关键资源，只能通过 ARINC653 中的 APEX 接口进行访问。系统分区可以通过底层核心提供的特殊接口进行 CPU 或者其他外围设备的访问，拥有超级权限。

基于 ARINC653 的分区操作系统软件架构如图 5—5 所示。用户可以通过配置文件设定空间和时间分区的调度信息，然后通过编译配置 ARINC653 分区操作系统，实现空间和时间分区的动态配置。

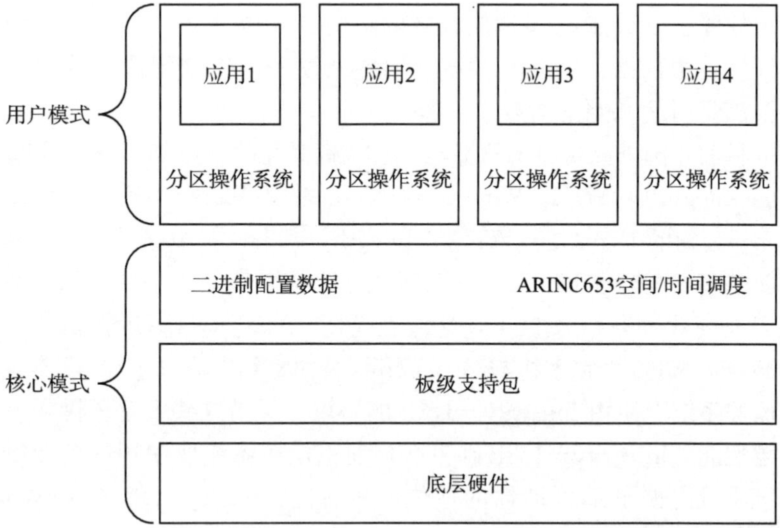

图 5—5　基于 ARINC653 的分区操作系统软件结构

软件结构采用了两层操作系统的体系结构来构建应用。最底层是硬件，硬件之上是核心操作系统内核，它提供给区间应用必要的服务支持，包括空间隔离、区间隔离、资源访问控制、实时性能的保证等。

内核通过既定的接口层对上层各分区的操作系统提供服务。每个区间应用之间、区间与内核之间都通过内核提供的服务进行隔离，彼此互不影响。每个区间可以运行在不同的安全级别，极大地提升了系统的适用性和维护能力。

采用分区方式实现高可靠性，关键在于实现空间和时间的隔离，防止应用与内核、应用与应用之间相互干扰，并在一定程度上确保实时性。

（2）空间分区

ARINC653分区操作系统主要采用了两个手段来实现应用与内核以及应用之间的空间隔离和保护。

第一个手段是使用内存管理单元MMU。空间分区管理建立在硬件MMU管理基础上，主要是通过硬件MMU的分页技术进行内存的保护映射，通过MMU能够实现逻辑地址到物理地址的转化，并且对访问权限进行控制。这样可以保护操作系统内核不受应用软件有意或无意的破坏，也有效地防止了各应用软件之间的相互影响。

但是，在各种嵌入式硬件平台中，ARM9、XSCALE、POWER、x86等的MMU管理方法不尽相同，为了保证各平台下的相互移植，空间分区管理设计了MMU抽象层，其接口完全与硬件平台无关，以x86为例，在MMU进行初始化时，主要接口有：MMU使能、MMU状态设置、MMU内存映射等，在MMU抽象层中建立了一张函数映射表，应用仅需调用抽象层的内存映射接口、属性设置等接口，在实际运行时，MMU抽象层将根据映射表调用相关硬件的函数。对于MMU中页表的属性（如是否有效、是否可写、是否缓存等），抽象层维护一张与具体硬件页表属性对应的转换表，以此屏蔽具体硬件平台的特性。由于MMU相关的初始化操作均由系统核心完成，用户程序通过抽象层接口透明访向相关资源，大大方便了用户的编程，可以无缝地在不同硬件平台间移植。

第二个手段就是系统调用。为了实现对内核以及应用之间的保护，提供两种运行形态：用户态和系统态。其中操作系统内核运行在系统态。因此用户态的应用不能够直接调用系统内核提供的功能接口，必须通过 TRAP 系统调用方式来进行。此种方式下，当用户态的应用需要调用内核提供的系统调用时，首先要执行一组特殊的指令使系统进入系统态以便执行需要的系统调用，当调用完成后，内核将执行另一组特权指令将系统返回到用户态。

（3）时间分区

ARINC653 分区操作系统通过严格的时间周期轮转调度方法完成时间分区调度，在分区内可实现优先级调度或者轮转调度策略。分区调度在时间上具有严格的确定性。ARINC653 分区操作系统为区间的调度规定了一种基于时间窗的循环调度算法。这种调度算法的原理如图 5－6 所示。

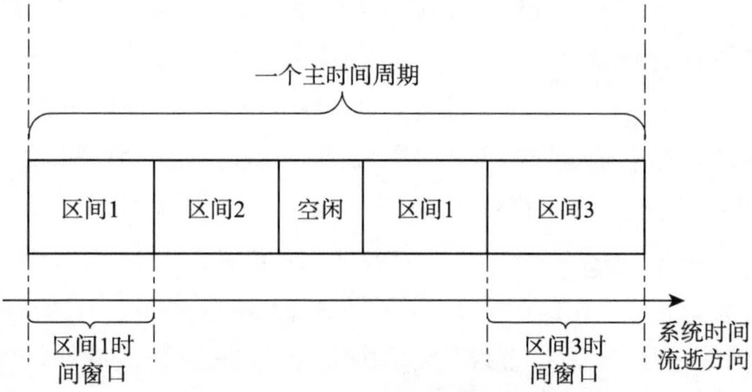

图 5－6　基于时间窗的循环调度算法原理

为了完成各区间的周期性调度，由 RTOS 维护一个固定时间长度的主时间周期。该时间周期在模块的运行期内周期性的重复。每个时间周期可以划分为若干个时间窗口。系统利用一个事先确定的配置表，在规定的时间窗口内激活对应区间的运行。这样就能够保证每个应用在分配给它的时间周期内访问公共资源不被打断。区间在主时间周期内的执行满足：

1）一个区间可占有多个时间窗口；

2）允许有时间窗的空闲，即不运行任何一个区间；

3）每个区间必须在规定的时间窗口内运行，即使当前区间未处于运行状态也不能被其他区间占用。

分区调度主要完成按固定的、基于周期的时间序列进行CPU资源的分配，每个分区按照主时间周期分配给它的分区窗口（一个或多个）被调度程序所激活。

对分区的特定设置而言，调度是固定的。分区调度原则是：调度单元是分区；分区没有优先级；分区调度算法预先确定，并按照固定周期重复执行。在各个循环中，至少要给每个分区分配一个分区窗口，也可以是多个，并且分区的分区窗口不要求是相邻的。

一个时间周期中允许有几个空闲分区的分区窗口，每个分区的分区窗口至少要激活一次。

（4）分区内通信

分区内通信主要包括黑板、信号量、消息队列、事件。黑板是一种进程之间的通信方式，任何写到黑板的消息将一直保持直到被清除或者被新的消息覆盖。信号量机制用于进程间同步和互斥。消息队列是一种进程间通信的方式。在消息队列中，每个消息都带有唯一的数据，因此传送时不允许覆盖，允许消息队列存储多个消息。事件是一种通信机制，该机制可以激活等待某条件的进程。

（5）分区间通信

分区间通信管理主要负责分区之间的数据交换。通信的分区可以在同一个处理机模块上，也可以在不同的处理机模块上，分区间通信还可以是分区与设备之间的通信。通信的双方不知道彼此的名字和物理位置，通过本地端口来发送/接收消息，消息的目的是端口而不是进程。所有的通信都是基于通道的消息传递，通道定义了一个消息源与一个或多个目的之间的逻辑连接。应用程序通过端口来访问通道。

分区间通信由操作系统实现。为了完成分区间通信，ARINC653为分区间通信规定了一种基于通道通信的信息交换和同步机制。该通信服务机制的通信协议如图 5－7 所示。源分区应用程序调用ARINC653 规定的 APEX 函数将数据发送到端口，端口按照端口通信协议组织数据并发送到通道，然后通过物理层接口发送到目标分区的物理接口，最后由目标分区的应用程序接收。

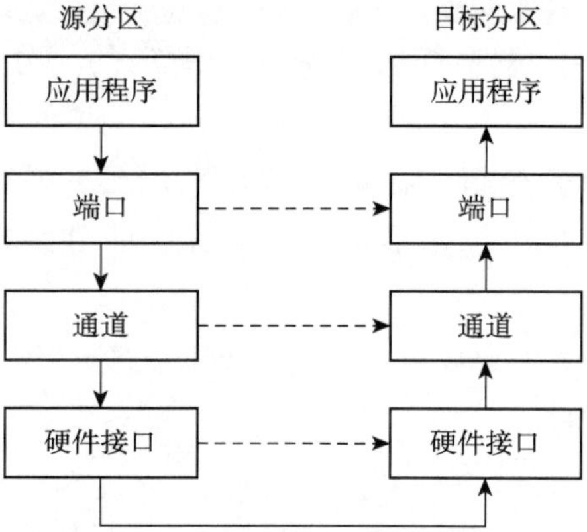

图 5－7　分区间通信协议栈结构

5.2.1.3　典型系统实例

（1）Integrity－178B 操作系统

Integrity－178B 操作系统采用 MILS（Multiple Independent Levels of Security）结构和虚拟分区技术，保证系统整体的安全性，为各种安全软件的运行提供一个支撑平台。

基于硬件的多重安全级数据之间的隔离机制既增加了系统成本，同时也降低了整个系统的灵活性，因此采用软件结构来代替硬件以提供不同安全级数据之间的隔离，即 MILS 结构，已成为安全关键系统的重要组成部分。

MILS 结构采用分层的方法保证安全性，具体如图 5－8 所示。

整个 MILS 构架可分为三层：安全微内核、中间件和应用程序

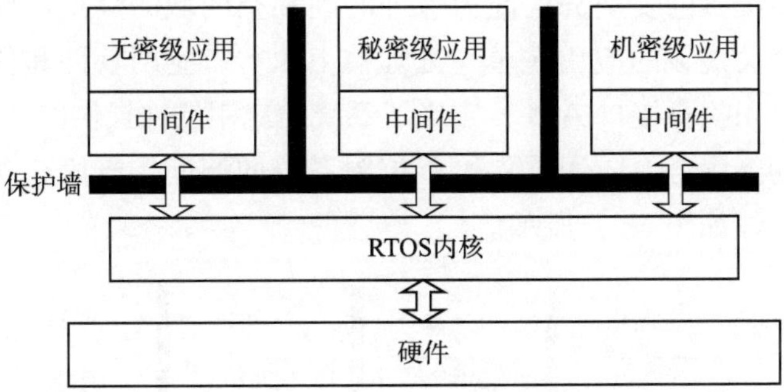

图 5－8　MILS 结构示意图

层。在传统操作系统中，整个系统支持单一的安全策略，而 MILS 结构不仅支持多重安全策略，而且构建了一个分层的系统来实现这种机制，每一层完成不同的功能，同时低层为高层的执行提供服务。MILS 结构不仅支持处理多种不同安全级的数据，而且保证了数据之间的完整性和保密性。

最底层是操作系统的核心，即内核，它负责最核心的特权功能和最关键的访问控制功能，包括硬件初始化、设备控制、应用程序调度和分区，对整个系统安全策略的执行起主要作用。正是因为 MILS 结构中内核仅负责这些功能，因此 Integrity－178B 内核源代码只有 4 000 多行，为内核形式化验证提供了条件。

中间件层位于 MILS 结构的第二层，与传统中间件相比，MILS 中间件的含义更为广泛。在传统操作系统“中间件服务”，包括文件系统、设备驱动、内存管理等基础上，提供了新的中间件服务，如共用对象请求代理服务、数据分发型服务和网络服务等。

各个中间件被安全内核提供的内核隔离机制完全隔开，它们之间的访问必须通过安全内核的访问控制机制。用户进程对中间件服务功能模块的访问也必须通过安全内核。因此某个区间的漏洞和错误不会直接影响到其他区间，从而增强了系统的安全性。

应用程序层由多个执行不同安全级的应用程序构成。

Integrity－178B 操作系统把 MILS 结构应用在整个系统的构建

过程中，提供的安全分区能力保证时间和空间域的隔离，使得包含多重安全关键级的应用在单一处理器上执行。应用软件和操作系统之间的应用执行接口 APEX 定义了系统为应用软件提供的功能集合。利用该功能集合，应用软件可以控制系统的调度、通信和内部状态信息。具体如图 5—9 所示。

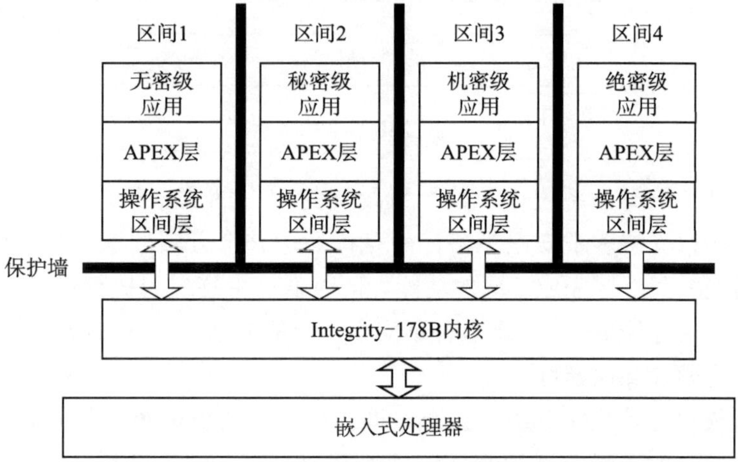

图 5—9　Integrity—178B MILS 结构

分区是 Integrity—178B 操作系统安全性实现过程中的一个亮点。每一个区间具有自己独立的数据、上下文和运行环境，在区间中运行不同安全级的任务，这样做的优点是能够防止一个区间的错误影响到其他区间，并可使整个系统容易验证和确认。每个区间所需资源在系统构建时确定，区间的创建在区间初始化时完成。操作系统启动应用区间后，区间进入正常运行模式。监测管理功能在区间出现致命错误时重启区间或停止区间的运行。正是由于 Integrity—178B 操作系统所提供的安全分区能力，不同安全级的应用程序之间才能互相不受影响。

区间化以及区间的管理和调度由操作系统内核完成。Integrity—178B 为区间的调度采取两级结构化调度机制，该调度算法的原理如图

5－10所示。

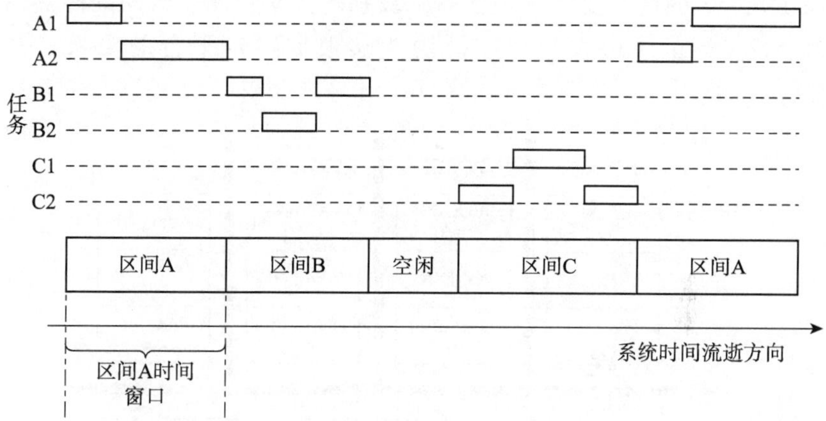

图 5－10　基于两级结构化调度机制的时间隔离保护模型

首先使用周期性调度方法（如时间片轮转）调用各子区间，即为各区间分配与之相应的处理器时间，然后在所分配的处理器时间段内，各区间再使用基于优先级的调度方法调度各应用任务。系统利用一个事先确定的配置表，在规定的时间窗口内激活对应区间的运行，保证每个应用在分配给它的时间周期内访问公共资源时不被打断。

在系统的调度机制中规定，时间窗口可以不分配给任何一个区间，即允许有空闲时间窗口的出现；一个区间可占有多个时间窗口，每个区间必须在规定的时间窗口内运行，即使当前区间并未有任务处于运行状态，该时间片也不会被其他区间占用。

（2）VxWorks AE653 操作系统

VxWorks AE653 操作系统是美国 Wind River 公司提供的一个高可靠应用的 RTOS 版本，用于满足航空高安全标准 ARINC 653 与 RTCA/DO－178B 的要求。

它提供强制的时间和空间分区，保证安全关键的应用程序的可靠性。分区操作系统给每个分区内的应用程序提供完整的任务管理支持、消息队列、标准 C/C＋＋库。VxWorks AE653 符合 ARINC653 的所有要求，包括三个级别的健康检测、区间的冷热启动以及灵活的 I/O 模块。该模块能够根据特定平台的要求进行裁剪。

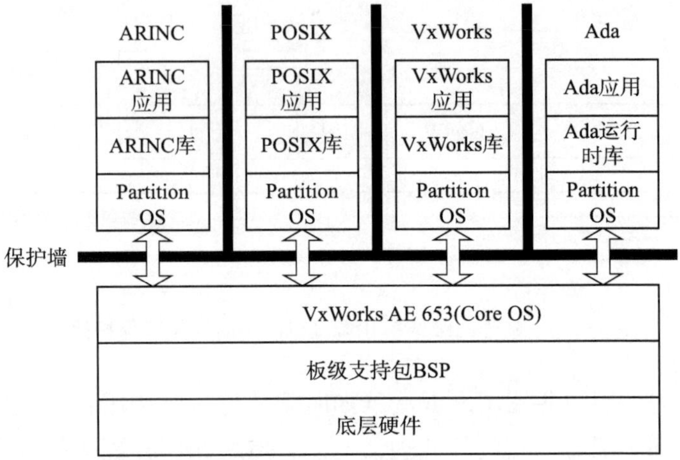

图 5－11　VxWorks AE653 体系结构

从图 5－11 中可以看出，整个应用系统体系分为两层：分区操作系统（Partition OS）和核心操作系统（Core OS）。分区之间有保护墙进行隔离，通过 MMU、时间表调度和访问控制实现了分区间的空间、时间、以及资源的隔离保护。用户编写应用需要调用 Partition OS 的接口，这样减少了应用程序对 Core OS 的影响。而 Core OS 直接对 Partition OS 提供相应的服务支持，它并不直接面对应用。从图 5－11 同样可以看到 Core OS 与上层的 Partition OS 也有隔离墙进行保护，进一步保证了整个系统的安全性。它提供的服务包括：

1）内存管理；

2）内核、应用配置管理；

3）ARINC 端口服务支持；

4）ARINC 调度方式支持。

（3）LynxOS－178B 操作系统

LynxOS－178B 操作系统是独立于底层硬件的系统平台。一个独立的 BSP 和 CSP 层将会为 LynxOS－178B 提供硬件相关的服务。应用通过 API 使用 LynxOS－178B 提供的服务。

LvnxOS－178B 提供对时间、内存等系统资源的访问控制。

LynxOS－178B 遵循 ARINC653 标准，提供了 APEX 接口层。根据 ARINC653－1 标准的要求，它提供了相关的系统服务。

LynxOS－178B 提供了时间和空间区间隔离来满足容错要求。每个区间被认为是一个虚拟机，虚拟机之间完全隔离，彼此不能感知。对于应用来说，每个区间就好像是一个独立的硬件，区间之间不共享任何资源。LynxOS－178B 实现了 ARINC653 区间调度器，该调度器可以严格保证每个区间在指定的时间窗中运行，使得安全性进一步增加。

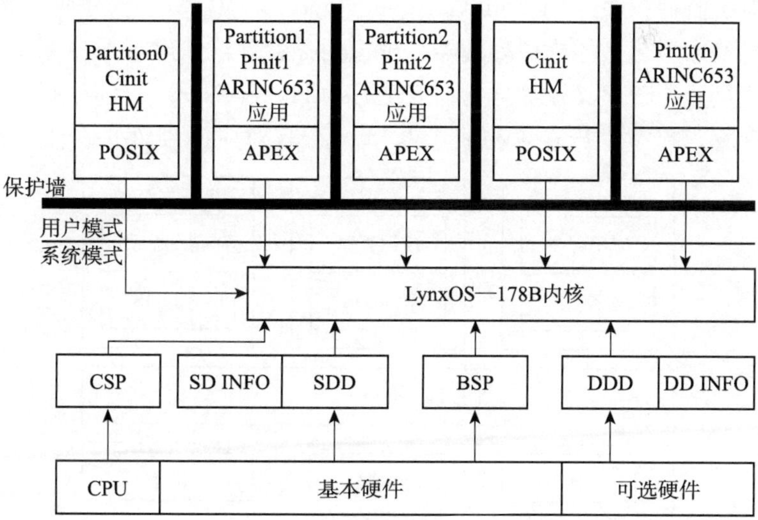

图 5－12　LynxOS－178B 架构

图 5—12 中，HM 是健康监视器；CSP 为 CPU 支持包；SDD 是静态设备驱动；SD INFO 是存储静态设备相关信息的文件；BSP 是板级支持包；DDD 是动态设备驱动；DD INFO 是存储动态设备相关信息的文件。从图 5—12 中可以看出，LynxOS—178 同样是使用两层操作系统体系，它自身实现了 Partition Kernel，而 Partition OS 的选择由用户决定。

5.2.2 基于虚拟化的安全操作系统

5.2.2.1 概述

虚拟化技术可以提供强大的隔离机制和安全的执行环境，重用硬件资源，简化软件的重新配置过程，允许一个平台同时运行多个操作系统，并且应用程序都可以在相互独立的空间内运行而互不影响，从而显著提高计算机的工作效率和可靠性。

如图 5—13 所示，虚拟化技术通过在现有平台上添加一层薄的虚拟机监控程序（Virtual Machine Monitor，VMM）软件而实现对系统的虚拟化，如虚拟处理器、虚拟内存管理器和虚拟 I/O 系统等。虚拟机监控程序又被称之为监管程序（Hypervisor）。从应用程序的角度看，程序运行在虚拟机上与运行在其对应的硬件平台上一样。

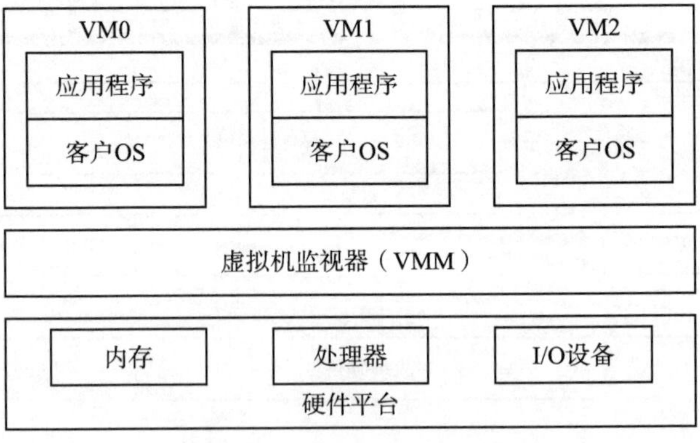

图 5—13 虚拟机监视器结构

虚拟化技术使得一台计算机可以生成多个不同的虚拟机，分别运行多个相同或不同的操作系统。虚拟化技术通过将不同的应用运行在不同的虚拟机上，可以避免不同应用程序之间的互相干扰，一个应用的崩溃不会影响到其他的应用等。这种虚拟化技术实现了各个应用之间的完全隔离。

当前，将虚拟化技术用于高可靠 RTOS 的设计逐渐受到重视，其安全的隔离机制可确保应用与内核、应用与应用之间不相互干扰，以及利用完全虚拟化技术可使得客户端操作系统未经修改地放到虚拟平台下，方便了移植。同时对特权指令的模拟也逐步从纯软件模拟到硬件辅助支持的方向发展。

以操作系统中的驱动程序来说，利用虚拟化可以实现驱动与内核隔离。当前主流操作系统的驱动程序与内核运行在同一地址空间，处于核心态，可以直接修改操作系统的核心数据结构，驱动程序的故障很容易引起系统崩溃。因此，虚拟化技术已经成为提高操作系统可靠性的重要途径。

虚拟化驱动通过底层虚拟机上的多个系统来达到错误隔离的目的。在底层硬件之上是一层虚拟机监控器 VMM，它管理维护一个特权操作系统和若干客户操作系统，虚拟化驱动主要由虚拟驱动、守护驱动、真实驱动和数据通道组成。如图 5－14 所示，用户调用客户操作系统中的虚拟驱动，经数据通道通知特权操作系统中的守护驱动，守护驱动经检查后调用真实驱动。实际上，虚拟化驱动是一种冗余处理出错的方法，因为在特权操作系统上实际包含有真正的驱动，而在客户操作系统中又有虚拟驱动，利用冗余的方法，提高了可靠性。

不仅仅在驱动方面提供隔离，虚拟化技术还可为整个操作系统提供高强度的隔离功能，高可靠嵌入式 RTOS Integrity－178B 就是采用了虚拟化技术来实现隔离，以提高可靠性。

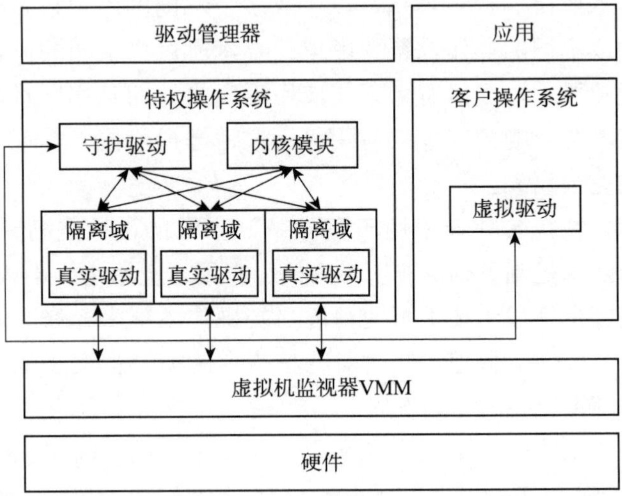

图 5－14　基于虚拟机技术的驱动加固总体结构

5.2.2.2　关键技术

(1) 特权指令模拟

以 Intel x86 架构为例，为了保护系统安全运行，提供了 4 个不同特权级别，称为 Ring，从 Ring 0～Ring 3，如图 5－15。Ring 0 的级别最高，Ring 3 最低。各个级别对可以运行的指令有所限制，例如 GDT、IDT、LDT、TSS 等，这些指令就只能运行于 Ring 0，因此称这些指令为特权指令。

操作系统必须要运行一些 Ring 0 级的特权指令，因此 Ring 0 被用于运行操作系统内核，Ring 1 和 Ring 2 用于操作系统服务，Ring 3 则用于应用程序。然而一般的操作系统实现都仅仅使用了其中的两个等级，即 Ring 0 和Ring 3，如图 5－16 所示。

VMM 实现了从虚拟资源到物理资源的映射。当运行在低特权级的客户操作系统通过特权指令访问关键系统资源时，VMM 将接管其请求，并进行相应的模拟处理。为了使这种机制能够有效地工作，每条特权指令的执行都需要产生自陷，以便 VMM 能够捕获该

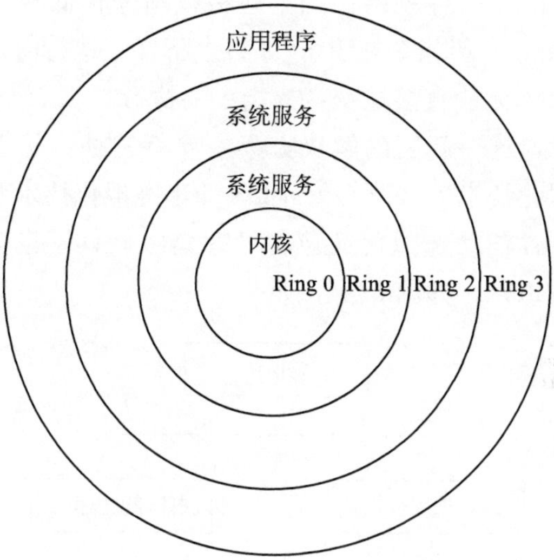

图 5—15　Intel x86 架构特权级

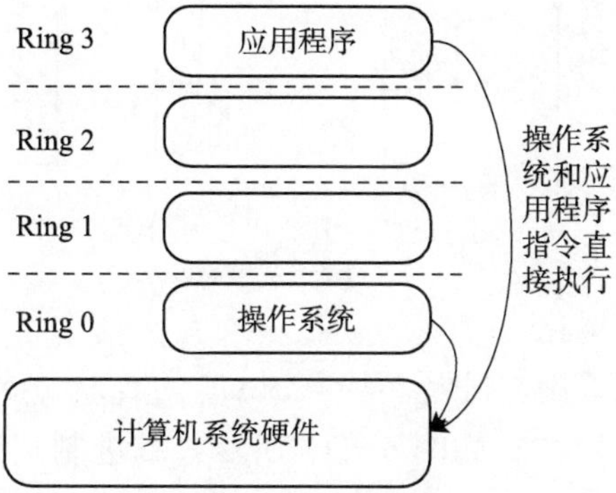

图 5—16　操作系统特权级情况

指令。VMM 通过模拟特权指令的执行，并返回处理结果给指定的客户虚拟系统的方式，实现了不同虚拟机的运行上下文保护与切换，从而能够虚拟出多个硬件系统，保证了各个客户虚拟系统的有效隔离。

然而，Intel x86 体系结构的某些特权指令在低特权级上下文执行时，例如 Ring 0 级指令在 Ring 3 级上下文上执行时，不能产生自陷，导致 VMM 无法直接捕获特权指令的执行。

目前，针对这一问题的解决方案主要有三种：基于动态指令转换的完全虚拟化技术，修改 Guest OS 的半虚拟化技术和硬件辅助虚拟化技术。硬件辅助虚拟化又包含处理器级硬件辅助虚拟化和 I/O 级硬件辅助虚拟化，如图 5－17 所示。

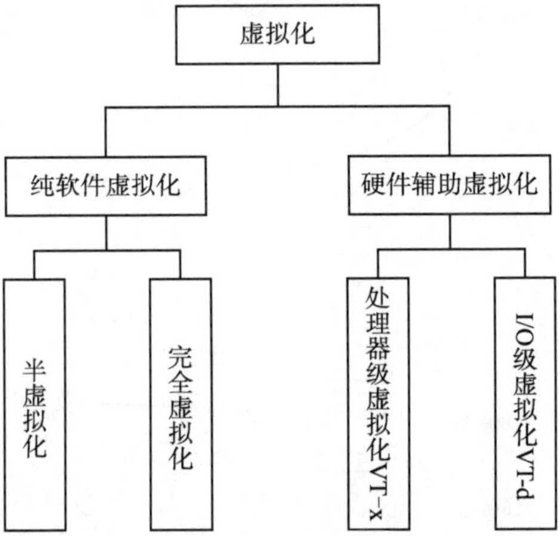

图 5－17　虚拟化技术分类

（2）完全虚拟化

完全虚拟化采用二进制翻译（Binary Translation，BT）技术来实现特权指令的模拟。如图 5－18 所示，二进制翻译可以翻译核心指令来代替那些不能虚拟化的指令，通过翻译后的指令直接访问虚拟硬件。同时，所有用户级指令仍可以直接在 CPU 上执行来确保虚拟化的性能。每个 VMM 为每个虚拟机提供完整的硬件支持服务，包括虚拟设备和虚拟内存管理等。

二进制翻译和直接执行技术的结合实现了全虚拟化，此时客户操作系统可以通过虚拟化层从物理硬件上完全抽取出来，客户操作系统感知不到是否发生了虚拟化，不需要进行修改。全虚拟化是目

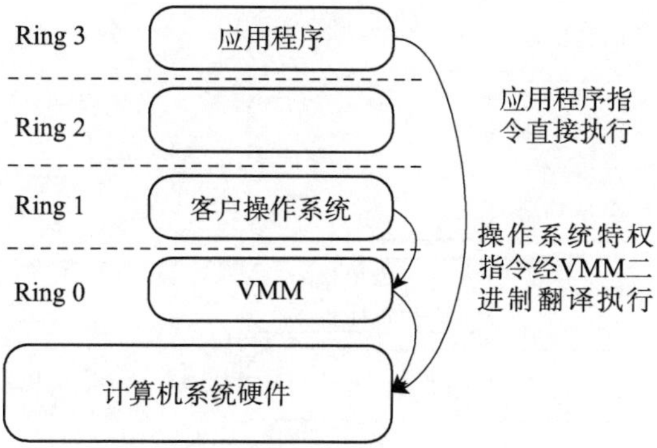

图 5—18　二进制翻译实现 x86 架构虚拟化

前唯一不需要硬件或操作系统协助来进行敏感和特权指令虚拟化的技术，VMM 可以翻译所有的操作系统特权指令，并保存在缓存里备用，而用户级的指令完全可以全速直接执行。

全虚拟化提供了最好的虚拟机隔离和安全性，简化了客户操作系统迁移和移植能力。VM ware ESX Server 是通过全虚拟化技术实现的案例。

（3）半虚拟化

完全虚拟化是一种处理器密集型技术，因为它要求 VMM 管理各个虚拟服务器，并让它们彼此独立。减轻这种负担的一种方法就是改动客户操作系统，让它明确自己运行在虚拟环境下，以便与 VMM 协同工作。这种方法就叫半虚拟化。

如图 5—19 所示，半虚拟化需要修改操作系统内核，替换无法虚拟化的指令，通过超级调用直接和底层的虚拟化层 VMM 来通信，VMM 同时也提供了超级调用接口来满足其他关键内核操作，比如内存管理、中断和时间保持。

半虚拟化和全虚拟化不同，全虚拟化不需要修改上面的操作系统，特权指令直接通过二进制翻译进行处理。半虚拟化的价值在于减少了二进制转换虚拟化的损耗，性能高，经过半虚拟化处理的服务器可与 VMM 协同工作，其响应能力几乎不亚于未经过虚拟化处

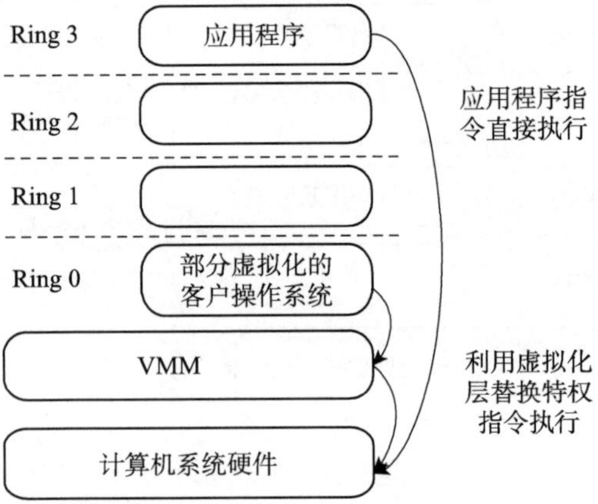

图 5—19　x86 半虚拟化

理的服务器。

但是半虚拟化的性能优势很大程度上依赖于运行的负载。由于半虚拟化不支持未修改的操作系统（例如：Windows XP)，它的兼容性和可移植性差。在实际的生产环境中，半虚拟化也会导致操作系统支持和维护困难，因为半虚拟化往往需要对操作系统内核作深度修改。

开源的 Xen 项目是半虚拟化的代表，操作系统作为虚拟服务器，在 Xen hypervisor 上运行之前，它必须在核心层面进行某些改变。因此，Xen 适用于 BSD、Linux、Solaris 等开源操作系统，但不适合对 Windows 这些专有的操作系统进行虚拟化处理，因为它们无法改动。它通过修改 Linux 的内核源代码来实现 CPU 和内存的虚拟化，通过定制的操作系统驱动来实现 I/O 的虚拟化。

(4) Intel VT 硬件辅助虚拟化

纯软件虚拟化运行时的开销会造成系统运行速度较慢，试验数据表明其引起的系统性能下降超过 10%，当虚拟化系统数目巨大时，其性能损失更为可观。另外由于要通过软件捕获分配基本资源的处理器指令，不但过程复杂，可靠性不高，而且对不同平台的兼容性也容易产生问题。

因此，研究机构与硬件厂商投入了大量的精力来开发新的特性以简化虚拟化技术的应用，包括第一代处理器级硬件辅助虚拟化技术 Intel VT－x 和第二代 I/O 级硬件辅助虚拟化技术 Intel VT－d。

硬件辅助虚拟化的提出主要解决了以下几个问题：

① 解决 Ring 0 特权级压缩问题

Ring 0 特权级压缩问题是指：虚拟机监控程序 VMM 需要访问控制硬件的能力，故需要运行在 Ring 0，而在其之上的 Guest OS 内核也需要运行在 Ring 0，以此达到与应用程序（运行在 Ring 3）的隔离，以及特权指令的执行，因而 VMM 与 Guest OS 均压缩在 Ring 0 中执行。

处理器级硬件辅助虚拟化技术 Intel VT－x 将 IA32 的操作扩展为两个窗体（forms）：根虚拟化操作（root operation）和非根虚拟化操作（non－root operation），root operation 设计来供给 VMM 使用，其行为与传统的 IA32 相似，而 non－root operation 则是另一个处在 VMM 控制之下的 IA32 环境。两个 forms 均能支持所有的四个特权级，这样在 non－root operation 环境下运行的虚拟机就能完全利用 Ring 0 特权级，特权和敏感指令在 VMM 上执行，从而无需二进制翻译或半虚拟化技术，也就消除了特权级压缩问题，同时也无需修改 Guest OS 和二进制指令翻译。如图 5－20 所示。

② 优化 VMM 与 Guest OS 间的通信与隔离

为提高虚拟机监视器 VMM 和 Guest OS 间的通信效率，VT 技术设计了保留虚拟机监视器和已安装 Guest OS 处理器状态信息的专用内存地址空间，设计了一个虚拟机控制数据结构（Virtual Machine Control Structure，VMCS），包括了客户状态区（Guest State Area）和主机状态区（Host State Area），用来保存虚拟机以及主机的各种状态参数。

同时提供了 VM entry 和 VM exit 两种底层硬件指令操作在虚拟机与 VMM 之间切换，用户可以在 VMCS 的 VM－execution control fields

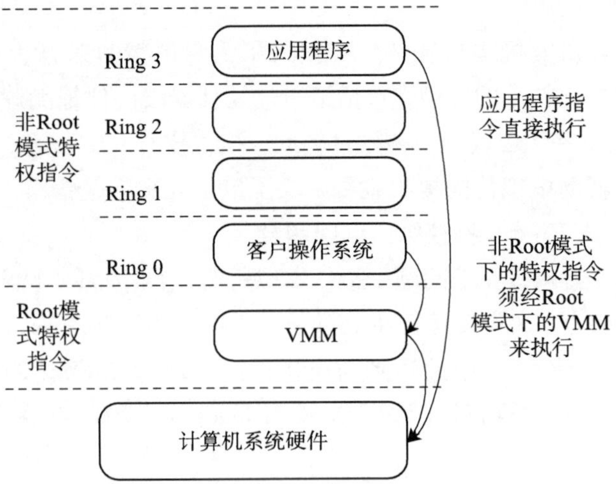

图 5—20　硬件辅助的 x86 架构虚拟化

中指定在执行何种指令或发生何种事件，non—root operation 环境下的虚拟机执行 VM exit，以便 VMM 获得控制权。

这样不但可以缩短各个操作系统访问硬件之间的间隔时间，同时提高了虚拟机上 Guest OS 之间的安全隔离性。

③ 硬件辅助的 I/O 虚拟化

对一个嵌入式系统而言，很重要的一个组成部分是 I/O，CPU 的计算能力提升虽然可以更快地处理数据，但前提是数据能够顺畅地到达 CPU，因此，存储、网络、图形卡、内存等I/O能力是系统架构的一个重要部分。在虚拟化技术中，随着整体处理器资源利用效率的提升，对数据 I/O 也提出了更高的要求。

VMM 必须提供 I/O 虚拟化来支持处理来自多个客户机的 I/O 请求，当前的虚拟化技术主要采用模拟 I/O 设备方式和软件接口方式来处理 I/O 虚拟化。

模拟 I/O 设备方式是指 VMM 对客户机模拟一个 I/O 设备，通过完全模拟设备的功能，不管这个设备物理是否存在客户机可以访问对应驱动程序，这个方式可以提供较好的兼容性，但是这种模拟会影响到性能。

软件接口方式是指 VMM 软件将提供一系列直通的设备接口给虚拟机，从而提升了虚拟化效率，提供比 I/O 设备模拟更好的性能，当然兼容性有所降低。

I/O 虚拟化的关键在于解决 I/O 设备与虚拟机数据交换的问题，而这部分主要相关的是 DMA 直接内存存取，以及 IRQ 中断请求，只要解决好这两个方面的隔离、保护以及性能问题，就可以优化I/O 虚拟化性能。

I/O 级硬件辅助虚拟化技术 Intel VT－d 是一种基于北桥芯片的硬件辅助虚拟化技术，通过在北桥中内置提供 DMA 虚拟化和 IRQ 虚拟化硬件，实现了新型的 I/O 虚拟化方式，Intel VT－d 能够在虚拟环境中提升 I/O 的可靠性、灵活性与性能。Intel VT－d 技术体现到虚拟化模型上的就是新增加了两种设备虚拟化方式：

1）直接 I/O 设备分配。如图 5－21 所示，传统的设备模拟方式客户虚拟机中的驱动程序需要经过 VMM 中的设备模拟，最终调用硬件驱动访问硬件，而直接分配物理 I/O 设备给虚拟机，虚拟机内部的驱动程序直接和硬件设备通信，只需要经过少量或者不经过 VMM 的管理。为保证系统的健壮性，需要硬件的虚拟化支持，以隔离和保护硬件资源只给指定的虚拟机使用，硬件同时还需要具备多个 I/O 容器分区来同时为多个虚拟机服务，这个模型消除了在 VMM 中运行驱动程序的开销。

2）I/O 设备共享。这个模型是 I/O 分配模型的扩展，需要设备支持多个功能接口，每个接口可以单独分配给一个虚拟机，这个模型无疑可以实现非常高的虚拟化性能。

运用 Intel VT－d 技术，虚拟机得以使用直接 I/O 设备分配方式或者 I/O 设备共享方式来代替传统的设备模拟/额外设备接口方式，从而大大提升了虚拟化的 I/O 性能。

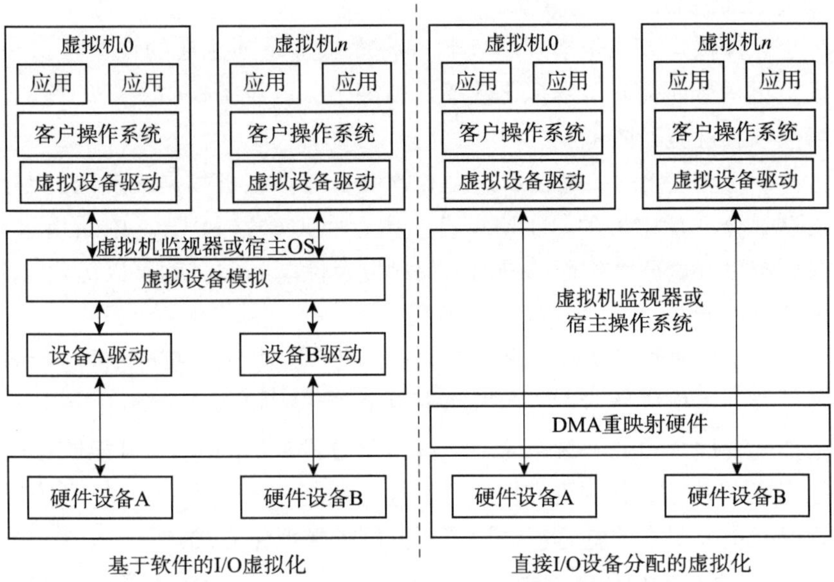

图 5—21　传统设备模拟与直接 I/O 设备分配比较

5.2.2.3　典型系统实例

(1) Integrity 安全虚拟化 (Secure Virtualization)

现有的各种单面操作系统如 Windows、Linux 等提供了丰富的功能并拥有大量的应用，但它们安全性却不容乐观。通用标准的评估 EAL 显示，Windows，Linux 的安全级仅为 EAL3 级，仅可以满足一般商业应用的需求，却不能满足军事等一些特殊的、安全性要求较高的应用需求。

为了解决安全级较高的操作系统与传统操系统之间的共存问题，即以高安全、高可靠性的 Integrity 操作系统作为基础软件平台，在其上运行其他的传统操作系统，Green Hills 公司使用了一种称为 Padded Cell 的安全虚拟技术。在传统的操作系统虚拟技术中，客户操作系统运行在特权模式下，拥有整个计算机物理资源的控制权，因此，它的任何一个漏洞或一段隐患代码都可能造成整个系统的崩溃；而采用 Padded Cell 安全虚拟技术，客户操作系统以一般用户模式运行，被作为用户级的 Integrity 应用程序，通过保留原驻操作系统来处理现有的应用，而用多个操作系统（如 Windows，Linux 等）的混合来提供灵活、强大的处理环境。同时基于 Integrity 操作系统的安全分区能力，在客户操作系统之间构筑防护墙，从而保证了各个分区之间的数据安全性。在 Integrity Padded Cell 下，客户应用（Guest Application）运行在虚拟的计算机环境中，这些环境位于不同的分区。多个 Padded Cell 环境可以在单一的计算机中并发执行。具体的实现方式主要包括以下三个部分：

1）每个客户分区拥有自己的内存保护虚拟地址，通过对该地址的限定使得运行在一个客户分区中的软件不会影响其他分区的正常运行。

2）客户操作系统及运行其上的应用程序不能改变由 Integrity RTOS 所保护的硬件配置和保护策略。

3）所有的 I/O 操作及网络通信都受系统的监督。系统可以检测出一些异常活动，包括黑客入侵等。监督函数由运行在宿主环境下的 Integrity 应用程序提供，并且客户操作系统不能修改这些函数。

具体的实现如图 5—22 所示。

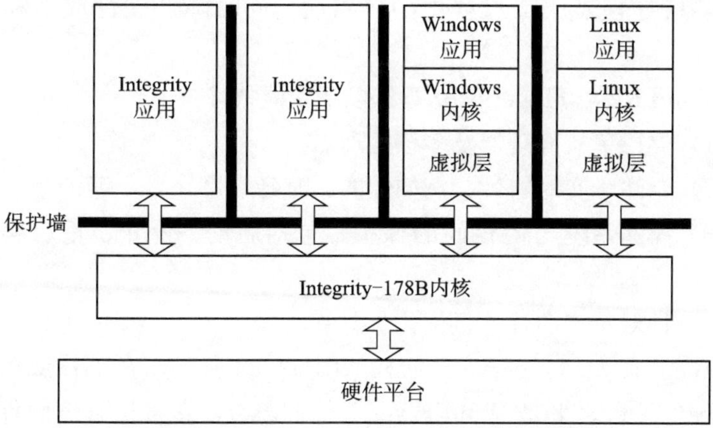

图 5—22　Padded Cell 支持多个访客系统

虚拟分区技术改变了一台主机运行一个操作系统的应用模式，使得 Integrity 可以在一台服务器主机上运行多个操作系统和多个应用程序，为不同的业务和应用提供了支撑平台。分区使得应用之间能够更好地隔离，通过把不同的应用安装到不同的分区上，可以避免在同一个系统运行多个应用时相互影响，包括计算资源争用。同时，分区的引入避免了单一应用的崩溃对整个系统造成影响，也避免了单一应用的维护和升级影响其他应用的运行，以及各应用对系统平台环境组件版本的不同要求等矛盾。同时使得系统的备份、迁移和升级更加简单灵活。

（2）风河嵌入式虚拟化平台（Wind River Hypervisor）

Wind River Hypervisor 是一套高性能的嵌入式虚拟化程序（hypervisor），全面支持单核和多核处理器的虚拟化功能。提供了 VxWorks 和 Wind River Linux 的集成能力，并且支持其他多种操作系统，包括 Windows XP 等。Wind River Workbench 开发工具套件也得到扩展，以支持基于 Wind River Hypervisor 的软件开发。

Wind River Hypervisor 可为广泛的行业市场设备提供虚拟化功能。在这些行业市场中，利用多操作系统来构建富有创新性的设备，降低多核处理器集成过程中的复杂度，同时降低硬件成本和设备功耗。

Wind River Hypervisor 具有以下功能特性：

1）支持单核处理器及多核处理器；

2）专注于实时特性，例如性能、时延、尺寸大小等；

3）操作系统与内核间的保护，包括启动、停止、重启操作系统等；

4）针对特定芯片进行优化。

Wind River Hypervisor 架构如图 5－23 所示，在单核或多核处理器硬件平台之上是 Wind River Hypervisor，它直接管理硬件，为上层客户操作系统提供支持。Wind River Hypervisor 所具备的特性见表 5－1。

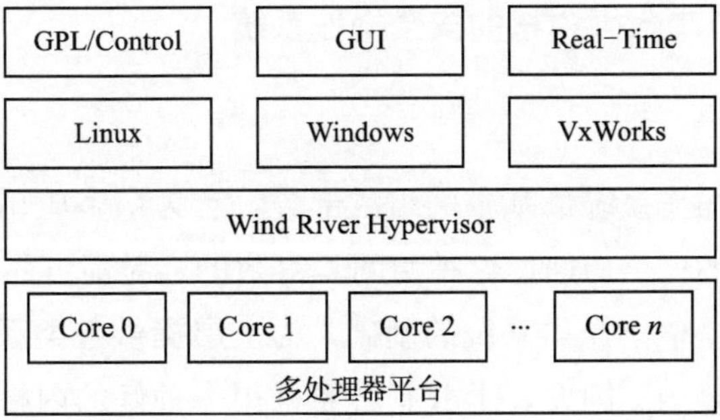

图 5－23　Wind River Hypervisor 架构

表 5－1　Wind River Hypervisor 特性

特性	描述
处理器	支持 Intel、Power 体系的单核/多核处理器
操作系统	集成 VxWorks 和 Wind River Linux；支持未经修改的 Windows XP
虚拟板级接口	提供 OS 移植所需的 API 和无需 OS 支持的应用
保护	把设备分配给虚拟板，在虚拟板之间提供设备和内存的保护
配置	采用便利的 GUI 配置；改变配置无需重构建 Guest OS 和应用程序
程序构建	可用 Wind River Workbench 构建整个 OS 系统
调试	通过一个物理以太网连接可调试多块虚拟板；基于代理来调试 VxWorks 和 Wind River Linux 应用程序
调度	每个核都提供基于优先级的调度；支持分区调度和普通调度
通信	提供多核进程间通信，针对核间和虚拟板间，提供一个高速通信的消息传递协议；采用类似 socket 的 API 和共享内存提供快速有效通信支持
虚拟设备	提供虚拟化设备访问，如串口、网卡
虚拟板级管理	对 Guest OS 提供开启、停止、重加载或重启动功能
片上调试	采用 JTAG 片上调试功能，调试单个 Guest OS 或整个系统

5.2.3 基于二代微内核的安全操作系统

5.2.3.1 概述

内核是操作系统最基本的组成部分，它为众多应用程序提供对计算机硬件的安全访问，这种访问是有限的。对高可靠 RTOS 设计来说，内核是整个操作系统的基础，为上层提供各类系统服务，可靠性是最重要的。因此，十分有必要采用一种好的内核架构来确保可靠性。当前主流的内核架构有单内核架构、层次式架构和微内核架构。而微内核架构以其可靠性、安全性、实时性成为高可靠 RTOS 设计的首选方案。

（1）微内核定义

微内核只提供少量必要的功能，微内核结构由一个非常简单的硬件抽象层和一组关键的原语或系统调用组成，这些原语仅仅包括了建立一个系统必需的几个部分，如线程管理、地址空间和进程间通信等。微内核的目标是将系统服务的实现和操作规则分离开来。

微内核之“微”，是指它的内核功能少，而内核尺寸不一定小。有些嵌入式操作系统如 VxWorks，也有微内核的概念，它的概念仅仅是指内核规模比较小，但还是提供了很多功能，因而与真正微内核定义不一致。

（2）微内核与单内核比较

单内核架构的操作系统将许多功能放在了内核中，特别是大量不可靠的驱动程序被放在了内核中，而微内核只提供了很小一部分的硬件抽象，大部分功能由一种特殊的用户态服务来完成。

如图 5－24 所示，左边是单内核操作系统结构示意图。单内核操作系统内核提供完整的操作系统服务，如图 5－24 中所示的文件系统、进程间通信、进程调度器、内存管理、设备驱动程序等。而应用程序则运行在用户态，应用程序要使用操作系统提供的服务，需要通过内核提供的系统调用接口。当应用程序进程执行系统调用时，会陷入到内核空间去执行，进程此时进入内核态，处理器进入特权级最高的 Ring 0 状态。当应用程序需要的操作系统服务调用完成，进程回到原来的应用程序代码中继续执行，同时也回到了用户态，在 Ring 3 特权级上运行。

在图 5－24 中右边的微内核操作系统，操作系统的内核部分被大大简化，只包括基本的 IPC 机制、虚拟内存映射和调度机制，这些仅仅是用于实现操作系统服务的基本机制。其他操作系统服务，如设备驱动、文件系统、应用程序间通信等，通过用户态服务的方式实现。当普通的应用程序需要操作系统的相关服务时，通过发送 IPC 消息给这些服务，这些服务进行相关的操作，必要时也会通过内核提供的系统调用陷入到内核态去执行基本的操作，并把结果通过 IPC 返回给请求调用的应用程序。

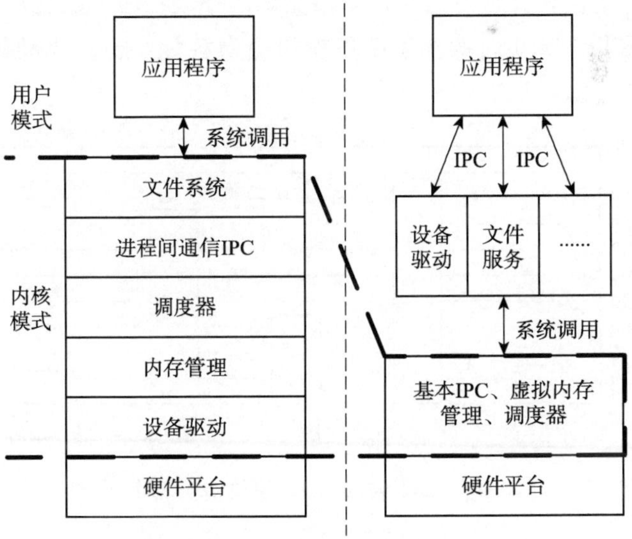

图 5－24　单内核操作系统（左）与微内核操作系统（右）结构比较

例如，进程的输入/输出服务可以由运行在微内核之外的一个服务组件来提供。这些模块化的用户态服务用于完成操作系统中比较高级的操作，这样的设计使内核中最核心部分的设计更简单。一个服务组件的失效并不会导致整个系统的崩溃，内核需要做的，仅仅是重新启动这个组件，而不必影响其他的部分。微内核将许多 OS 服务放入分离的进程，如文件系统、设备驱动程序，而进程通过消息传递调用 OS 服务。

（3）微内核优点

① 可靠性

按照单内核操作系统的设计，内核包括所有的操作系统服务，其中任何一个服务出错，就会造成整个系统的崩溃。微内核操作系统的设计思想是在内核中留尽量少的东西，只保留实现操作系统服务的最基本机制，而把具体服务的实现放到用户态的服务中去，这就大大降低了内核崩溃的几率。特别是目前操作系统的许多错误都是因为不规范，并且没有经过严格测试的驱动程序造成的。图 5－25 显示了 RTEMS 实时操作系统各模块错误统计，显然驱动程序的错误是造成系统错误的主要原因。

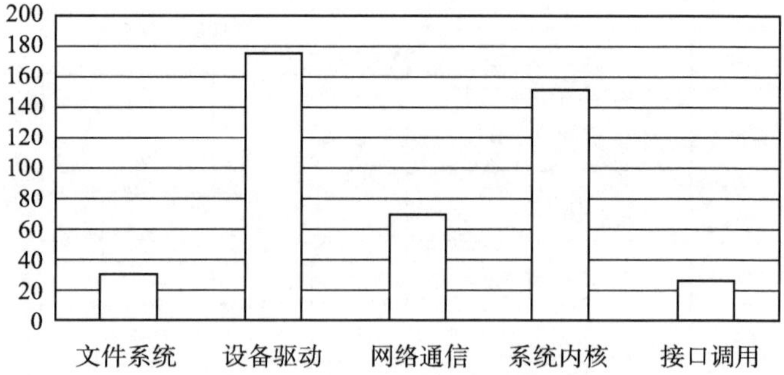

图 5－25　RTEMS 各模块错误统计

② 实时性

实时性是指操作系统对响应时间有严格的要求，要求在规定的时间内完成所有操作。微内核操作系统内核较小，也意味着需要实时化的部分较少，而且微内核之上也可以很方便同时运行实时的程序和非实时程序。

③ 安全性

设计安全系统的准则是最小权限准则，即所有的部件都只拥有执行相关功能所必须的权限，而没有额外的权限。最小权限准则需要系统的可信计算基（Trusted Computing Base）尽可能地小。可信计算基是指整个系统中对安全性最关键的部分，在可信计算基内的漏洞会危及整个系统的安全性。因为操作系统内核是可信计算基中最重要的一部分，微内核操作系统内核较小的特点使之在安全性应用方面很有优势。

（4）第一代微内核

第一代微内核的概念是由 Richard Rashid 在卡内基梅隆大学（Carnegie Mellon University）开发 Mach 操作系统时提出的，目标是建立一个基于消息传送机制的最小内核，以便在此基础上建造对其他操作系统的模拟层来模拟其他操作系统的特性。以 Mach 微内核为例，该微内核提供了进程管理、线程管理、内存管理、通信和 I/O 服务的功能。在 Mach 微内核基础上，建立了一些运行在用户态进程中的操作系统模拟程序，用来模拟 4.3 BSD、System V、HP/UX、MS－DOS 等操作系统的特性。这些模拟程序使得 Mach 操作系统能够支持许多运行于其他操作系统上的应用程序，如图 5－26 所示。微内核设计带来的一个重要优点是大大提高了操作系统的兼容性，使得基于微内核的操作系统能够模拟其他操作系统的特性，从而支持许多运行于其他操作系统上的应用程序。

微内核设计带来的另外一个重要优点是提高了操作系统的扩展

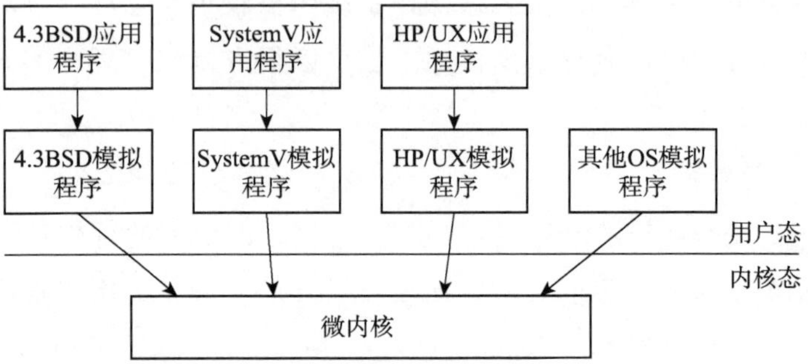

图 5—26 Mach 微内核对其他操作系统的模拟

性。微内核设计的一个目标是内核只提供对操作系统必要的功能，而把其他属于传统操作系统内核部分的功能留给用户态进程来实现。以 Mach 操作系统为例，属于传统操作系统内核功能的文件、目录服务都放在用户态进程实现。微内核可以看作是对传统操作系统共性的进一步抽象，从某种意义上说可以被称作是“操作系统的操作系统”。这种抽象使得内核只提供机制，而把实现策略留给用户态进程。当新的硬件设备或软件技术出现时，只需要增加或修改服务程序即可，而不必像传统操作系统那样必须修改内核。

另外，由于微内核对操作系统作了进一步抽象，基于微内核的操作系统更容易去掉一些不必要的特性从而被剪裁成一个较小的系统，即微内核设计使得操作系统有较好的灵活性。在基于微内核的操作系统上，所有的处理器相关的代码都被封装在微内核中，因为微内核体积较小，从而使得操作系统有较好的移植性。微内核系统的可靠性也较好，这是由于体积较小的内核可以得到更充分的测试。同时，一些属于传统操作系统内核部分的功能是由服务程序实现的，所以一旦发生故障，不至于导致系统的崩溃。此外，由于微内核设计基于消息传送机制，所以能更容易支持网络通信。

总的来说，微内核设计带来了良好的兼容性、扩充性、灵活性、移植性、可靠性和网络支持。但是，微内核设计的缺点在于：由于微内核操作系统使用进程来隔离系统组件，这些组件之间的通信使用了消息传递方式来实现一个组件对另一个组件的调用，这实际上是进行了一次RPC调用。这种类似RPC的方式通过进程间通信（IPC）机制实现，其性能低于传统操作系统的系统调用。微内核操作系统的类似RPC调用通过消息传送机制实现，而传统操作系统的系统调用一般是通过类似trap的方法实现。相对而言，通过消息传送机制实现的类RPC调用方式性能较低，因为需要创建消息、发送消息、进程切换等更多的步骤。这些步骤使得微内核操作系统的消息传送部分成为一个性能瓶颈。例如，在Mach 3上，一个基于消息传送机制的类RPC调用在486－DX50上引入了230 μs的开销，而一个传统Unix系统的系统调用在同一硬件上仅仅引入了20 μs的开销。这就是说，传统Unix系统的系统调用比Mach 3的类RPC调用快10倍。这个巨大的差距明显地降低了许多运行在微内核操作系统上的应用程序的性能。例如，Chen和Bershad在DEC－Station 5 200/200上比较了应用程序在Mach和Ultrix操作系统（一个Unix变种）运行时的速度，发现相对于Ultrix操作系统，Mach最多降低了这些应用程序66%的性能。测量表明至少73%的性能下降和RPC或RPC相关活动有关。这些性能下降除了是由于消息传送机制过多的步骤引起外，还与微内核设计导致的过多用户态和核心态之间的切换以及过多的不同地址空间之间的切换有关。一项研究表明不同地址空间之间的切换导致较高的Cache未命中率是性能下降的另一个重要原因。

（5）第二代微内核

解决第一代微内核设计性能问题的一个方法是扩大微内核并把一些关键的服务程序和驱动程序重新加入到内核中去，从而减少系统在用户态和核心态之间的切换以及系统在不同地址空间之间的切换。一个例子是 Windows NT 4.0 的设计，这个版本的 Windows NT 把本来运行在用户态的图形系统又重新加入到内核中，结果大大地提高了图形系统的性能。

但是，扩大内核的方法削弱了微内核思想带来的优点，扩大的内核降低了系统的扩充性、灵活性和可靠性，在内核中实现了内存和进程等资源的管理策略。由于扩大内核提供了较多的服务，因此被称为“胖微内核”。

与扩大内核的思路相反，解决微内核性能问题的另一条思路是进一步减小内核的规模，并对 RPC 调用进行优化。这种思路导致了第二代微内核的出现。第二代微内核只提供地址空间管理、内存分配、线程创建与销毁、消息传递等基本操作功能，其他所有的服务，如文件操作，网络协议处理，设备驱动等都交给用户态应用程序来处理，每个服务有自己的地址空间，以此，增大系统的灵活性。同时，微内核针对特定硬件平台做深度优化。其设计架构更接近理想中的微内核架构，如图 5—27 所示。

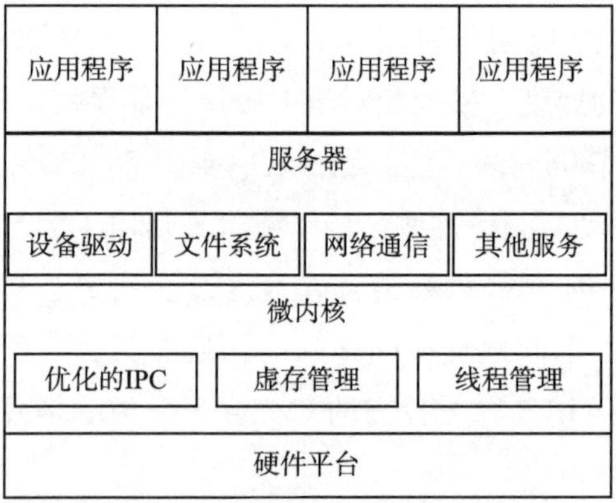

图 5—27　第二代微内核操作系统架构

5.2.3.2　关键技术

(1) 极小内核

极小内核能够带来的最大好处是提高缓存命中率。部分微内核性能上的开销来源于系统缓存的耗费。一个陷入内核的操作访问系统缓存，用户进程将有两次系统开销：第一次，内核操作本身将因缓存失效而延迟，因为缓存必须置换用户的代码和数据；第二次，用户程序不得不为重建其在缓存的工作集付出另外的开销。据试验数据显示，平均 20％的系统缓存失效源于用户进程和内核之间的资源管理。在一个处理器上，缓存失效将消耗 5 倍于内核在理想情况下所需要的 CPU 周期数。如果内核的操作原语集减小了，比如从缓存大小的 75％减少为 15％，那么小尺寸的微内核仅需要 1/5 的指令量。由于微内核操作通常只执行很少的循环，所以可以预期能够得到 4.5 倍的运行速度的提升。这是一个减小用户指令集与内核操作原语集之间矛盾的好办法。在理想情况下，一个陷入内核的操作既不会导致内核的缓存失效，也不会导致用户的缓存失效。

基于此，第二代微内核只提供地址空间管理、内存分配、线程创建、销毁、消息传递等基本的操作功能，其他所有的服务，如文件操作、网络协议处理、设备驱动等都交给用户态应用程序来处理。以 L4 为例，微内核只有 12 Kbyte，可以直接放置在缓存中，它只提供 7 个系统调用，如表 5－2 所示。

表 5－2　L4 的 7 个系统调用

系统调用	描述
IPC	进程间通信和同步的基本系统调用。所有的通信是同步且不进行缓冲的：一个信息当且仅当接收者调用一个相应的 IPC 操作时才能由发送者传递至接收者。而发送者会被阻塞直至这一切发生或到发送者指定的超时时间

续表

系统调用	描述
Id nearest	针对指定的目的地传送调用者的 id 或是最近的 chief 的 id
Fpage—unmap	将指定的 fpage 从整个地址空间中 unmap 到直接或间接调用的调用者的空间里
Thread switch	释放处理器，由此一个指定的线程或被调度的线程能够运行
Thread schedule	作为线程调度器的任务是对当前正在运行的优先级小于等于调用产生者的最高控制优先级的所有进程，给它们定义优先级，时间的长度和外部处理抢占优先
Lthread _ ex _ regs	读和写（交换）任务中其他线程的某些寄存器值（例如指令指针或栈指针）。这个系统调用用来实现信号，用户级线程甚至线程的创建和删除。理论上，创建一个任务包括创建其所有的线程。除了第一个之外所有的线程最初都运行一个空闲循环。当然，微内核既不为它们分配控制块，也不分配时间片。设置这些线程的栈指针和指令指针就算真正产生了这些线程
Task new	删除和创建（交换）一个任务，任务的状态有两个：活动的和不活动的。一个活动的任务由自己的地址空间和在这个空间内运行（或等待）的线程所组成。一个不活动的进程是空的，它不占用资源，没有地址空间，没有线程。可以认为，一个不活动的任务只是提供了创建一个活动任务的权利。任何任务，不论是活动的还是不活动的都属于 clan。只有 clan 的 chief 可以通过这个系统调用去改变任务。除了任务的删除（只是状态的改变，活动—不活动），创建（不活动—活动），替换（活动—活动）过程外，首 clan 甚至可以将一个不活动的 task 传递给另外一个 clan

（2）进程间通信 IPC 优化

第二代微内核的 IPC 用于通过值或引用来传递数值，它也用于同步、缺页处理、中断处理和异常处理。由于大部分的系统功能是在用户态服务上实现的，因此高效的进程间通信对于微内核保持优良的性能具有重要意义。第二代微内核提供与系统调用性能相当的高效进程间通信机制，它可以完全执行在用户态，避免了不必要的特权级改变时的开销，消息无需占用核心存储空间。除高效的 IPC

机制外，第二代微内核还可在客户和服务器之间使用共享空间进行通信，进一步减少了通信开销。

以 L4 为例介绍如何实现高性能 IPC。进程间通信的一个基本问题是数据需要跨越不同的地址空间。大多数操作系统的解决办法是采用两次数据拷贝：用户地址空间 A—内核地址空间—用户地址空间 B。如图 5－28 所示。

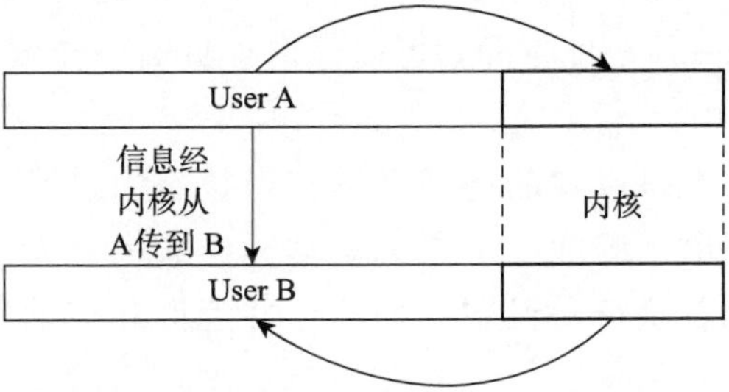

图 5－28　两次拷贝的信息传递过程

这两次数据拷贝耗时很大，如果引起 TLB 和 Cache miss，耗时会更大。如果数据可以由用户空间 A 直接转移到用户空间 B，这将大大提高 IPC 性能。但两个用户直接共享逻辑地址空间会带来一系列的安全问题。L4 的解决办法是通过暂时地址映射：内核把数据的目的地址暂时映射到一个通信窗口，这一窗口存在于内核地址空间，然后内核把数据从用户 A 地址空间拷贝到通信窗口供用户 B 使用。如图 5－29 所示，这一窗口属于内核所有，但只有用户 B 可以访问。

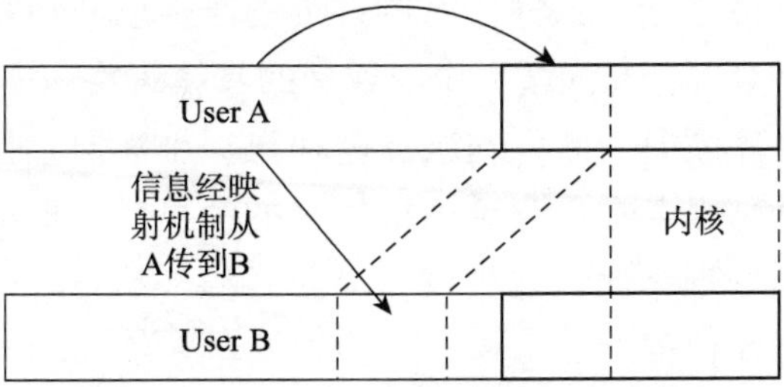

图 5－29　L4 的信息传递过程

（3）用户态驱动

驱动程序原先是处在内核态，供内核直接调用，可直接控制各类外部和内部设备。微内核要使其成为用户态进程，需要解决两方面的问题：设备读写控制和中断响应。要使这两方面都在用户态下进行。

① 用户态设备读写控制

对设备的读写控制归根结底是对 I/O 端口的读写，而 I/O 端口可以被认为是一种地址空间，可以像内存页面一样被映射和反映射到用户态进程中。

而真正对 I/O 端口的访问必然在内核态中进行，内核提供 I/O 端口读写原语。因此，用户态驱动须向微内核发送端口读写请求，由内核真正执行对设备的操作，并返回相应的数据给用户态驱动。

② 用户态中断响应

要实现用户态驱动关键在于中断的处理，第二代微内核把硬件中断处理成 IPC 消息。微内核把硬件当作是一些能够发送 IPC 消息给相关处理代码的线程，而把中断服务程序当作是一些正在接收这些 IPC 消息的线程。

如图 5－30 所示，当一个硬件中断发生时，微内核会为这个中断产生一条消息并把此消息发送到和此中断相关联的用户态中断处理服务器进程中，然后由用户进程中负责接收这条 IPC 消息的线程来处理这个硬件中断。这样，内核只负责产生中断消息，而不用涉及具体的中断处理，从而使得中断处理的具体策略和内核隔离开来。用户态驱动程序须向中断处理服务进程根据中断向量挂接中断处理程序。中断处理服务在接收到内核发来的消息后，根据中断向量选择正确的中断处理程序，并创建一个新线程来执行，以此实现用户态下的中断程序执行。

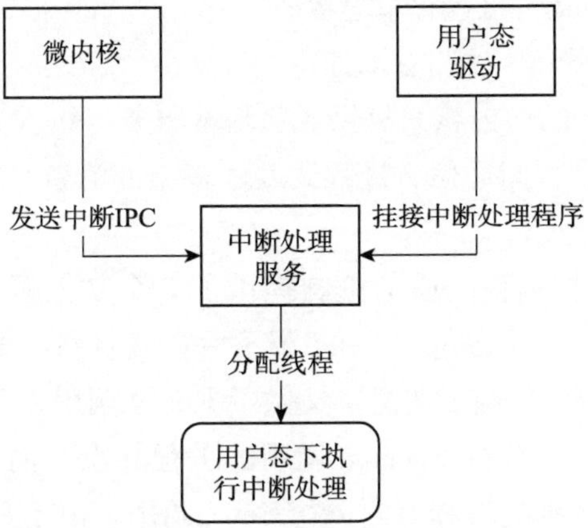

图 5—30　用户态中断响应过程

使中断处理器在内核之外的好处是，用户可以在一个运行中的系统里动态地加上或者除去它们。初步的中断处理由内核完成，然后进入用户的中断处理进程，这样可以使用户的中断处理程序不必处理与硬件有关的细节。微内核资源管理的性能与单内核资源管理性能具有同等水平。

5.2.3.3　典型系统实例

(1) QNX 微内核

QNX 是一个基于微内核设计、符合 POSIX 1003.13 标准的多任务 RTOS，其核心仅提供 4 种服务：进程调度、进程间通信、底层网络通信和中断处理，其进程在独立的地址空间运行。所有其他 OS 服务，都实现为协作的用户进程，因此 QNX 核心非常小巧而且运行速度极快，其最小内核只有 8 Kbyte 字节，可装入片内高速缓存中。

在主频 33 MHz 的 486 芯片和 8 MHz 的 ISA 总线环境中，达到的性能指标为：

1) 上下文切换时间 12 μs；

2) 中断等待时间 6 μs；

3）1.8 Mbit/s 磁盘存取速度；

4）1.05 Mbit/s 网络存取速度。

其 8 Kbyte 的微内核只提供 3 项基本服务，14 个内核调用。这 3 项基本服务为进程间通信、进程调度、多分部消息。

① 进程间通信

QNX 微内核进程间通信机制提供了 3 个功能调用：Send、Receive 和 Reply。一个源进程 Send 调用后它就阻塞，直到目标进程做了 Receive 调用，处理了消息，又做了 Reply 调用之后，源进程才恢复执行。如果一个执行 Receive 调用的进程并没有消息悬置着等它，它就阻塞，直到别的进程对它进行 Send 调用。由于消息传递机制对发送者或接收者的阻塞，它就在进行通信的进程之间起了同步作用，使内核能以尽可能高的效率进行进程间通信。另外，QNX 从一个进程的地址空间直接拷贝数据到另一个进程的地址空间，不使用任何中间缓冲区，这就使得消息投递的性能达到所在硬件系统的存储器带宽。所有服务器进程提供的系统服务，都是基于这个高性能消息传递服务，其他 IPC 服务（例如管道、消息队列等）也是在这个最基本的消息传递服务基础上实现。

② 进程调度

在 QNX 管理下，各进程可以请求消息按优先级来投递。服务进程可以要求“消息驱动”的优先级，即根据请求服务的进程优先级高低来安排执行顺序，当有高优先级进程请求服务时，服务进程会自动提高自己的优先级。其结果是，低优先级进程只好马上放弃服务，使高优先级进程立即得到所要求的服务。

QNX 的实时进程调度满足 POSIX 1003.4 的规定，即具有轮转优先、FIFO 优先和特定应用的调度算法。

③ 多分部消息

多分部消息传输机制使得从一个进程传向另一个进程的消息不必在内存里占据单一的、连续的区域。发送进程和接收进程可以各自指定一个表，在表中指明发送进程和接收进程的消息碎片在内存中的位置。有一种消息，它的首块与其他数据块分别放置在不同位置，用多分部消息机制来传输这种消息，就可以免去先把它们合在一起的拷贝工作。如果要传输消息的数据结构是环形缓冲区型，还可以用一个三分部消息将其首块和两个不相连的区域作为一个单一的、原子的消息来传输。

QNX 提供以下服务：

1）进程管理服务（PROC）；

2）文件系统管理服务（FSYS）；

3）设备管理服务（DEV）；

4）网络管理服务（NET）。

其中，只有进程管理服务是建立一个基本系统所必不可少的，其余服务都是可选项，可根据所要求的系统大小而加入。

进程管理服务提供的服务包括生成进程、进程计数、内存管理、进程环境继承、路径名空间管理等。因为文件管理服务不是必需的，因此第一级路径名的管理由 PROC 负责。微内核加上进程管理服务、再加上子程序库所构成的最小系统，大小约 80 Kbyte。

文件管理服务是资源管理者为 QNX 提供符合 POSIX 要求的文件系统；建立磁盘结构，使用位图来分配空闲空间；使用数组扩充的方法组织磁盘文件。此外，FSYS 还提供一种专用的小型文件系统，供小型嵌入式系统使用；另外还有 DOS 文件系统。

设备管理服务提供符合 POSIX 要求的设备控制，并做了扩充以满足实时通信的要求。DEV 和 FSYS 服务都可以动态启动并附接上它们的设备驱动器，以后不用时还可从内存中卸载。

多分部消息原语可以使 DEV 服务把一个应用所做的写操作指向由一个中断处理器所管理的环形缓冲区。因为向环形缓冲区的写所要求的数据可以映射在物理上不相连、但逻辑上相邻的内存区域，使用有三个入口的 MX 表就可以描述环形缓冲区的首部和其物理上不相连的两段。对于读操作，来自设备的数据流直接从驱动程序进入环形缓冲区，再从环形缓冲区进入应用程序为读操作建立的缓冲区，无须为建立相邻的消息而做多余的拷贝。

QNX 使中断处理程序运行在在具有足够特权的用户进程中，用户进程通过系统调用使中断处理程序与微内核内的特定中断向量关联。这样，用户可以用高级语言写中断处理程序，不必与汇编码打交道。当发生中断时，已与内核关联上的中断处理程序就能被内核所调用。中断处理程序放在用户进程里，可以存取用户进程的地址空间。中断处理程序运行后，既可以唤醒所在的用户进程，也可以简单地返回内核。

（2）Minix3 微内核

Minix 由荷兰 Vrije 大学计算机科学系的 Andrew S. Tanenbaum 教授设计开发，目的是用于操作系统课程的教学。2004 年 Tanenbaum 教授与他的学生重新设计 Minix 内核，推出 Minix3。Minix3 是一个典型的第二代微内核操作系统设计，它将操作系统的服务模块和驱动放到内核以外的进程中运行，在保证系统性能的同时，大大提高了操作系统的可靠性和稳定性，证明了微内核操作系统可以做到比宏内核操作系统更高的可靠性与稳定性。

Minix3 将整个操作系统组织成四层，如图 5—31 所示。

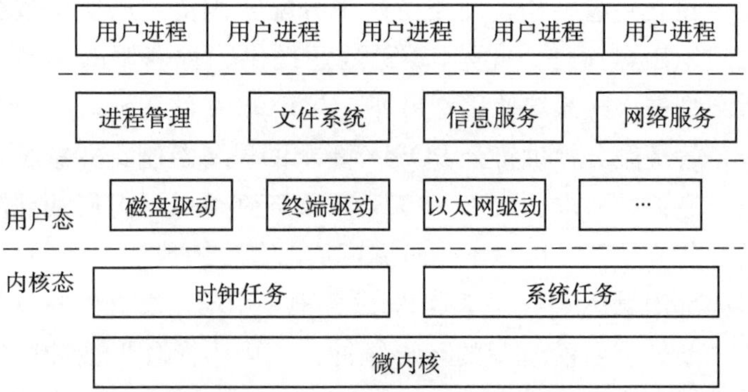

图 5—31　Minix3 结构图

内核在最底层，主要进行进程调度、中断管理、地址空间管理和进程间通信。内核主要处理进程间的消息即进程间通信。因为大部分功能都由服务进程来实现，因此消息传递的效率就变得尤为重要。最底层除了内核本身之外，还有 2 个任务被编译到了该层，分别是时钟任务和系统任务。时钟任务是一个 I/O 设备驱动，它只提供内核接口，对用户进程是不可见的。系统任务主要实现了向上层驱动程序和服务器提供一组特权内核调用。虽然系统任务和时钟任务被编译到了内核地址空间，但都是独立的进程，拥有独立的调用堆栈。

第二层全部为设备驱动程序。

第三层包含了服务，是向用户进程提供有用服务的一些进程。进程管理（PM）涉及所有启动或终止进程的 Minix3 系统调用和负责执行与信号有关的系统调用。文件系统（FS）提供文件系统的系统调用。除了这两个服务器外，还有一个再生服务（RS），该服务对整个 Minix3 操作系统的稳定性起到了至关重要的作用。

第二层和第三层的驱动程序和服务通常称为系统进程。系统进程是操作系统的一部分，不属于特定的用户，并且比用户进程具有更高的执行优先级。

第四层包括了所有的用户进程，如 shell、编译器和应用程序等。

Minix3 通过再生服务和数据存储服务，对于产生的错误，可以实现自修复。再生服务管理所有的驱动程序和服务，而数据存储服务提供正常状态时的数据备份功能。

Minix3 系统采用了分段技术，每个进程被重定位到物理内存的相应位置，进程分别有自己的地址空间，进程与进程相互不可见。Minix3 的进程间通信采用了基于固定消息聚合通信的方式。由于采用的是分段存储管理，微内核被编译到了物理内存最低端，并对全部物理内存空间可见。当发生进程间通信时，微内核将发送进程地址空间的消息复制到接受进程的地址空间相应位置中。具体过程如图 5－32 所示。

Minix3 对分段机制下的进程间通信采取了一定的优化，但这些优化并不适用于分页机制中。因为 Minix3 仅采用了分段机制，而没

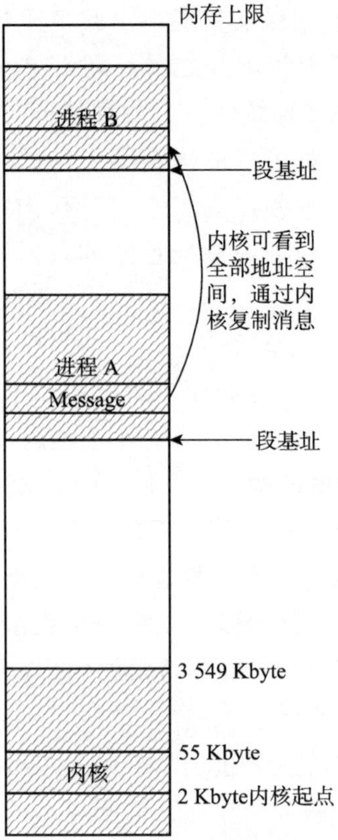

图 5—32 Minix3 消息传递

有采用分页机制，因此进程间通信速度将会有很大的提高，但同时也失去了分页机制带来的优势。

Minix3 采用了第二代微内核技术，用户进程及服务进程和驱动进程都拥有独立的地址空间。为了能够进行进程间通信，内核成了服务的中转站，因为只有内核才访问各进程的地址空间中。

Minix3 存在以下的缺陷：

1）分段机制并不能充分利用物理内存，将导致物理内存存在大量的浪费。

2）为了提升微内核性能，微内核与硬件结构紧密绑定，跨平台可移植性差。

3）采用分段机制，并没有真正实现将各进程的地址空间相隔离。如果采用分页机制与虚拟内存，将使得每个用户进程，服务进程与驱动进程真正的相隔离，每个进程都有自己的地址空间，更加符合微内核操作系统的设计思想。

4）内核可以访问所有进程的地址空间，违背了微内核的设计思想。

（3）L4 微内核

L4 微内核最初由约亨·李德克设计，是第二代微内核操作系统的代表，其系统架构非常符合微内核操作系统的设计理念。图 5－33 为 L4 的系统架构层次图，大致可以分成内核、服务应用程序和具体的应用程序三层。在操作系统的内核部分，L4 只提供了 3 个最基本的机制，作为实现具体操作系统服务的基础。这 3 个机制是：基本的内存管理、线程调度和线程间通信。

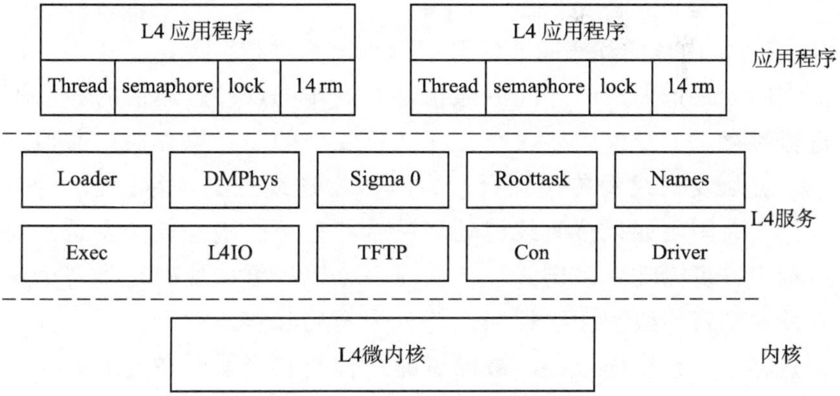

图 5－33　L4 系统架构层次图

L4 中的相关技术如下。

① L4 微内核中的两个抽象概念

a. 地址空间

L4 微内核直接管理物理地址空间，内核外进程向内核申请地址资源，微内核通过映射操作原语将物理地址映射给内核外进程。当然内核外进程可以通过内核提供的反映射操作原语将虚拟地址空间释放掉。这样用户进程只是在自己的虚拟地址空间中进行操作。还有其他的系统概念也可以抽象为地址空间，比如 I/O 端口，这样地址空间可以被看作为是资源保护的基本单元。微内核并不进行地址空间的策略管理，只是提供实现地址空间管理的操作原语。

b. 线程

L4 微内核的基本执行实体就是线程。而且每一个线程都有一个唯一的标识符区别于其他线程。线程的内部属性有寄存器组，包括代码寄存器堆栈寄存器和一些通用寄存器。线程还包含堆栈和当前所处于的状态信息，如一些标志位和系统时间等。线程在地址空间中运行，所以还包含所在地址空间的指针。线程的标识符和通信状态是其他线程可见的。

② L4 微内核支持的 2 种机制

a. 线程间的通信机制——IPC

L4 微内核的线程间通信采用同步方式进行，无论是在同一地址空间还是地址空间之间的通信都是同步的，并且通信的消息不进行缓存。当且仅当接收线程在调用相应的 IPC 操作时，通信消息才会从发送线程传送到接收线程。发送线程会等待一段时间，在这段时间内如果接收线程处于就绪状态那么消息就会发送。通过标识符可以唯一确定线程，从而一个线程可以准确地将一个消息发送到目的线程。线程标识符分为全局和本地两种：全局标识符是在整个系统内唯一，被标识的线程与它当前所在的地址空间无关；本地标识符是在线程所在的地址空间内唯一，只在当前的地址空间内可见。在不同的地址空间中，相同的本地标识符可能标识不同的线程。

b. 内存空间的映射机制——Mapping

地址空间的映射机制是通过 IPC 来实现。当用户进程要创建或是申请更多的地址空间时，通过 IPC 机制向页面管理线程发送消息，页面管理服务线程接收到请求，调用地址空间映射操作原语得到内存空间，将映射得到的虚拟地址通过 IPC 返回给地址申请者线程。虚拟页是地址空间映射机制的核心数据结构，表示一个虚拟地址空间的区域。一个虚拟页包括所有的映射到这个区域的所有页面。L4 微内核提供 3 个最基本的地址空间映射操作原语——Grant、Map、Unmap。

③ 用户线程实现内存管理策略

基于 L4 微内核操作系统的内存管理策略由用户层的页面管理线程来实现。因为 L4 微内核提供有 IPC 机制和内存空间的映射机制，所以可以实现在用户层的页面管理。如图 5—34 所示。

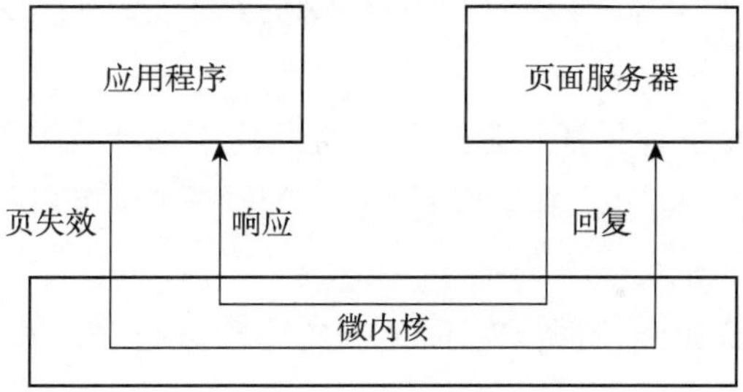

图 5—34　用户层页面服务器架构

页面管理线程运行在用户层，实现了具体的页面管理策略，通过调用微内核提供的三个地址空间映射操作原语，将物理地址空间的映射结果返回给页面申请者。

④ 用户线程实现设备驱动

和页面管理方式相似，设备驱动程序也运行在用户层，硬件中断通过 IPC 来进行发送（内核的时钟中断除外），中断处理结果消息通过 IPC 来响应。

⑤ 用户线程实现的异常处理

用户层软件的异常通过 IPC 来发送，异常处理结果也通过 IPC 来传递。内核内部的异常（比如 FPU 的虚拟化异常）则不用 IPC 传送。

⑥ L4 微内核的设计目标

微内核不实现任何的资源管理策略，只提供基本操作原语。这是 L4 微内核成功的主要原因之一。

5.3 RTOS 验证技术简介

为确保 RTOS 的可靠性，采用形式化验证方法是当前的研究热点。对 RTOS 的形式化验证主要应用于以下方面。

1）RTOS 需求描述：软件需求的描述是软件开发的基础。采用自然语言的描述很可能导致描述的不明确和不一致。采用形式化方法描述需求，则具有较好的明确性，并且描述的不一致性也相对易于发现。

2）RTOS 设计描述：形式化方法的优点对于 RTOS 需求的描述同样适用于设计描述。有了设计的形式化描述，可以检验 RTOS 的设计是否满足需求。

3）RTOS 功能验证：对 RTOS 功能的正确性、安全性进行有效的验证与分析。

4）RTOS 测试用例生成：形式化方法可用于测试用例的自动生成，这可以节约许多时间，并在一定程度上保证测试用例的覆盖率。

形式化方法是用数学与逻辑的方法描述和验证软件，一方面是系统或程序功能的描述，另一方面是性质的描述，这些可以用一种或多种语言来描述。这些语言包括命题逻辑、一阶逻辑、高阶逻辑、代数、状态机、并发状态机、自动机、计算树逻辑、线性时序逻辑、进程代数、π 演算、μ 演算，以及程序语言的子集等。

从验证手段来讲，主要有两类方法，一类是以逻辑推理为基础，另一类则以穷尽搜索为基础。逻辑推理有 Natural Deduction、Sequent Calculus、Resolution 以及 Hoare－logic 等方法。穷尽搜索方法统称为模型检测。这类方法与系统或程序以及系统性质的表示有很大的关系，比如说符号模型检测，其基本原理是用命题逻辑公式表示状态转换关系，用不动点算法计算状态的可达性以及这些状态是否满足某些性质。

以 Integrity－178B 嵌入式操作系统为例，目前它已经通过通用标准评估 EAL6＋级的安全性评估，是目前高安全等级的实时操作系统之一。

EAL6＋级是通用标准（Common Criteria，CC）的一个评估等级，CC 将评估等级分为从 EAL1 到 EAL7 共 7 级，7 个等级分别定义如下。

1）EAL1：功能测试级；

2）EAL2：结构测试级；

3）EAL3：系统测试和检查级；

4）EAL4：系统设计、测试和复查级；

5）EAL5：半形式化设计和测试级；

6）EAL6：半形式化地验证设计和测试级；

7）EAL7：形式化地验证设计和测试级。

EAL6＋是介于 EAL6 与 EAL7 之间的级别，即介于半形式化和形式化验证之间。尽管对 RTOS 的形式化验证还没有全部完成，但已经相当接近。

EAL6＋的评估是多方面的，包括可信开发评估（源码级验证）、安全管理评估、数据保护评估、资源使用评估、用户认证评估、配置管理评估、安全传送与操作评估、可信维护支持评估、文档支持评估、应用平台评估和脆弱性评估等。

其中可信开发评估是从源码级对整个系统的开发进行评估，它内部又包含架构设计评估、配置工具设计评估、形式化函数规格评估、半形式化高层阐述评估、可信初始化评估、最低复杂度评估、半形式化底层设计评估、加载工具设计评估、形式化一致性评估、形式化安全模型评估。其中有 5 项评估用到了形式化验证，具体如表 5－3 所示。

表 5-3　EAL6＋形式化相关评估

形式化评估	描述
形式化函数规格评估	用形式化语言对每个函数描述所有参数、操作方法、功能、目的、可能产生的异常、错误消息及可能的影响，并进行形式化的验证函数的正确性
半形式化高层阐述评估	用半形式化方式验证整个系统结构和各子系统结构，以及各子系统间的交互关系，验证其正确性和是否满足安全功能的需求
半形式化底层设计评估	以模块化来验证底层设计，对每个模块需要用半形式化语言来描述目的、使用方法、唤醒模块的接口、返回值与其他模块的依赖关系、各种可能的异常、错误消息、可能的影响以及模块内部算法，并验证每个模块是否是安全功能支持的、安全功能加强的和与安全无关的
形式化一致性评估	对两个相连功能单元，用形式化语言进行一致性验证，看是否符合安全功能需求
形式化安全模型评估	验证系统的可信安全机制模型，该模型需提供形式化语言描述的规则和特征

第 6 章　高可靠 RTOS 内核实现技术

RTOS 的主要任务是对系统资源进行有效管理，并对外部事件进行及时处理。当系统运行产生干扰波动、负荷变化、异常事件等情况时，仍需要保持较高的稳定性及可靠性。因此，高可靠 RTOS 内核实现技术是高可靠嵌入式软件系统的重要保障。

本章围绕高可靠 RTOS 内核实现技术展开，包括：容错实时调度算法；内存空间保护技术的实现，基于 MMU 的多层次内存保护、内存泄露检测及回收，以及一种新型的、基于蒙德里安细粒度内存保护实现技术；针对空间辐照环境下内存数据存储不稳定问题，提出了冗余内存分配和内存冗余编码技术；针对 RTOS 中的资源竞争问题，介绍了资源竞争防护技术分类及处理手段。

6.1　容错实时调度

6.1.1　容错实时调度概述

6.1.1.1　容错实时调度

传统的实时调度算法，仅考虑在正常情况下分配系统资源，以满足每个实时任务的时限要求，并没有考虑任务容错的要求，这就导致出错任务进行容错处理时不得不占用为其他任务分配的资源，因而很可能造成其他任务的运行超越时限。因此，提出了容错实时调度，以便在拥有一定量空闲处理器资源的前提下，不仅满足任务正常运行时的处理器时间和时限需求，还满足 n 次容错操作的处理器时间和时限需求，且容错操作不影响其他任务的正常运行。容错实时调度算法主要通过改进传统的实时调度算法实现，如图 6－1

所示。

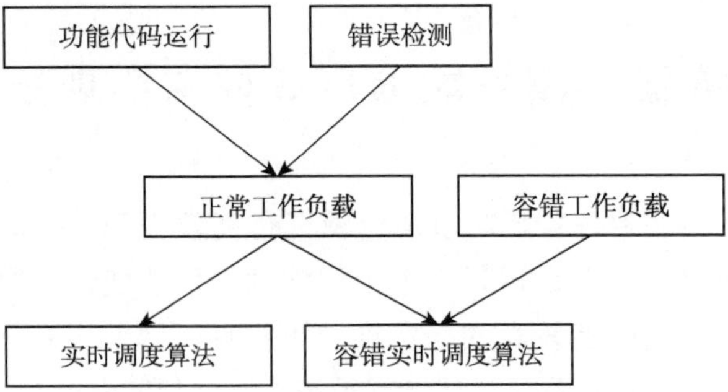

图 6－1　实时调度和容错实时调度

在容错实时系统中，正常工作负载由任务的功能代码运行和错误检测两部分组成，而容错工作负载则由任务出错后的再次运行或替代任务的运行产生。显然，正常工作负载总是存在的，而容错工作负载仅在任务出错后出现。

容错实时调度算法通过调整调度算法的可调度条件来实现时间冗余。设实时任务集的处理器利用率为 U_s，算法的处理器利用率上限为 U_{max}，正常情况下，只要 $U_s \leqslant U_{max}$，那么实时任务集就是可调度的。容错实时系统要求在确定时段 T 内实现 n 次容错操作，容错操作处理器利用率之和为 U_{FT}，而 $T \times U_{FT}$ 就是设计要求的冗余时间。当 $U_s + U_{FT} \leqslant U_{max}$ 时，新的实时任务集（包括容错任务）才有可能被调度。对于确定的实时调度算法，其处理器利用率上限 U_{max} 不变，只有减小实时任务集的处理器利用率 U_s，才能在确定的时段 T 内预留足够的处理器空闲时间。

仅依靠冗余时间并不能保证任务的正常运行和容错操作均满足时限的要求。因此，在改变基本算法可调度条件的同时，修改它的资源分配策略也是必要的。基本算法按任务属性确定任务的优先级，进而决定任务的执行顺序。容错实时调度算法在确定任务执行序列为正常情况的同时，还需要在任务的正常执行序列中合理地分布空闲时间，供任务出错后的容错操作使用。此外，除了考虑空闲时间的合理分布外，任务因出错而重新运行时，调整任务间的优先级关系是必不可少的。

对于容错实时系统，若其负载在任何情况下始终低于100%，那么在满足容错要求的前提下，尽可能提高正常情况下的处理器资源利用率U_s，是容错实时调度算法研究的主要内容。因为U_s越高，单位时间的任务吞吐量就越大，也就越有利于提高容错实时系统的性能和功能指标。

容错实时调度算法的主要评价指标为任务丢失率和任务拒绝率。

1）任务丢失率：指就绪队列中的任务在时限前未得到正确输出的概率；

2）任务拒绝率：指就绪任务被拒绝进入就绪队列的概率。

显然，上述两个指标越低，容错调度算法的性能越好。

6.1.1.2　调度算法相关概念

在介绍容错调度算法前，先对调度算法的相关概念进行说明。

1）释放时间：指任务从开始创建至进入就绪态所花费的时间。

2）时限：指任务从开始创建至执行完成所花费的时间。时限可分为绝对时限和相对时限两个概念。其中，绝对时限是任务必须完成的时间，而相对时限是任务执行的绝对时限减去释放时间。

3）周期性：一个任务T_i，如果它的释放是周期性的，比如每P_i释放一次，我们就称此任务为周期性的，P_i称为T_i的周期。若任务不是周期性的，则称它为偶发性的。

一般而言，周期性任务是实时系统处理事物的主要任务，非周期任务则是系统为了处理一些意外情况或紧急事件所需执行的任务。

4）任务截止时间：指系统允许任务运行的最长时间。

5）静态优先级：指任务在创建时就确定了优先级，且不随时间发生变化，最著名的静态优先级调度算法是单调速率算法RMS。

6）动态优先级：指任务优先级可随运行时间变化而发生改变，最著名的动态优先级调度算法是最早时限优先算法EDF。

7）时间冗余：指预留部分处理器时间，使之在系统正常运行时处于空闲状态，供任务出错后的容错操作使用。

8）任务释放抖动：指任务到达至被释放准备执行的时间。

6.1.1.3 单调速率调度算法 RMS

1973 年，美国 UIUC 大学的 C. L. Liu 教授提出了单调速率算法 RMS，该算法被证明是最优的静态实时调度算法，大多数的静态容错实时调度算法都是以改进 RMS 算法为目标。

RMS 算法给系统中的每个任务都设置一个静态优先级，优先级的设定是由任务的周期和任务的截止期确定，周期越短，截止期越紧迫，优先级就越高。

在采用 RMS 算法进行调度时，要求所有任务都能满足时限。在实际应用中能否实现这一目标，首先就要根据任务的周期和处理器资源需求情况对算法的可调度性进行分析。

理想的 RMS 算法是基于如下一系列假设，具体包括：

1）所有任务都是周期任务，即必须在限定的时限内完成；

2）任务的时限要求仅限于任务必须在该任务的下一个请求发生之前完成；

3）任务之间相互独立，每个任务的运行不依赖于其他任务；

4）每个任务的运行时间不变；

5）任务调度和任务切换的时间忽略不计；

6）任务之间是可抢占的；

7）所有任务的分配都在单处理器上进行。

RMS 算法的思想是：被调度的任务集 S 包含 n 个相互独立的实时任务（T_1，T_2，…，T_n），每个任务 T_i 定义为一个四元组 $<e_i$，d_i，p_i，$t_i>$，其中 e_i、d_i 和 p_i 分别为任务的执行时间、时限、周期，且满足 $p_i = d_i$。相应任务的周期排列为 $p_1 \leqslant p_2 \leqslant \cdots \leqslant p_n$，则任务优先级排列为 $T_1 \geqslant T_2 \geqslant \cdots \geqslant T_n$，即周期越短的任务优先级越高。被调度的任务集 S 满足以下定理，则可被调度。

定理 6.1

两个周期任务组成的实时任务集，若其处理器利用率 U 满足式

(6—1)

$$U \leqslant 2 \times (\sqrt{2} - 1) \qquad (6-1)$$

则可由RMS算法调度。

定理6.2

n个周期任务组成的实时任务集，若其处理器利用率U满足式(6—2)

$$U \leqslant n \times (\sqrt[n]{2} - 1) \qquad (6-2)$$

则可由RMS算法调度。

上述定理是任务可调度的充分条件，即不满足上述定理的任务集仍可能是可调度的。

6.1.1.4　单调时限调度算法DMS

1982年，Leng提出了对RMS算法改进的DMS算法，以截止时间的反序来分配任务的优先级，即任务的截止时间越短，分配的优先级越高。

DMS的实时任务集可以表述如下：实时任务集S（T_1，T_2，…，T_n），任务按时限大小以增序排列，即$d_1 \leqslant d_2 \leqslant \cdots \leqslant d_n$，且任务间相互独立。每个任务$T_i$定义为一个四元组$<e_i, d_i, p_i, t_i>$，其中$e_i$、$d_i$和$p_i$分别为任务的执行时间、时限、周期，且满足$p_i \geqslant d_i$。此外，DMS的限制条件与RMS一致。DMS是按任务时限大小来定义任务的优先级，时限越短的优先级越高，时限越长的优先级越低，任务的优先级排列如下

$$T_1 \geqslant T_2 \geqslant \cdots \geqslant T_n$$

DMS算法具有与RMS算法相同的优点，运行开销小，可调度性测试简单等。由于DMS和RMS的调度性能和易实现性较好，被广泛应用于实时系统中，是实时调度中经典的传统调度算法。

6.1.1.5　最早时限优先调度算法EDF

在提出RMS之后，C. L. Liu进一步提出了最早时限优先调度算法EDF，也称为时限驱动调度算法，这是一种典型的动态优先级调度算法，可根据任务的资源需求来动态地分配任务优先级。

EDF算法的核心思想是：在任何时刻，具有最早截止期的任务

优先级最高。该算法在每个时刻都要确定下个时刻系统中哪个任务的截止期最早，从而决定系统在下个时刻应该调度哪个任务。因此，EDF 算法能够保证所有任务的截止时间得到满足前，不存在处理器的空闲时间。

与 RMS 算法类似，EDF 算法也是基于某些假设成立的：

1）所有任务均为周期任务，且周期大于或等于时限；

2）任务可被随时抢占，且抢占代价忽略不计；

3）所有任务相互独立，不存在先后次序的约束；

4）所有任务均具有恒定的运行时间；

5）所有任务必须在其时限到来前结束。

EDF 调度算法是最优的单一处理器动态调度算法，如 EDF 调度算法无法调度的任务集，那么采用其他任何调度算法也将无能为力。

EDF 的实时任务集模型如下：存在实时任务集 S（T_1，T_2，…，T_n），各个任务间相互独立。每个任务 T_i 定义为一个四元组 $< e_i, d_i, p_i, t_i >$，其中，e_i、d_i 和 p_i 分别为任务的执行时间、时限、周期，且满足 $p_i \geqslant d_i$。任务按周期大小以增序排列（$T_1 \leqslant T_2 \leqslant \cdots \leqslant T_n$），EDF 以任务的时限与当前时刻的距离（定义为时限距离）确定任务的优先级，距离越近，优先级越高。因此，EDF 总是选择当前最迫切需要完成的任务获得处理器。

定理 6.3

对于由 n 个周期任务组成的实时任务集，当且仅当

$$\sum_{i=1}^{n} \frac{e_i}{p_i} \leqslant 1 \tag{6-3}$$

该任务集能够由 EDF 调度。

由此可知，只要实时任务集的处理器利用率不大于 100%，则必能被 EDF 调度。对任何实时任务集，只要存在可行的动态调度算法，则必然可由 EDF 调度。另外，EDF 只在任务就绪时调整任务优先级，在其他时刻，任务优先级的排序不发生改变。

6.1.2　容错实时调度算法介绍

6.1.2.1　周期任务集单处理器容错实时调度算法

容错实时调度算法是通过改进实时调度算法实现的。单处理器可抢占周期任务集的静态容错实时调度是以 RMS 为基本调度，而动态容错实时调度是以 EDF 为基本调度。本节将介绍几种典型的周期任务集单处理器容错实时调度算法。

（1）静态容错调度

单处理器可抢占周期任务集的静态容错实时调度是以 RMS 算法为基础，因此 RMS 的一系列假设条件在静态容错调度中必须满足。

下面介绍 3 种单处理器可抢占周期任务集的静态容错实时调度算法。

① PRA 和 CRA 算法

20 世纪 90 年代初，最具代表性和实用性的提高实时系统容错能力的研究工作是 S. Thuel 提出的 PRA（Private Reservation Algorithm）和 CRA（Communal Reservation Algorithm）算法。在解决因暂态硬件缺陷或暂态软件设计缺陷引起的实时任务运行出错时，PRA 和 CRA 算法调度出错的任务利用冗余的处理器时间再次运行，或替代任务利用冗余的处理器时间运行。PRA 和 CRA 采用了不同处理器资源冗余策略，因而容错能力不同。

PRA 为实时任务预留私有的处理器空闲时间，以保证任务 T_i 在两个连续周期边界 $[kp_i, (k+1)\ p_i]$ 内能够重复运行 $(1+x)$ 次，而不会导致其他任务的运行超过时限。因此，PRA 能够保证任务 T_i 在连续出现 x 次错误的情况下仍能在时限到来前获得正确的运算结果。因此，T_i 可以被看作具有 x 次暂态错误容错能力的容错实时任务 T_{i_FT}，其最坏执行时间为

$$e_{i\_FT} = e_i + x \times e_i = (1+x) \times e_i \qquad (6-4)$$

基本的实时任务集 S 被容错实时任务集 S_{FT} 代替，其中 S_{FT} 为

$$S_{FT} = \{T_{i\_FT} \mid T_i \in S\} \qquad (6-5)$$

定理 6.4

容错实时任务集 S_{FT} 可调度条件如式 6－6 所示

$$\left(\frac{e_{1\_FT}}{p_1}\right)+\left(\frac{e_{2\_FT}}{p_2}\right)+\cdots\cdots+\left(\frac{e_{n\_FT}}{p_n}\right)\leqslant n\times\left(\sqrt[n]{2}-1\right) \quad (6-6)$$

显然，在任务无错情况下，时间冗余使大量处理器资源处于空闲状态，PRA 的资源利用率只有 RMS 资源利用率的 1/（1＋x）。

PRA 对实时任务集错误行为的假设过于悲观，为实时任务的每个实例单独预留了空闲时间，当任务无错时，预留的时间被浪费。因此，PRA 的实际资源利用率远小于以最坏执行时间为衡量标准的最大资源利用率，即处理器资源实际能够支持的实时任务数大于可调度条件限制的实时任务数。

为改善调度条件，提高处理器资源利用率，CRA 预留的处理器空闲时间由所有实时任务共同拥有，其大小为

$$e_i = x\times\max(e_i) \quad (6-7)$$

这样 e_i 能够满足实时任务集在［kp_i，（k＋1）p_i］内 x 次容错操作的时间需求。

与 PRA 相比，CRA 通过减少单位时段内的冗余时间，以降低单位时段内的容错能力为代价，提高了正常情况下实时系统的资源利用率和任务吞吐量。

PRA 和 CRA 都是利用任务的正常运行时间和容错操作时间之和来代替任务的正常运行时间进行可调度分析。PRA 和 CRA 没有改变任务间的优先级关系，正常情况下，任务执行的顺序与 RMS 算法相同，不同点在于，任务出错将被调度再次运行。只要满足可调度条件，在被高优先级抢占的情况下，任务容错操作的次数不大于 x 次，其时限要求必然满足。

若实时任务集组成简单，任务数量较少，且系统运行中不会出现新任务，PRA 和 CRA 的可调度分析在系统运行前进行，运行时的调度策略可以通过对 RMS 的简单改造来获得，实现简单，运行时的开销小。因此，PRA 和 CRA 适用于具有不变任务集，且资源需

求较低、系统运行环境较为恶劣、任务出错概率较高的系统。此外，PRA 和 CRA 具有相当大的灵活性，通过对 x 设置不同的数值，或对不同的任务设置不同的 x，可以满足不同应用的需要。

PRA 和 CRA 的最主要缺点是不能适应较为复杂的动态运行环境。在复杂的动态运行环境中，实时任务集的组成复杂，且系统的工作负载不断变化，任务集是否可调度只能在系统运行时判断，而 PRA 和 CRA 的调度分析运行开销较大，占用大量处理器资源，可能导致实时任务的运行超越时限。

② FTRMS 算法

1998 年，以 S. Ghosh 为首的研究组在 RMS 算法的基础上，提出了 FTRMS（Fault－Tolerant RMS）算法。FTRMS 在时间冗余策略中引入了备份任务的概念。备份任务是一个虚拟的任务，但具有确定的资源利用率。备份任务拥有一定的处理器资源，FTRMS 将这部分资源作为预留的处理器资源，为容错操作提供保证。在系统正常运行时，备份任务拥有的处理器时间保持空闲，当实时任务运行出错时，调度器将调度出错的任务利用备份任务的处理器时间进行容错操作。可见，FTRMS 的时间冗余策略是通过备份任务来体现。

规定时段内的容错要求不同，则备份任务的资源利用率需求也不相同。如果实时系统的容错要求是规定时段的单错误容错，设备份任务为 T_β，则其资源利用率为

$$U_\beta = \max(e_i / p_i) \qquad (6-8)$$

即实时任务的最高资源利用率。系统运行过程中，FTRMS 要求备份任务的实例在每个周期边界就绪，在任意两个连续的周期边界内，处理器时间为 $l_{pi} - k_{pj}$，备份任务实例拥有的资源为 U_β（$l_{pi} - k_{pj}$）。备份任务的实例在每个周期边界就绪，在所有任务中，备份任务是优先级最高的任务。所以，根据 RMS 算法，备份任务的实例总是在任意两个连续的周期边界内第一个被调度的任务。为实现系统的容错要求，系统正常运行时，备份任务的实例总在调度器的管理下处

于就绪状态，且与当前优先级最高的实时任务交换运行次序，为该任务提供容错保证。

若当前任务运行出错，则 FTRMS 调用恢复算法实现容错，算法如下所示。

```
Queue ReadyQ;                /* 就绪任务队列 */
Queue BlockQ;                /* 阻塞任务队列 */
/* 系统处于容错状态，      Tr 正在进行容错操作 */
Event: New instance of task Tj arrives
if (dj>dr) then
    Add Tj to BlockQ;
else
    Add Tj to ReadyQ;
endif
Event: An instance of task Tj terminates
if (Tj =Tr)                 /* 容错操作结束 */
      Move all tasks from BlockQ to ReadyQ;
endif
```

从恢复算法可看出，在当前任务进行容错时，如果有更高优先级的任务就绪，仅当该任务的时限较当前任务更接近于当前时刻时，新任务才能抢占当前任务。上述算法不同于基本的 RMS 算法，而是从 EDF 算法中引进而来。

PRA 和 CRA 静态容错实时调度算法是基于 RMS 的调度策略，通过改变可调度条件实现处理器资源的预留，虽然运行调度开销小，但运行前的调度分析较为复杂。相比之下，FTRMS 修改了基本调度策略，增大了运行时的调度开销，可用于动态环境的调度分析。

（2）动态容错实时调度

定理 6.3 给出了 EDF 算法的可调度条件，该条件是以任务正常情况下的最坏执行时间为计算参数。当实时任务运行中出错时，为满足系统的可靠性指标，任务需要通过再次运行或调用替代任务等方式实现容错操作，并将耗费部分处理器资源。由于定理 6.1、定理 6.3 并没有考虑任务出错对处理器资源需求的影响，所以容错操作可能干扰部分任务的正常运行，使之超越时限。FT－EDF（Fault－Tolerant EDF）通过改变 EDF 算法的可调度条件，在任务集设计阶段静态地预留处理器空闲时间，确保在规定时段内的单个错误容错。

基于单处理器可抢占周期任务集的动态容错实时调度，任务集模型可表述如下：存在任务集 S（T_1，T_2，…，T_n），若采用 EDF 作为基本调度算法，所有硬实时任务必须满足 EDF 算法所规定的假设。

任务按周期由小到大排列为 $p_1 \leqslant p_2 \leqslant \cdots \leqslant p_n$。任务 T_i 的第 k 个实例 kp_i 时就绪，在 $(k+1)\ p_i$ 时必须结束。容错 EDF 以任务的时限与当前时刻的距离来确定任务优先级，距离越近，优先级越高。

容错 EDF 仅考虑暂态错误，为简化分析，当任务出错时，调度器调度出错任务再次运行。为检测任务执行是否正确，任务结束前将进行错误检测，其开销计入任务的运行时间。显然，任务 T_i 的资源利用率必须满足

$$U_i = e_i/p_i \leqslant 0.5 \tag{6-9}$$

否则无法通过再次运行实现容错。

① 基本的容错 EDF

对于满足调度条件的实时任务集，EDF 算法按任务的优先级分配处理器资源，以保证所有任务均满足时限要求。显然，若调度算法能够保证实时任务 T_i 的第 k 个实例在 $(k+1)\ p_i - e_i$ 前结束，则该实例能够在不影响其他任务执行的前提下实现一次重执行。为此，任务 T_i 的资源利用率变为

$$U_i = \frac{e_i}{p_i - e_i} \tag{6-10}$$

由此可知，任务 T_i 的第 k 个实例在时段 $[kp_i，(k+1)\ p_i - e_i]$ 内能够获得所需的运行时间 e_i，且在 $[(k+1)\ p_i - e_i，(k+1)\ p_i]$ 的时间内可用于该任务的容错操作。该算法称为基本的容错 EDF，其可调度条件由以下定理表述。

定理 6.5

对于由 n 个周期任务组成的实时任务集 S，当且仅当

$$\frac{e_1}{p_1-e_1}+\frac{e_2}{p_2-e_2}+\cdots+\frac{e_n}{p_n-e_n}\leqslant 1 \qquad (6-11)$$

实时任务集 S 中的每个任务实例均能在不影响其他任务的正常运行的前提下，由基本容错 EDF 调度，实现一次容错操作。基本容错 EDF 适用于资源利用率低、任务出错概率高的实时任务集调度。

② 容错 EDF

与基本的容错 EDF 不同，容错 EDF 的冗余处理器资源由所有任务共享，适用于资源利用率高，出错概率低的实时应用。容错 EDF 的设计目标是，在 p_n+p_{n-1} 内，冗余的处理器资源保证一次容错操作，且所有任务均满足时限要求。因此，在两个连续的最大周期边界 $[kp_n,(k+1)p_n]$ 内，冗余的处理器资源为 $\max(e_i)$，$i\in S$。

容错 EDF 仍旧按照任务的时限先后决定任务的优先级，时限近者优先级高。系统运行时，若当前执行的任务 T_i 出错，调度器调度该任务再次运行。在容错处理的过程中，若新就绪的任务 T_j 的优先级高于 T_i，则 T_j 抢占 T_i。设 T_i 为 R_i，其算法如下。

```
Queue ReadyQ;                  /＊就绪任务队列＊/
Event：An instance of  Ti is end
If Ri ＝false
     Then call retry（）；
E1se
     dispatch（）；
Endif
/＊任务 Ti 正在进行容错操作＊/
Event：New instance of task Tj arrives
If dj ≥ di；
     Then insert Tj to ReadyQ；
E1se
```

```
        Insert Ti to ReadyQ;
        Run Tj;
    Endif
```

容错 EDF 的设计目标是在 p_n+p_{n-1} 内，冗余的处理器资源保证一次容错操作，且所有任务均满足时限要求，其可调度条件由定理 6.6 表述。

定理 6.6

若实时任务集 S 满足

$$F_{\text{FT-EDF}}(S)=\frac{\sum_{i=1}^{n-1}\left[\left(\frac{p_n}{p_i}\right)e_i\right]+\max_{i\in S}(e_i)+e_n}{p_n}\leqslant 1 \qquad (6-12)$$

则可由 FT－EDF 调度。其中 $F_{\text{FT\_EDF}}$（S）称为 FT－EDF 算法的可调度性估计函数。

定理 6.7

实时任务集 S 可由容错 EDF 调度，当相邻两个错误发生的时间间隔大于 p_n+p_{n-1}，则预留的空闲处理器资源可以满足任何任务的容错要求。

容错 EDF 可实现任务间空闲资源的共享和动态分配，调度算法较为简单，同时保证系统正常工作时具有较高的资源利用率，因而适用于高可靠、低故障率的实时系统。

6.1.2.2　非周期任务集单处理器容错实时调度算法

基于单处理器的非周期任务集的模型可作出如下表述：存在任务集 S（T_1，T_2，…，T_n），所有实时任务必须满足以下限制条件：

1）所有实时任务均为非周期任务，设任务 T_i 的就绪时间为 r_i，最坏执行时间为 e_i，时限为 d_i，松弛时间为 w_i；

2）所有实时任务必须在其时限到来前结束，即 $w_i\leqslant d_i-r_i-e_i$；

3）任务间存在先后次序，若 T_i 先于 T_j，则 T_j 的运行只能随着 T_i 开始运行而开始；

4）任务按先后顺序排列为 T_1，T_2，…，T_n。

上述任务集通常采用非抢占调度算法，即只有在当前任务结束后，调度器才能从就绪队列中选择新的任务开始运行。具有容错功能的非抢占实时调度需要在任务的执行序列中插入空闲时间，以满足任务的容错要求。非抢占调度的主要任务是寻求最短调度序列，在最短时间内完成所有实时任务的运行。

（1）FSP 算法

FSP（Feasible Shortest Path）算法的容错对象是单个的暂态错误，利用 FSP 在任务执行序列中插入的空闲时间，出错任务采用再次运行或执行替代任务实现容错。当以下条件满足时，调度器能满足任务 T_i 的时限要求，即包括 T_i 在内的所有任务的执行时间与容错操作的执行时间之和不大于 T_i 的时限，b 为容错操作的时间。FSP 假设任意两个连续错误间的最小时间间隔为 Δf，并将整个任务的运行序列分为若干个子集 β_1，β_2，…，β_b，其中 $\beta_1=\{T_1, \cdots, T_{j1}\}$，$\beta_2=\{T_{j1+1}, \cdots, T_{j2}\}$，…，$\beta_b=\{T_{jb-1}, \cdots, T_b\}$，并为每个子集预留空闲的处理器资源，供子集内的实时任务容错之用，则存在

$$d_i \geqslant \sum_{j=1}^{i} e_j + \sum_{k=1}^{i} b_k \tag{6-13}$$

$$b_k + \sum_{T_n \in \beta_k} e_u \leqslant \Delta f, b_k \geqslant \max\{e_u \mid T_u \in \beta_k\}$$

根据式（6—13），除 T_1 外，每个任务均有两种选择，一是加入最近的一个子集，二是创建一个新的子集。因此，非周期实时任务集子集的划分可能存在多种形式，可以通过一个以 T_1 为起点，可调度状态为终点的 $n+1$ 层有向图表示。在该有向图中，每层表示一个任务，层中的节点表示该任务所属的子集。有向图边的权值表示为满足下一个任务的正常执行和容错操作而需要的处理器时间。通过寻找有向图中的最短路径，即可获得非周期任务集的最短调度序列。

FSP 的时间复杂度为 $O(n^2)$，若所有任务的就绪时间在系统运行前已知，以及调度序列在系统运行前确定，FSP 的复杂度是可接受的。若任务在系统的运行过程中动态产生，则需寻求更为简单的

调度算法。

(2) LTH 算法

LTH（Linear Time Heuristic）算法采用与 FSP 同样的时间冗余策略，不同点在于 LTH 是一种贪婪算法，即一段预留的空闲处理器时间支持尽可能多的实时任务容错。LTH 的算法如下所示。

```
δ=0;      β=0;      t0=0;
for (i=1, …, n+1)
{
    if (δ+ei+max {b, ei} ≤Δf)
    {
    δ=δ+ei;
    ti=ti-1+ei;
    b=max (b, ei);
    }
    else
    {
    ti=ti-1+ei+b;
    δ=ei;
    b=ei ;
    }
    if (ti+b > di)
    return failed;
}
return success;
```

LTH 的时间复杂度为 $O(n)$，因此更适合动态的运行环境。实际上，如果非周期任务集能够由 LTH 调度，调度方案是 FSP 的一条确定路径，但非最优。如果非周期任务集不能由 LTH 调度，并不意味着不能采用 FSP 实现调度。

（3）RED 算法

实时调度算法以任务的最坏执行时间作为判断任务是否可调度的参数，如果在最坏情况下，实时任务集仍然可调度，则在其他任何情况下，任务集同样可调度。所以，基于最坏执行时间的可调度分析是对实时任务集最为悲观的分析。事实上，在系统运行过程中，实时任务的实际执行时间小于最坏执行时间。因此，理论上不满足算法可调度条件的实时任务集，由于任务实际需要的资源量小于理论值，在实际运行中有可能满足所有任务的时限需求。

RED 算法用于实现非周期任务集的实时调度，其模型具有以下特点：

1）所有实时任务均为非周期任务，任务在系统运行过程中随机产生；

2）所有实时任务分为关键任务和普通任务，关键任务的时限要求必须满足，而普通任务可以被放弃；

3）所有实时任务相互独立，可以抢占。

RED 算法按照任务的时限与当前时间的距离决定任务的优先级，距离越近，优先级越高。当新任务产生时，RED 算法依据最坏执行时间计算新任务和所有优先级低于新任务的就绪任务的完成时间，而优先级高于新任务的就绪任务不受新任务的影响。如果所有任务的时限都得到满足，则新任务进入就绪队列。如果存在任务不满足时限，若新任务为普通任务，调度器就将新任务加入等待队列；若新任务是关键任务，调度器将新任务加入就绪队列，调度器判断等待队列中普通任务的时限要求是否会因为任务结束后释放的剩余资源而得到满足，若满足，则将该任务加入等待队列。若等待队列中任务的时限与当前时刻的差小于任务的执行时间，则该任务被放弃。RED 算法的时间复杂度为 $O(n)$，运行开销不大，因此适合动态的运行环境。

RED 算法的主要目的是在满足关键任务时限的前提下，提高实时系统的任务吞吐量。依靠资源回收提高任务吞吐量，RED 算法的不确定性提高，但是所有被放弃的任务均为普通任务，所以对系统性能影响不大。

虽然 RED 算法没有提供容错支持，但在保证容错能力的前提下，资源回收为提高容错实时调度算法的资源利用率提供了新的思路。

6.1.2.3　多处理器容错实时调度算法

多处理器系统具有冗余特性，不但能够应对暂态的硬件和软件错误，还能应对永久的硬件错误，当某个节点出现永久错误时，该节点上的实时任务可以在其他节点得到处理。然而，多处理器也为容错带来了新的挑战，如果一个应用需要几个节点相互配合方能实现，则节点间相互的连接必须具有冗余特性，以避免单一连接失效造成节点被分割为几个无法互相通信的独立部分。

多处理器系统存在一个核心节点，系统的负载由该节点合理地分配到其他节点上，多处理器系统的核心节点必须掌握每个节点当前的工作状态以及负载情况。为支持容错，核心节点还需为进入系统的每个任务建立备份任务，并将其安置在合适的节点，以保证在主任务出错后运行。

本节将简要介绍较为典型的多处理器容错实时调度算法。

(1) FT－RMSMS 和 FT－EDFMS 算法

1994 年，欧英锋在对多处理器 RMS 算法和 EDF 算法的研究基础上提出了 FT－RMSMS 算法和 FT－EDFMS 算法，主要是对 RMS 和 EDF 调度算法应用于容错多处理器实时系统的探讨，其目的在于保证系统具有一定容错能力的前提下，尽可能降低所需节点的数目。

FT－RMSMS 是基于 RMS－FF（RMS 首次适应算法）发展而来，其任务模型是：设存在任务集 S（T_1，T_2，…，T_n），其中 $T_i = [(e_{i1}, e_{i2}, \cdots, e_{ikj}), r_i, d_i, p_i]$，($e_{i1}$，$e_{i2}$，…，$e_{ikj}$）分别为任务 T_i 的 K_i 版本的运行时间，(r_i，d_i，p_i）分别为 T_i 的就绪时间、时限和周期。

FT－RMSMS 基本算法分为两个基本点：验证和搜索。验证就是按照任务集的顺序，将任务 T_i 的 K_i 个版本分配在 K_i 个资源利用率最低的节点上，若出现某个节点的资源利用率超过 RMS 的可调度条件，则返回不可行，否则继续分配。搜索就是对于任务集 S，其所需处理器数量的下限为

$$\frac{\sum_{i-1}^{n}(\sum_{j=1}^{i_i} e_{ij})}{p_i} \tag{6-14}$$

上限为

$$n \times \max_{(1 \leqslant i \leqslant n)}\{K_i\} \tag{6-15}$$

则以已知任务集 S 的处理器数量需求的上限和下限为界限，利用二分法搜索此空间，验证当前的处理器数目是否满足任务集 S 的需要，直到获得最小值为止。

FT－RMSMS 基本算法的效率很低，为此，欧英锋提出了基于 RMS－FF（RMS 首次适应算法）的多处理器容错实时调度算法，即在当前节点集内为 T_i 的 K_i 个版本按照 RMS－FF 寻找 K_i 个合适的节点，如果当前节点集不能满足 T_i 所有版本的需要，则增加新的节点，直到任意任务的任意版本的时限要求均获得满足，此时的节点集就是能够采用 FT－RMSMS 调度任务集 S 需要的节点集。

FT－EDFMS 的设计思想与 FT－RMSMS 十分相近，即在当前节点集内为 T_i 的 K_i 个版本按照 RMS－FF 寻找合适的节点，并保证每个节点的资源利用率不超过 100%。如果当前节点集不能满足所有 T_i 所有版本的需要，则增加新的节点，直到任意任务的任意版本的时限要求均获得满足，此时的节点集就是能够采用 FT－EDFMS 调度任务集 S 需要的节点集。FT－EDFMS 节点集的大小由定理 6.8 表示。

定理 6.8

FT－EDFMS 的节点集为 FT－EDF－FF（L）$\leqslant 1.7L^* + 2.19K$，其中 L^* 为最小节点集，K 为任务集 S 中的最大版本数。

FT－RMSMS 和 FT－EDFMS 算法均以周期任务集为研究对象，在任务集投入运行前确定节点集的大小，因此不适用于动态的运行环境。此外，FT－RMSMS 的资源利用率较低。与上述缺点相

对应，FT－RMSMS 和 FT－EDFMS 具有运行开销小、实现简单的优点。由于硬件成本的降低可以抵消资源利用率低的缺点，FT－RMSMS 和 FT－EDFMS 适用于空间和质量限制较小，运行环境相对稳定的应用场合。

（2）FT－DM 算法

1995 年，A. Bertossi 提出的 FT－DM 算法，是 DM 算法在多处理容错运行环境下的扩展。FT－DM 算法的最大特点是引入了积极备份和消极备份的概念。为满足应用运行的可靠性要求，对于每一个任务 T_i，都存在主模块（e_i，p_i，d_i，j_i）和备份模块（$e_{b(i)}$，p_i，d_i，$j_{b(i)}$），FT－DM 将 T_i 的不同模块分配到不同的节点上。如果节点运行正常，则其上所有的主模块和积极备份模块都将得到执行，否则将尚未运行结束的主模块转移到其他节点上，放弃所有积极备份模块的运行。所谓积极备份是指，无论是否出现错误都将运行的备份模块，而消极备份是指仅在出现错误时才运行的备份模块。

FT－DM 对不同模块的分配按照不同的判断准则。为将 T_i 的主模块分配到 P_j 上，以下表达式必须满足可调度条件：

1）$\{T_i\}$ $\bigcup$primary（P_j）$\bigcup$backup | active（P_j）

2）$\{T_i\}$ $\bigcup$primary（P_j）$\bigcup$recover（P_j，P_f）

为将 T_i 的积极备份模块分配到 P_j 上，P（T_j）$\neq P_j$，且以下表达式必须满足可调度条件：

1）$\{T_{b(i)}\}$ $\bigcup$primary（P_j）$\bigcup$backup | active（P_j）

2）$\{T_{b(i)}\}$ $\bigcup$primary（P_j）$\bigcup$recover（P_j，P_f）

为将 T_i 的消极备份模块分配到 P_j 上，P（T_j）$\neq P_j$，且以下表达式必须满足可调度条件：

$\{T_i\}$ $\bigcup$primary（P_j）$\bigcup$recover（P_j，P_f）

定义在确定节点上的任务集是否可调度，由以下方法确定：任务的最坏响应时间为

$$W_i = W_i^* + J_j \tag{6-16}$$

且

$$W_i^* = e_i + \sum_{j \in hp(i)} e_j \left\lceil \frac{W_i^*(k) + J_j}{p_j} \right\rceil \qquad (6-17)$$

反复运行式（6－17），直至

$$W_i^*(k) = W_i^*(k+1) \qquad (6-18)$$

若上述结果小于或等于 d_i，则该任务可调度。FT－DM 采用首次适应算法确定各模块的节点位置。

相对于 FT－RMSMS 而言，引入积极备份和消极备份降低了处理器资源的需求。但是，由于静态调度固有的特性，FT－DM 的资源利用率不超过 50%。

（3）RTFTNO 和 RTFTRC 算法

2000 年，秦啸等人提出了两种异构多处理器容错实时调度算法，即 RTFTNO 和 RTFTRC 算法。主要研究对于非周期不可抢占实时任务集在处理器节点间运算能力不平衡的情况下，如何进行容错实时调度。

RTFTNO 和 RTFTRC 的任务模型是：实时任务集 $S(T_1, T_2, \cdots, T_n)$，对于每一个任务，存在 $T_i = [(P_i, B_i), p_i, d_i]$，其中 p_i 和 d_i 分别为 T_i 的周期和时限，而 P_i 和 B_i 是 T_i 的主模块和备份模块。同一任务在不同的节点上具有不同的运行时间，因此，$e(P_i) = [e(i, 1), e(i,2), \cdots, e(i,m)]$，同理 $e(B_i) = [e(i,1), e(i,2), \cdots, e(i, m)]$。

RTFTNO 和 RTFTRC 是静态容错实时调度，对运行环境有着较为严格的限定，要求任务集 S 在系统运行前已经存在。在系统运行过程中，该任务集保持不变，且每个任务的就绪时间也是确定的。RTFTNO 首先将所有任务的主模块分配在不同的节点上，如果存在任务间的前后关系和系统资源需求不能满足的情况，RTFTNO 将返回一个错误信息。然后，RTFTNO 将所有任务的备份模块分配到不同的节点上，且同一任务的主模块与备份模块必须处于不同的节点。同样，如果存在任务间的前后关系和系统资源需求不能满足的情况，RTFTNO 将返回一个错误信息。

与 RTFTNO 相比，RTFTRC 引入了可靠性代价函数，用以计算任务在不同节点失效后给系统带来的危害。因此，RTFTRC 在分配时除了考虑任务间的前后关系和资源需求外，还要尽可能将任务安置在可靠性代价最低的节点上。RTFTRC 同样按照先分配所有的主模块，再分配所有备份模块的顺序进行。

RTFTNO 和 RTFTRC 的共享在于：

1）考虑了多处理器异构情况对任务运行时间的影响；

2）引入了可靠性代价函数。

（4）FT－PF 算法

1999 年，Lauzac 等人基于 PF 算法提出了 FT－PF 算法。PF 算法是用于多处理器环境 EDF 算法的变种，其主要目的是提高多处理器环境的资源利用率。

PF 算法的可调度条件是：存在 x 个节点，若任务集 S 的资源利用率之和满足

$$\sum_{i=1}^{n} \frac{e_i}{p_i} \leqslant x \tag{6-19}$$

则任务集 S 可调度。在此基础上，FT－PF 认为：如果每个任务实例均在 $kp_i - e_i$ 前结束，则该实例的容错操作不影响其他任务实例的运行。因此，FT－PF 的可调度条件满足定理 6.9。

定理 6.9

存在 x 个节点，如果任务集 S 的资源利用率满足条件

$$\sum_{i=1}^{n} \frac{\dfrac{e_i p_i}{p_i - e_i}}{p_i} \leqslant x \tag{6-20}$$

则每个任务实例均能完成一次容错操作，而不影响其他任务的运行。

FT－PF 的运行开销小，易于实现，但系统的资源利用率低，这是因为 FT－PF 为每个任务实例预留独立的容错时间。

6.1.2.4　算法分析与比较

前面介绍了多种容错实时调度算法，基于优先级内容错实时调

度算法分类如图 6－2 所示。

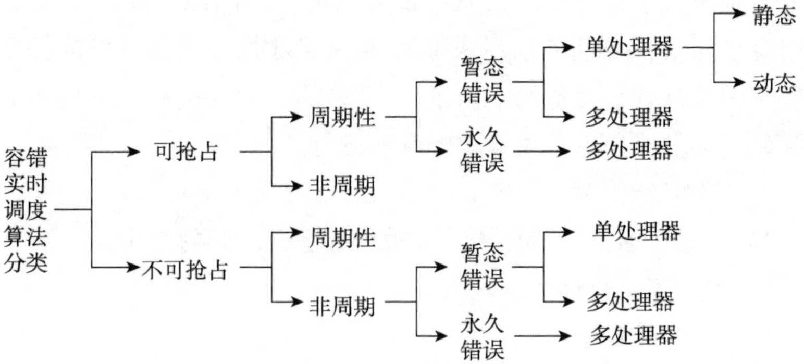

图 6－2　基于优先级的容错实时调度算法分类

按照是否可抢占，容错实时调度算法可分为可抢占和不可抢占两类。根据实时任务的周期特性，又可分为周期性和非周期性。其中，可抢占、周期性任务的容错实时调度算法和不可抢占、非周期性任务容错实时调度算法是本节讨论的重点。

同时，容错类型与硬件结构相关，例如，基于单处理器的容错实时调度，仅能实现对暂态错误的容错，而多处理器容错实时调度，则能支持对暂态和永久错误的容错。此外，根据优先级确定方法的不同，容错调度又可以分为静态优先级调度和动态优先级调度两类。

对于单处理器实时系统，为支持容错，时间冗余是必不可少的，当任务运行出现暂态错误时，只能依靠再次执行该任务或执行替代任务以便获得正确结果。若没有时间冗余，或冗余时间不足，则出错任务的再次执行或替代任务的执行将导致系统超载，即处理器资源的需求大于处理器资源的供给，使就绪队列中部分任务的运行超过时限而被放弃，或新任务由于处理器资源不足而被拒绝进入就绪队列。因此，没有时间冗余的保证，将可能导致其他任务无法满足时限要求，出现错误传递。

对于多处理器实时系统，时间冗余仍具有重要意义。例如，在

FT－RMSMS 算法中，瞬态硬件错误可能导致同一任务的所有版本均出现错误，从而无法实现错误检测，这将导致系统失效。在这种情况下，可以通过验收测试来检测错误，并再次执行出错任务或其替代任务加以解决，而容错操作的执行需要时间冗余的支持。

6.2　内存保护

6.2.1　内存保护的重要性

在实时系统中要求内核代码紧凑，系统响应速度快，因而在内存管理方面，往往不采用虚拟内存管理策略，而采取较为简单的扁平内存管理策略，以满足资源受限的硬件条件，并提高系统性能。在提高了系统实时性的同时，也给系统的稳定性带来了极大威胁，下面进行简要分析。

(1) 任务与任务之间的安全隐患

例如，有两个任务，任务 1 和任务 2；任务 1 的错误（如错误指针）修改了任务 2 的内存空间，这将导致任务 2 某一时刻运行失败或者产生错误的行为。任务与任务之间的安全隐患如图 6－3 所示。

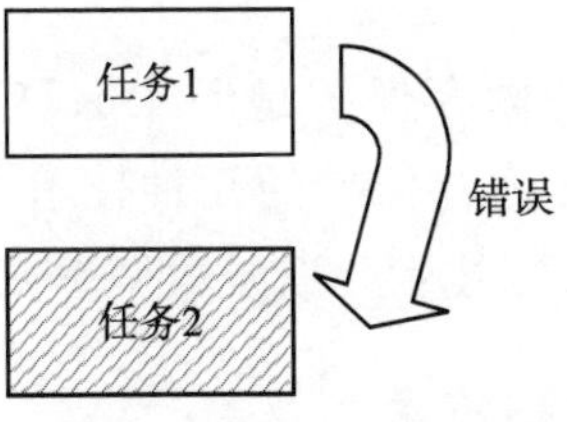

图 6－3　任务与任务之间的安全隐患

(2) 任务与内核之间的安全隐患

例如，上述任务 1 的程序错误（如有一个错误指针）直接破坏了操作系统内核的内存范围，那么系统将可能出现无法预期的严重错误。任务与内核之间的安全隐患如图 6－4 所示。

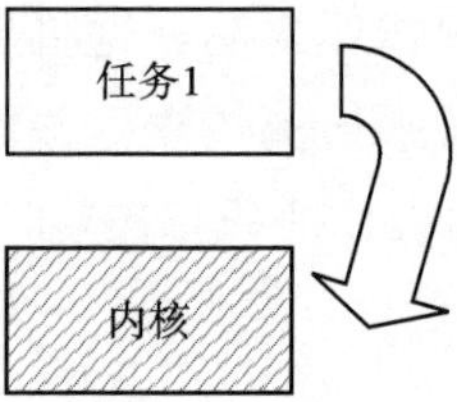

图 6－4　任务与内核之间的安全隐患

(3) 中断与内核之间的安全隐患

如下的串口中断服务程序中，数据存储缓冲区为 1 000 byte，传输速率为 9 600 bit/s，如果任务在 1 秒钟之内不及时读取数据，1 000 byte 的缓冲区将发生溢出，从而导致操作系统内核数据区的数据损坏。

```
BYTE recBuf [1000];
WORD pos=0;
VOID RS232 _ Interrupt _ Routine ( )
{
    recBuf [pos++] =RS232 _ ReadByte (hRS232, (RS232 _ ADDR) 0, 0);
    …
}
```

因此，进行有效的内存保护是保障 RTOS 安全性的重要内容。接下来介绍用于 RTOS 内存保护的几种技术，包括多层次内存保护技术、内存泄露动态监测技术，以及蒙德里安内存保护技术。

6.2.2　多层次内存保护技术

多层次内存保护技术利用处理器的内存保护单元（Memory Management Unit，MMU）实现系统级和任务级的内存保护，其中：

1）系统级内存保护，包括代码段和中断向量表的保护；

2）任务级内存保护，包括任务私有栈和任务私有堆的保护。

多层次的内存保护能较好的实现任务与任务之间、任务与内核之间，以及中断与内核之间的隔离与保护。

6.2.2.1　MMU 内存保护原理

MMU 的内存保护机制由内存管理子系统提供，主要由地址映射引入，其中涉及各种权限检查和访问控制，目的在于实现进程的逻辑隔离和内存页面的访问控制。主要分为段式映射阶段的访问控制和页式映射阶段的访问控制。如页式映射阶段的访问控制通过设置 U/S 位和 W/R 位作为页目录项及页表项提供了硬件保护，在线性地址到物理地址的映射过程中，MMU 每一次访问内存中的页表都要检查当前进程是否有权限读或者写此页。如图 6—5 所示：当任务要访问内存地址时，实际它所要访问的地址是一个虚拟的内存地址，MMU 对虚拟地址进行权限检查，如果权限不允许，则该任务将抛出“缺页异常”，然后操作系统会捕获到该异常并挂起产生异常的那个任务。否则，就进行虚实地址的转换，允许任务访问内存地址。

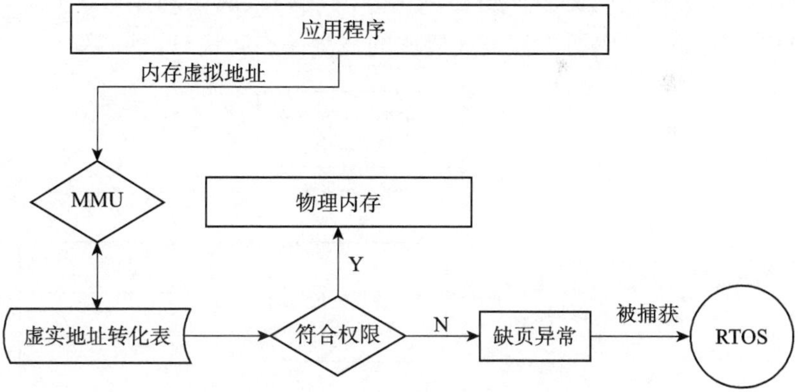

图 6—5　基于 MMU 的内存保护示意图

6.2.2.2　内存保护的初始化

内存保护模块的启动代码完成对 MMU 的初始化工作，同时初始化虚拟内存模块并完成全局页面映射的初始化工作，其主要包括以下 3 个步骤。

1）初始化 MMU，建立虚拟内存和实际内存页面对应关系的转化表；

2）初始化虚拟内存模块，包括初始化页状态及页状态掩码转换表；

3）全局页面映射的初始化，创建系统全局页面映射以及内核代码所需要的页面映射。

6.2.2.3 代码段的保护

代码段的保护通过设置段属性为只读来实现，所有对该段的写操作都被禁止。具体处理原理为：在系统加载后，把从代码加载的起始地址到代码段的结束地址均设置为写保护状态，其中，加载的起始地址将在目标文件链接时给出，而代码段的终止地址是随系统代码的大小而改变。代码段保护原理如图6－6所示，系统加载后，在初始化阶段设置代码段所在的内存为“写保护”状态，代码仍可以被读取和执行；若此时代码被任务修改，就会产生缺页异常。

如需进行代码更新，则要调用修改代码段属性的接口函数，完成代码段改写后需再次恢复代码段的“写保护”状态。

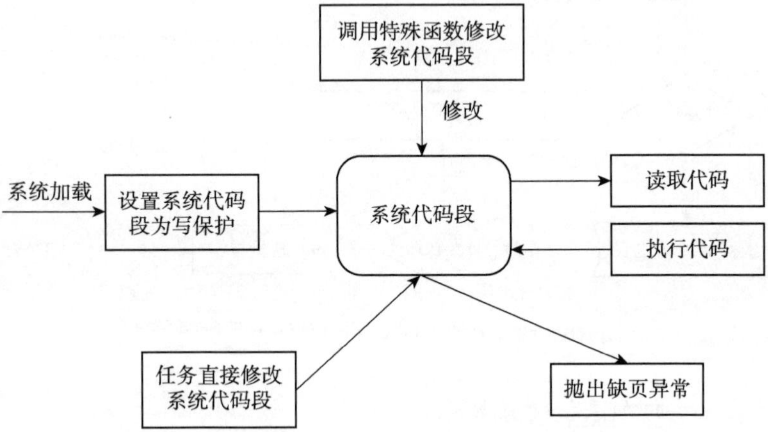

图6－6 代码段保护原理

6.2.2.4 中断向量表的保护

系统的中断向量表在运行过程中被意外破坏，将会带来致命危害，所以必须对中断向量表进行保护。

中断向量表的保护通过设置段属性为只读来实现，所有对该段的写操作都被禁止。中断向量表保护的工作原理如图 6－7 所示。当任务需要注册或修改中断向量表时，可以调用由系统提供的接口修改中断向量表段属性。

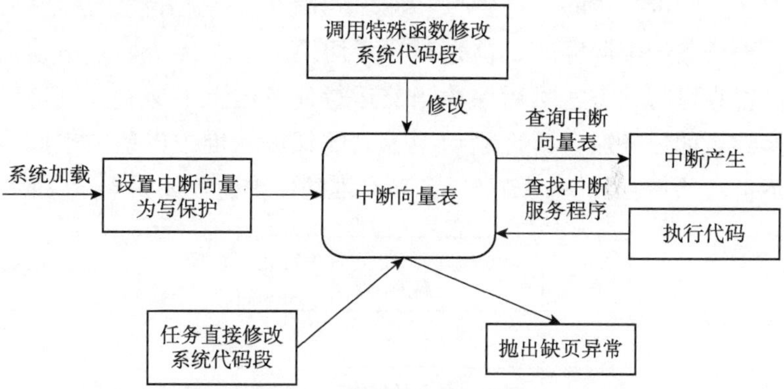

图 6－7　中断向量表保护原理

6.2.2.5　任务私有栈的保护

任务私有栈的保护是指每个任务只能对自身的栈进行操作，不允许任务对其他任务的栈进行访问，如果访问将产生缺页异常，从而达到保护任务私有栈的目的。

在任务加入调度队列后，其堆栈是被设置成不可写的，因为此时任务还没处于运行状态。当任务产生调度时，首先对将要切换上来的任务的堆栈段设置为可写状态，然后保存当前运行任务的上下文到其 TCB 中，切换到新的任务后，再把切换任务的堆栈段设置为不可写状态。任务私有栈的

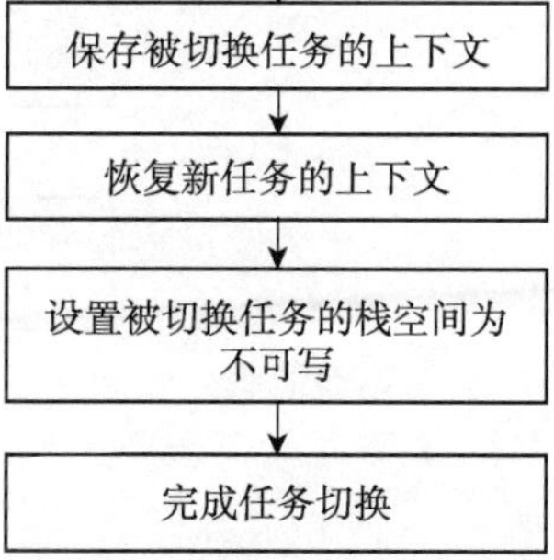

图 6－8　任务私有栈保护流程

保护流程如图6—8所示。

6.2.2.6 任务私有堆的保护

任务私有堆的保护是指每个任务只能对自身从堆空间申请的内存进行操作，不能访问其他任务的私有堆，任务如果对其他任务申请的堆空间进行访问，将会产生缺页异常。

当任务产生调度时，首先对将要切换上来任务从堆中申请的空间设置为可写状态，然后保存当前运行任务的上下文到其 TCB 中，切换到新的任务后，再把刚切换下去的任务从堆中申请的空间设置为不可写状态。其中，每个任务私有堆的保护流程如图 6—9 所示。

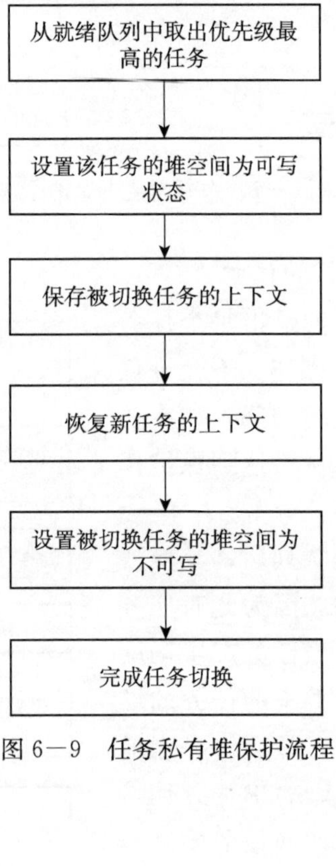

图 6—9　任务私有堆保护流程

6.2.3　内存泄露的动态监测及回收

内存泄漏是指程序中动态分配的内存，在使用完毕后未释放，导致一直占据该内存单元，直到系统运行结束的情况。

内存泄漏缺陷具有隐蔽性、积累性特征，比其他内存非法访问错误更难检测。因为内存泄漏的产生原因是内存块未被释放，属于遗漏型缺陷而不是过错型缺陷。此外，内存泄漏通常不会直接产生可观察的错误症状，而是逐渐积累，降低系统性能，极端的情况下可能使系统崩溃。在 RTOS 这种内存资源宝贵的环境中，内存泄露会给 RTOS 带来更严重的影响。因此，对 RTOS 进行动态内存错误的检测及回收是一项重要的工作。

接下来介绍一种动态内存泄漏检测及回收方法。它首先在软件测试阶段的程序执行过程中收集关于动态内存分配和释放的信息，然后利用我们研制的分析工具对数据进行分析，从而发现动态内存泄漏和重复释放错误，并找出发生错误的代码位置。

6.2.3.1　动态内存跟踪

动态内存泄漏检测方法基于对动态内存的跟踪，通常有两种动态内存跟踪方法。

1）目标码插桩法：在程序执行或者连接的过程中直接插入目标代码，即在不破坏程序逻辑和符号表的前提下，向目标代码中插入动态内存跟踪指令。

2）源代码插桩法：通过解析、分析等手段包装源代码，将原来的代码转化成新的代码。

为了能够检测出动态内存泄漏，并且查找出导致动态内存泄漏的语句所在的位置，本方法的做法是把任何与动态内存操作相关的事件（包括分配、释放）以日志的形式记录下来。通过对日志中的分配操作和释放操作的分析比较，推断出是否有发生内存泄漏或者内存重复释放，并且能够找出发生动态内存错误的位置。为了给内存的分配和释放操作配对，跟踪记录里包括了内存块的地址、大小等信息。

C 语言标准库为动态内存操作提供了库函数，其中最基本的为 malloc () 和 free ()。通过改写 malloc () 和 free () 的方法来得到 lmalloc () 和 lfree () 函数，以实现动态内存跟踪。在 lmalloc () 函数中，先根据参数分配内存，再检查返回结果，如果返回一个有效的内存地址，说明动态内存的分配已经成功，则将动态内存分配信息输出到日志文件。如果返回结果是一个无效的内存地址，说明内存申请操作失败，则不作任何日志操作。在 lfree () 函数中，对指定内存释放成功之后，将动态内存的释放信息输出到日志文件里。如果内存释放操作失败，则不作日志操作。

对于 malloc 和 lmalloc 函数接口不一致引起的问题，可以通过宏定义解决。由于内存泄漏的检测是发生在程序测试阶段，可以使用宏来替换 lmalloc () 函数，使得提供给用户的函数接口均为 malloc ()。形式如下。

```
#ifdef _DEBUG
#define DEBUG_MALLOC(size) lmalloc(size, _FILE_, _LINE_)
#else
#define DEBUG_MALLOC malloc
#endif
#define malloc DEBUG_MALLOC
```

其中，_FILE_和_LINE_是 C 语言的预编译宏，这两个宏将在编译时在指定位置展开为该文件的文件名和该行的行号，这样就可以将调用 malloc 函数的文件名和行号记录到日志文件中，对可能发生内存泄漏错误的位置实现日志记录。

将内存分配和释放信息写入日志文件时，需要注意多个任务间的互斥问题。系统采用一个二元信号量实现任务间的互斥，以保证日志文件不被多个任务同时写入。开始，信号量被初始化为可用，当其中一个任务试图写日志文件时，检查信号量是否可用，如果可用，则关闭信号量，然后执行写操作，待写操作完成后，重新设置信号量为可用；如果信号量不可用，则任务必须等待，当其他任务释放信号量以后，才可以执行写操作。这样，就可以很好的保护共享资源，日志文件的一致性不会被破坏。内存跟踪主要流程如图 6－10 所示。

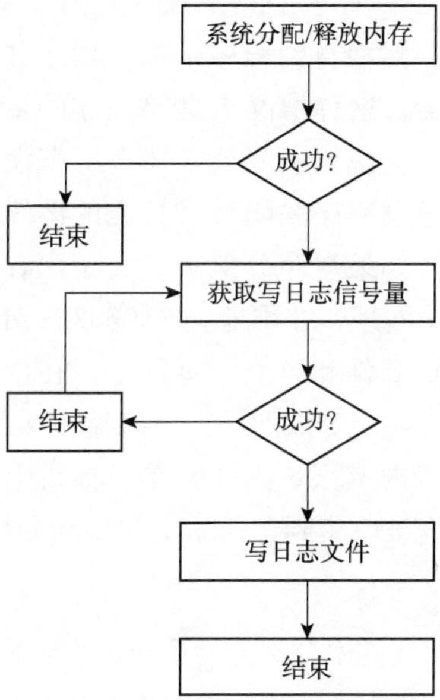

图 6－10　内存跟踪主要流程

在本系统中采用了如下的日志文件格式，包括时间戳、事件标志、内存地址、内存大小、文件名、行号。为了能够全面的测试程序中存在的内存泄漏问题，精确比较内存分配和释放操作，需要从系统启动到关闭之间持续对动态内存进行跟踪。而且，为了适应分析算法，日志中的记录是按照时间顺序排列的。以下是一个简单的日志文件片断的例子。

＜04m52s763＞	alloc	0x05d9e4	3	test. c	15
＜04m52s766＞	alloc	0x0697c8	7	test. c	21
＜04m57s239＞	free	0x05d9e4	3	test. c	24
＜04m57s792＞	alloc	0x0687d4	13	test. c	30

```
<04m58s249>   free    0x05d9e4   3   test.c   32
<05m10s282>   alloc   0x05dd10   5   test.c   35
<05m10s282>   free    0x05dd10   5   test.c   39
```

从以上的例子中可以看出，该测试程序发生了两处内存泄漏和一处内存重复释放。在日志的第二个事件中，任务申请了地址为0x0697c8的内存块，然而直到程序结束，程序并未释放该内存，这样就造成了内存泄漏。这种情况正是要关注的重点，如果考虑到所有动态分配的堆内存都应该被释放，那么所有没被释放的内存块都发生了内存泄漏。通过程序关闭后对日志的离线分析，此种内存泄漏就能够被检测到，如果内存分配次数大于内存释放次数，则可判定发生了内存泄漏。同理，在堆地址0x0687d4处，亦发生了内存泄漏。在日志的第三个事件和第五个事件中，在中间没有分配内存的情况下，连续对该内存块释放两次，可判定发生了内存的重复释放。由于嵌入式系统中资源有限，因此，在目标机上对动态内存进行跟踪所得到的日志，会被收集到工作站上存储和分析。

6.2.3.2　离线日志分析

为了能够从日志文件中分析并检测出内存泄漏，可以在离线状态下从日志文件中读入日志事件项，并对内存的分配和释放操作进行对比。通过遍历日志文件，检查每个事件项的操作是分配内存还是释放内存。如果发现事件项是内存分配操作，则用内存地址作为键值把事件项加入哈希表。如果发现事件项是内存释放操作，则在哈希表中删除对应的内存分配事件项（分配了现在释放的内存块的事件项）。

如果在哈希表中没有找到对应的内存分配事件项，则说明检测到了重复释放错误。因为在哈希表中并没有对该内存块的申请操作，说明之前该内存块已被释放，现在试图释放该内存块即发生了重复释放操作。在程序中发生重复释放错误是十分危险的，会破坏数据的完整性，甚至会发生致命错误。

当一直遍历日志文件直到文件末尾，任何已经分配且没被释放的内存记录会仍然留在哈希表中，认定这种情况即发生了内存泄漏。

进一步地，因为在日志信息中包含了事件发生的文件和行号，可以从中分析出发生内存泄漏事件的具体位置，这极大的方便了程序的调试工作。这个算法可以概括为以下的伪代码。

```
For each line
    If allocation
        Add entry to allocation table
    If deallocation
        If matching entry found in allocation table
            Remove matching entry from allocation table
        If matching entry not found in allocation table
            Double-free is detected
If any entry found in allocation table
Memory leak detected
```

在本算法实现中，利用了内存块的地址作为哈希表的键值来比较内存的分配和释放操作。在分析日志的过程中，该系统建立了一张以内存分配为内容的哈希表，其中包括时间戳、内存地址、内存大小等。当碰到一个内存释放事件项时，在哈希表中查找相应的内存地址，如果找到对应的内存分配事件项，则将这两个事件对从哈希表中移除，如果没有找到对应的内存分配事件项，则把该事件加入到重复释放错误的列表中。当达到日志文件的结尾时，所有留在哈希表中的分配事件被认为发生了内存泄漏。根据日志中包含的文件名等信息，可以定位发生内存泄漏的位置。

6.2.3.3　泄露内存的回收

以 VxWorks 为例，介绍一种我们研制的泄漏内存回收方法。

首先简要介绍 VxWorks 中任务的生命周期。任务的创建分成两步——初始化和激活。初始化以后的任务处于挂起状态，任务控制块的状态域设置为挂起状态，没有状态队列和它相关，然后任务被激活进入就绪队列，开始真正的状态迁移过程，任务控制块的状态域设置为就绪状态。如果不激活，任务将没有机会参与调度。

任务运行过程中可能需要获得资源，例如试图获得信号量，如果不能立即得到，任务就离开就绪队列，阻塞在这个信号量的队列上，任务控制块的状态域设置为阻塞状态。如果还设置了超时标志那么任务还要同时加入时钟队列，在原来任务控制块的状态域上加上延迟状态。为了区别任务被唤醒的不同原因，可以通过设置不同的返回值来实现。正常获得资源的情况返回值是 OK，超时的情况返回值是 ERROR。任务阻塞的原因还可能是主动去删除一个设置了删除安全保护的任务。由于任务可能占用一些资源，此时如果被意外删除会导致这些资源处于破坏或者不可用的状态，其他任务再也不能获得这些资源，为了避免这种情况，任务可以保护自己暂时不被删除。试图删除这个任务的任务会阻塞在被删除者的队列上，任务控制块中是 safetyQHead 域即是指向该阻塞队列的指针。当被删除者取消安全删除锁定时，阻塞队列 safetyQHead 上的任务被唤醒。以上两种情况下，如果没有和挂起状态结合，唤醒以后任务控制块的状态域设置为就绪状态。

任务运行过程中可能需要睡眠一段时间，那么任务离开就绪队列，加入时钟队列，任务控制块的状态域设置为延迟状态。当设置的时间到，任务会被唤醒，重新进入就绪队列，任务控制块的状态域设置为就绪状态。

任务被删除时先进入挂起状态，然后释放空间。任务的挂起状态是一个比较特殊的状态，除了用于任务创建和删除之外，主要用于调试。任务控制块的状态域设置为挂起状态，该任务不会被调度。挂起状态可以和其他状态组合，包括挂起延时、挂起阻塞等。VxWorks 中任务的各个状态及转换关系如图 6－11 所示。

为了能够回收泄漏内存，系统必须对任务申请的内存块进行跟踪。本系统采用一个双向链表数据结构把分配给某个任务的内存块连接起来，并把链表的头指针 plHdr 存放于任务任务控制块（TCB）中，这样所有动态分配给某个任务的堆内存都可以被查找到。

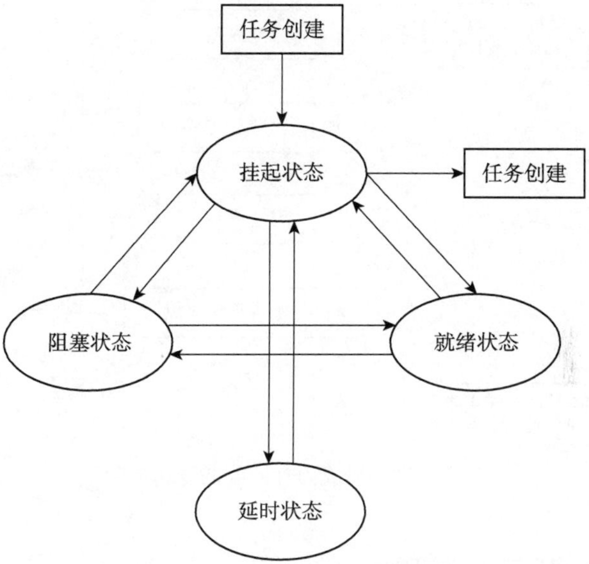

图 6—11　任务状态及转换关系

系统通过 taskSpawn（）函数创建任务，此函数会初始化任务 TCB 和堆栈段等。在任务初始化 TCB 时，把 plHdr 初始化为 NULL。接着，当用户调用 malloc（）动态申请内存时，系统会将内存块的头 BLOCK _ HDR 加入到 plHdr 所指向的双向链表中，在 BLOCK _ HDR 结构中有两个指针成员，分别是指向链表中前面和后面的内存块。当用户调用 free（）释放动态内存时，除了将动态内存归还给系统外，还把此内存块从已分配链表中删除。这样，当任务结束或者意外结束时，必定会通过 taskDestroy（）函数来删除任务，在 taskDestroy（）函数中，只要检查 plHdr 指针是否为 NULL，如果该指针不为 NULL，则说明发生了内存泄漏。这样，系统对 plHdr 指针指向的双向链表进行遍历，调用 free（）函数删除链表中的每个节点，然后在做剩下的清理工作，如删除 TCB 等。这样，就完成了对某个任务泄漏内存的回收。泄漏内存回收的结构流程如图 6—12 所示。

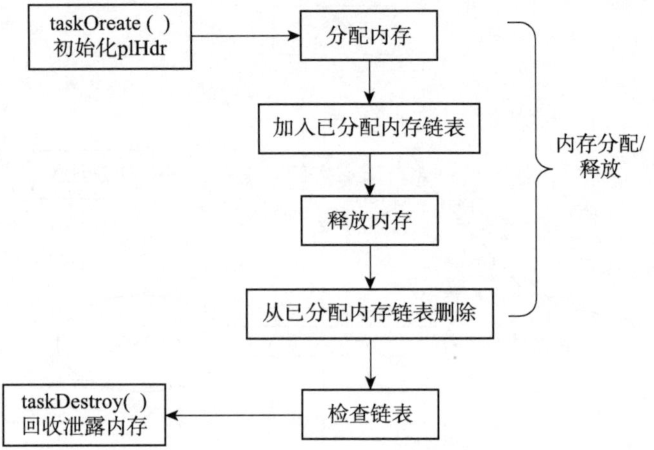

图 6—12 泄露内存回收的结构流程

6.2.4 蒙德里安内存保护

6.2.4.1 概述

传统的内存保护，例如 MMU，页是其被保护的原子单位，无法支持更为细粒度的内存保护。蒙德里安内存保护（Mondrian Memory Protection，MMP），是美国麻省理工学院在 2002 年提出的一种细粒度的、允许多保护域的内存保护模式，是近年来内存保护领域的研究热点。与以往的基于页式的内存保护相比，MMP 允许最小为字（WORD）的读写权限控制。MMP 使用了一个压缩的权限表，以减少空间和时间开销。

6.2.4.2 MMP 的设计

MMP 系统的设计难点在于怎样减少空间和时间上的开销。接下来，主要描述一下 MMP 的原型系统。该原型系统主要是针对于 32 位地址空间的。

（1）MMP 的特性

MMP 针对单一的地址空间可以提供多种不同的保护域。用户线程可以通过指定字基地址、字长度和预期的权限值来修改一段地址空间的和用户代码段的权限。用两个比特位来描述一个字的权限，两个比特位的含义如表 6—1 所示。

表 6—1　两个比特位所表示的含义

权限值	含义
00	无含义
01	只读
10	读写
11	可读并且可执行

每个被分配的内存区域被一个保护域所拥有并且由相应的模块来管理。保护域之间是可见的。

（2）MMP 的系统架构

如图 6—13 所示，展示了 MMP 总体架构。CPU 里面有一个硬件控制寄存器，其中存放了当前运行线程的保护域的 ID。每个域都有一张权限表，该表描述了该域中每个字的访问权限。该权限表存放在线程的私有内存中。另外一个 CPU 寄存器存放了被激活域的权限表的基地址。

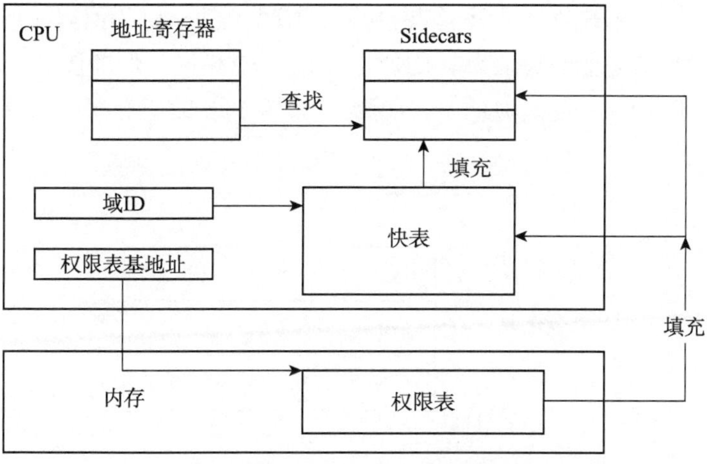

图 6—13　MMP 的总体架构

每次内存访问时都要查找权限表以便检查这次访问是否合法。为了减少每次检查所消耗的时间，MMP 中增加了一张快表以供查找，这样就不用每次都访问内存。正如传统意义上的快表一样，在快表中的查找可以用软件实现也可以用硬件实现。为了进一步减少检查所消耗的开销，MMP 中增加了一排 Sidecar 寄存器。众所周知，寄存器的访问速度要比访问 cache 的速度快，这样就进一步的减少了检查的所带来的开销。当 CPU 要访问数据时，首先在 Sidecar 寄存器阵列中查找，如果命中，则返回；如果没有命中，则在快表中查找；如果在快表命中，则返回并且把快表中那项写回到 Sidecar 寄存器阵列中；如果没有命中，则在内存的权限表中查找，找到后分别写回到快表和 Sidecar 寄存器阵列中。

接下来将介绍内存中权限表的组织方式：排序权限表和多级权限表。

① 排序权限表

如图 6－14 所示，用排序权限表时，MMP 系统中的 32 位地址分为两部分：前 30 位为地址部分，最低 2 位为权限值。排序权限表中组织方式为：排序权限表中是一个数组，其中元素按前 30 位地址的大小从低到高依次排序，并且后一项减去前一项的值 d，则按前一项为起始地址的长度为 d 的所有字的权限相同。例如图 6－14 中所示，以 0x0 为起始地址，长度为 0x00100020 的所有字的访问权限

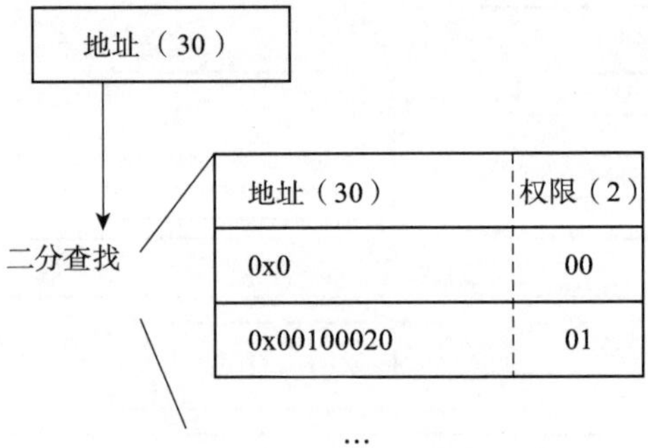

图 6－14　排序权限表的组织方式

为 00。当然，排序权限表的缺陷也是很明显的，就是进行修改时比较复杂。

② 多级权限表

如图 6－15 所示，用多级权限表时，MMP 系统中的 32 位地址分为四部分，其中：第 31 至 22 位为一级索引号；第 21 至 12 位为二级索引号；第 11 至 6 位为三级索引号；第 5 至 0 位为偏移。一级索引表中有 1 024 项，可以映射到 4 Mbyte 个块中；二级索引表中也有 1 024 项，可以映射到 4 Kbyte 个块中；三级索引表中有 64 个项，可以映射到 16 个字，每个字的大小为 4 字节。

一级索引	二级索引	三级索引	偏移
33－22（10）	21－12（10）	11－6（6）	5－0（6）

图 6－15　多级权限表下地址的划分

给定一个地址，要取得相应 entry 的查找算法伪代码如图 6－16 所示。

```
PERMS_ENTRY MLPT_lookup (addr_t addr)
{
    PERMS_ENTRY e=roor [addr >> 22];
    If (is_tbl_ptr (e))
    {
        PERMS_TABLE* mid=e << 2;
        e=mid [ (addr >> 12) & 0x3FF];
        if (is_tbl_ptr (e))
        {
            PERMS_TABLE* leaf=e << 2;
            e=leaf [ (addr >> 6) & 0x3F];
        }
    }
```

图 6－16　多级权限表的查找算法

entry 有 32 位，其中每 2 位一组，一个 entry 可以表示 16 个字的权限。一个用户内存区域可以用一个三元组来表示，即＜基地址，长度，权限＞。

一个用户内存区域＜0xFFC，0x50，RW＞被分成了三个部分：＜0xFFC，0x4，RW＞，＜0x1000，0x40，RW＞和＜0x1040，0x0C，RW＞后两个部分如图 6－17 所示。

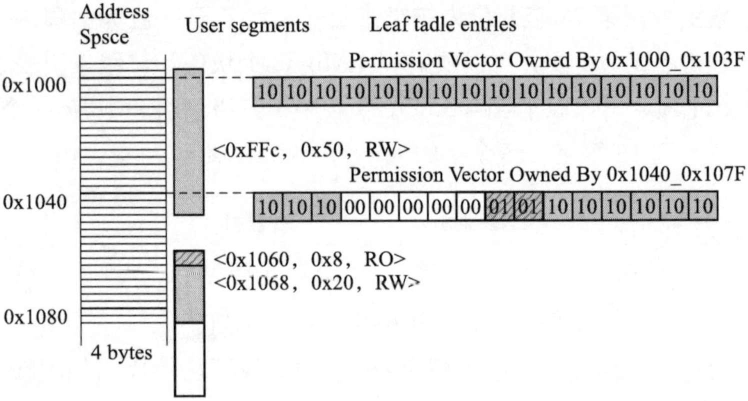

图 6－17　多级权限表的例子

6.3　空间辐照环境下的内存数据可靠存储

6.3.1　空间辐照概述

据世界数据中心收集的 1971 年到 1986 年美国 40 颗卫星资料统计，卫星总共发生故障 1 589 次，其中 70％是由空间辐射效应引起的，而单粒子效应导致的故障有 621 次，占总故障的 39％。总之，空间环境中粒子的能量与类型相当广，航天设备受辐射的影响将非常大，空间辐射效应是 RTOS 设计必须要考虑的首要问题。

根据影响方式不同，辐射效应大致可分为总剂量积累效应和单粒子效应两大类。

(1) 总剂量积累效应

总剂量积累效应是电子设备长期处于高强度辐照环境下而逐渐

老化的一种效应，可以对电子系统及其器件造成许多不良影响，比如增加信号传播延时、减小时钟频率、降低门输出驱动、降低噪声容限，以及增加漏流等，从而导致系统性能缓慢但不可逆的退化，最终使得设备彻底毁坏，无法工作。

（2）单粒子效应

单粒子效应是指单个的高能粒子导致的电子器件状态改变，总共包括三种不同的效应。

1）位翻转，又被称为单粒子翻转（SEU），是指由于粒子通过电子元器件或存储器时引起的电离损伤，它既不损害元器件，也不干扰器件以后的工作，只是改变当前的系统状态。例如，内存或寄存器中的某一位从 0 突变到 1，或从 1 变为 0。

2）单粒子锁定（SEL）。单粒子锁定就是器件中的某一位被锁定为 0 或者 1，这种情况下，器件可能会停止工作，出现过电流，必须经过断开电源重新启动，才能够恢复原样。如果在锁定的情况下，电源不能控制住所产生的过电流，则过电流会损坏电子器件。

3）单粒子击穿（SEB），这种情况可能会把电子器件击穿，导致物理损伤，这将会使得电子器件永久失效。

一般来说，SEL 和 SEB 难以通过软件的方法解决，需要采用系统重启甚至启用备份系统才能使系统继续正常工作。然而 SEU 导致的是瞬时故障，这种可以通过软件的方法很大程度的避免，且单粒子效应中 SEU 占绝大多数，因此使用软件容错方法可以很大程度上减少单粒子效应对星载计算机系统的影响。

采用软件方法解决单粒子效应问题，主要针对的是内存中数据受单粒子效应的影响导致的突变，可采用内存冗余分配技术、内存冗余编码等技术来解决。

6.3.2　冗余内存分配技术

本节将介绍冗余内存分配模块的设计与实现。

6.3.2.1 冗余内存分配总体框架设计

冗余内存分配的主要设计思想是针对一些关键数据，同时分配三个内存块用作冗余备份。操作系统保证这三个内存块在地址分布上具有一定的距离，大小相同。对这些关键数据赋值时，将数据分别复制到三块区域，而在使用这些关键数据时，对三块区域中的数据使用三取二的算法进行比较，当三块数据中某块数据不同于另两块时，取两块值相同的数据的值，当三块数据的值都不同时，根据预先设定的主数据块，取该块数据的值。图 6—18 是冗余内存分配的总体框架图。

RTOS 内核已经提供了分区式的内存分配接口。在这个接口的基础之上，操作系统为用户的关键数据同时分配三块冗余的内存空间，在这三块空间上进行相同的操作管理。当用户需要使用冗余的关键数据时，就在这三块空间上操作。对于这三块空间，使用一个变量—内存映射表进行管理。

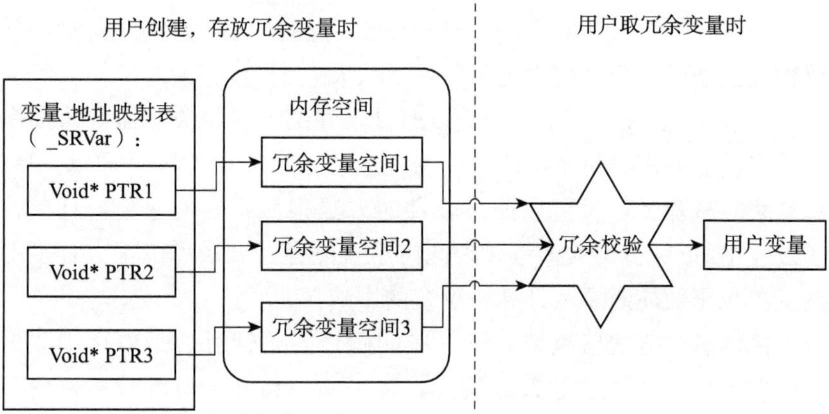

图 6—18 冗余内存分配总体框架图

冗余内存分配的实现涉及了以下关键技术：

1）冗余内存块的分配。对于冗余内存块的分配需要经过仔细斟酌，倘若分配的三块冗余内存块位置不合理，不仅不能提高系统的可靠性，还浪费了宝贵的内存资源。

2）冗余内存块的管理。冗余内存分配是为了保护某些重要的数据，使得在系统中保持这些数据的多份拷贝。因此这些数据的内存分配释放等管理不同于普通数据。需要为它们提供专有的管理方法。

3）冗余校验。冗余校验是冗余内存分配的核心。能否在冗余内存块存在问题时，获得关键数据正确的值并对出错的内存块进行纠正是冗余内存分配的关键。

6.3.2.2　冗余内存块的分配

为关键数据分配冗余内存时，需要将三块冗余内存分别分配在相隔一定距离的内存块上。由于空间局限性，当一块内存由于各种原因出错时，其相邻的内存区域也常常会由于类似的原因出错。如果将三块冗余内存分配在相邻的区域中，三块内存数据一起出错，就不能达到冗余内存分配的目的。

但是在每次分配冗余内存块时，都进行内存块位置的计算，增加了时间复杂度。因此考虑分配三个大小相同，具有一定距离的冗余内存块池，只在创建冗余内存块池时计算三个冗余内存块池之间的位置，以后每次分配冗余内存块时，只需要从三个冗余内存块池中分别划分大小相同的内存块，即可保证这三块冗余内存块分布在内存的不同区域，减少了它们同时出错的概率。使用冗余内存池的另一个好处是由于已经预留出冗余内存的内存，保证需要进行冗余内存分配时，只要没有用完冗余内存池，就能够同时分配到三块冗余内存块。

对于冗余内存池的创建，使用 RTOS 提供的内存分配接口实现。RTOS 提供了普通的内存分配接口和首次适应算法（FF）内存分配接口。

由于普通的内存分配并不是从低地址向高低址逐渐递增查找大小合适的可用内存块，因此不能保证冗余内存池的位置有一定的分散性。而首次适应算法的原理是将空闲的内存块以地址递增的次序链接，在内存分配时，从链首开始顺序查找，直至找到一个大小能满足要求的空闲块为止，然后再根据要求的大小，从该块中划出一块内存块给申请者，余下的空闲分区仍留在空闲链表中。

使用该算法就可以保证第二个冗余内存池一定在第一个冗余内存池后的某个位置，而第三个冗余内存池一定在第二个冗余内存池后。但是这样只保证了三个冗余内存池位置的确定性，还不能保证它们的分散性。

由于使用首次适应算法只能顺序地分配内存，因此在创建了第一个冗余内存池后，不能立即创建第二个冗余内存池。因此需要将第二个冗余内存池创建于第一个冗余内存池一定距离以后的某个地方，可以通过下面的方法来实现：假定需要冗余内存池两两之间至少距离 X 个字节，那么可以在分配了第一个冗余内存池后，先分配一个名为 temp [0]，大小为 X 个字节的零时内存块，再为第二个冗余内存池分配内存，随后再分配一个大小为 X 个字节的零时内存块，最后为第三个冗余内存池分配内存。在冗余内存池分配完成后，释放掉零时内存块，避免内存的浪费，这样就保证了冗余内存池的分散性。冗余内存池在内存中的位置关系如图 6—19 所示。

如图 6—19 所示，冗余内存池两两之间相隔一定大于或者等于所设定的 X 个字节，保证了它们在内存中位置的分散性。

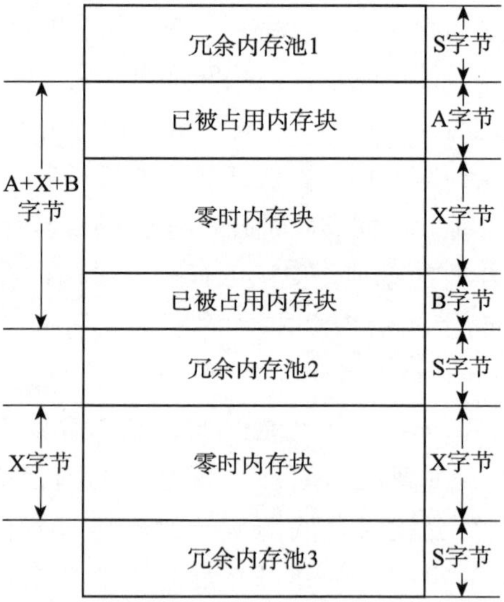

图 6—19　冗余内存池在内存中的关系图

冗余内存池创建的流程如图 6—20 所示。

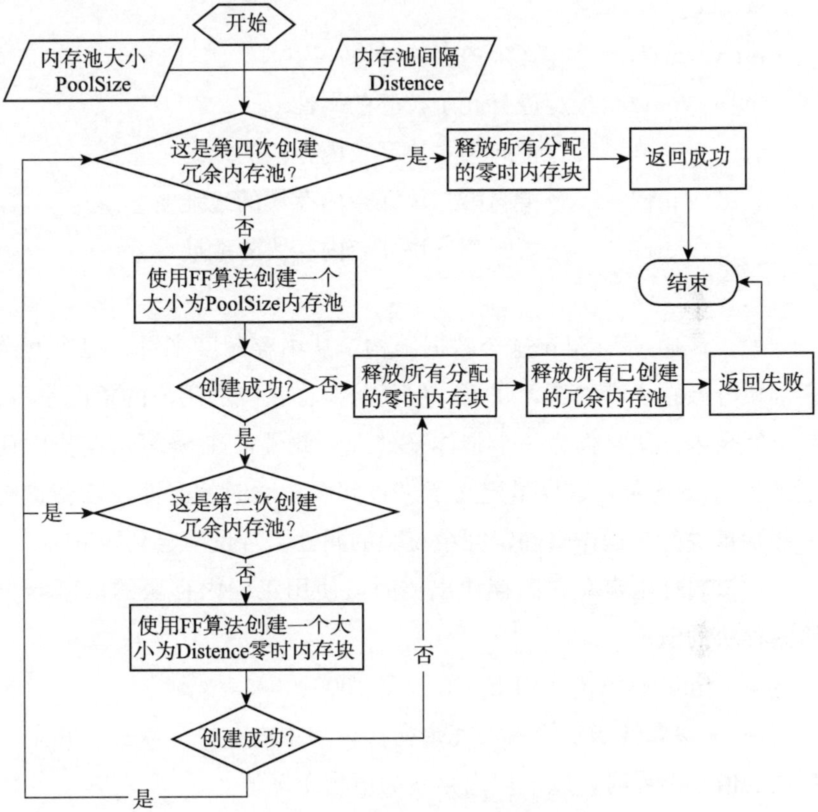

图 6—20　冗余内存池的创建流程图

6.3.2.3　冗余内存块的管理

每一个关键数据所对应的冗余内存块虽然是分散地存放在内存中，但是为了保持它们的一致性，需要对它们进行统一管理。

为了便于管理，可以如图 6—18 中所示，建立一个“变量—内存映射表”。每一个映射表中存有冗余内存块的大小和分别指向三个冗余内存块的指针，每次对冗余内存块进行操作时，从关键数据所对应的“变量—内存映射表”中取得三个冗余内存块的位置即可进行统一操作。“变量—内存映射表”的数据结构设计如下。

```
struct _SRVar {
int varSize;      //冗余内存块的大小
byte type;        //进行冗余校验的属性
void * ptr1;      //指向第一块冗余内存块的地址
void * ptr2;      //指向第二块冗余内存块的地址
void * ptr3       //指向第三块冗余内存块的地址
};
```

如上，通过 SRVar 这个数据结构，从内存角度来看，三个冗余内存块分散在内存中毫无联系，但是从操作系统和用户的角度来看，三个冗余内存块是作为一个整体来处理。此外，在 SRVar 结构中还定义了 type 变量，该变量定义了进行冗余校验时的属性，该变量与一些常量进行与操作来确定冗余校验的属性。常量的定义如下。

```
//该属性指定在有内存块出错时，使用正确内存块的值刷新出错内存块的值
#define RVAR_TYPE_CLEAR 10000000
/* * 该属性指定第一块冗余内存块为主内存块，当三块冗余内存块的值都出错时，以该块内存块的值为正确值 */
#define RVAR_TYPE_MASTER_1 00000001
/* * 该属性指定第二块冗余内存块为主内存块，当三块冗余内存块的值都出错时，以该块内存块的值为正确值 */
#define RVAR_TYPE_MASTER_2 00000010
/* * 该属性指定第三块冗余内存块为主内存块，当三块冗余内存块的值都出错时，以该块内存块的值为正确值 */
#define RVAR_TYPE_MASTER_3 00000100
//该属性指定不对三块冗余内存块进行比较校验，直接使用主内存块的值
```

```
#define RVAR_TYPE_MASTER_0NLY 00001000
```

6.3.2.4　使用冗余内存块校验

既然冗余内存块已经可以被分配在合理的位置并且也有了合适的管理方法，最后需要考虑的就是如何对关键数据进行验证是否正确，并在错误时进行校正，这也是冗余内存分配至关重要的一点。

进行冗余校验，无非就是对三块冗余内存各种情况下的值进行处理。三块冗余内存的值可以分为以下三种情况：

1）三块具有相同的值；

2）三块中两块的值相同；

3）三块的值各不相同。

对于第一种情况，一般情况下，说明在三块冗余内存块中的值没有发生跳变，即值是正确的。在这种情况下，任意选取三块内存中的任意一块的值即可。这里，可以事先指定一块主内存块，在正确的情况下选取该块内存块的值作为关键数据的值即可。

对于第二种情况，说明三块冗余内存块中至少一块已经出错。由于两块冗余内存块同时出错，并且出错后的值相同，这样的可能性较小，因此，这里，假设出错的是另一块，因此选取具有相同值的两块内存块中的任意一块的值作为关键数据的值，将这种选取方法称为“三取二”的原则，并使用该值将出错的内存块的值刷新。

对于第三种情况，说明三块冗余内存块中至少有两块已经出错。由于三块的值各不相同，因此，难以判断哪块的值是正确哪块的值不正确。对此，只能将事先定义的主内存块作为正确的值，并使用该值刷新另两块内存块的值。

图 6－21 给出了使用冗余内存块进行校验的流程图。

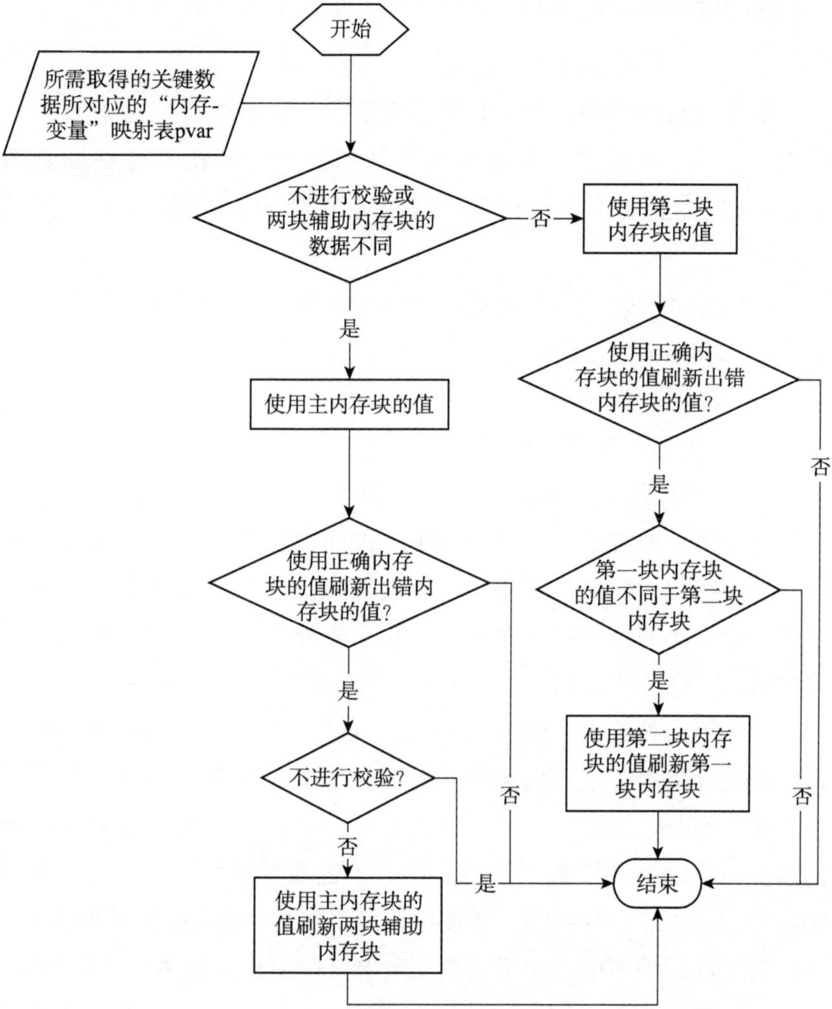

图 6—21　使用冗余内存块进行校验

如图 6—21 所示，通过使用主冗余内存块数据的值和使用第二块冗余内存块的值两条分支就可满足上文进行校验时的三种情况。直接使用主内存块中数据的值包含不进行校验和进行校验时的两种情况。两块辅助冗余内存块的值不同包含了两种情况：一是三块冗余内存块的值皆不相同，此时取主冗余内存块的值；二是有两块冗余内存块的值相同，主冗余内存块和辅助冗余内存块中的一个，此时主冗余内存块的值就能保证“三取二”的原则。使用第二块冗余内存块的值也包含了进行校验时的两种情况：一是三块冗余内存块的值相同，此时取任意一块内存块的值皆可，这里取第二块冗余内存块的值；二是两块辅助内存块的值相同，此时取第二块冗余内存块的值保证了“三取二”的原则。

6.3.2.5　基于错误检测与纠正电路的优化

6.3.2.2 小节中介绍的冗余内存分配方法，虽然可以对多位出错的数据进行校验，但是由于在每次取数据时，都要对三块冗余内存块进行比对，对于效率有一定程度的影响。因此，对于有 EDAC 电路支持的系统，可以在 EDAC 电路的基础上进行优化处理。

对于有 EDAC 电路支持的系统，可以在 EDAC 电路报告异常时才对冗余内存块进行比对，而不是在每次取数据时都进行比对，由此提高了该方法的效率，但是 EDAC 电路是通过为每个数据增加校验位进行校验，因此每个冗余内存块相对于不支持 EDAC 电路的冗余内存块要大。

基于 EDAC 电路优化后的使用冗余内存块进行校验的流程如图 6－22 所示。

如图 6－22 所示，对于支持 EDAC 电路的系统，仅在出错位为两位时，才触发使用冗余内存块进行校正。由于在触发使用冗余内存块进行校验时，EDAC 电路已确定了主内存块的错误，因此在进行校验时，与不支持 EDAC 电路的方法略有不同。基于 EDAC 电路的校验方法可以直接比较两个辅助冗余内存块的值，相同则直接覆盖主冗余内存块，不同则说明两个辅助内存块至少有一个也发生了跳变，则以事先指定的第二块内存块的数据为主。

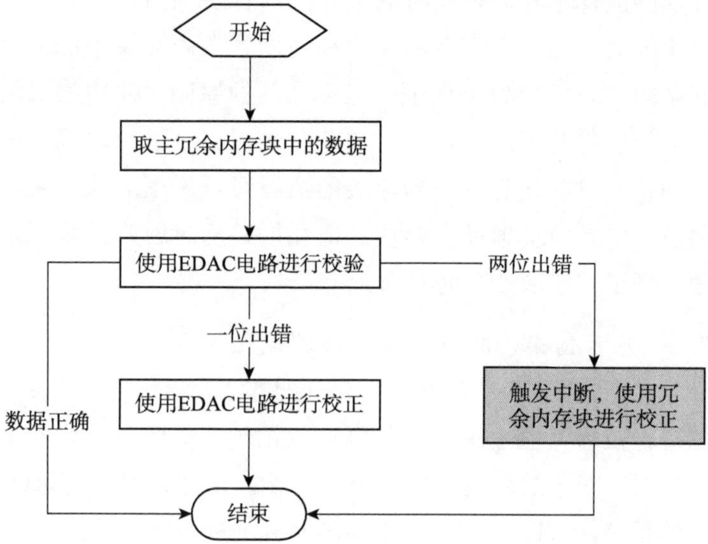

图 6—22　基于 EDAC 电路优化的冗余内存块校验流程

6.3.3　内存冗余编码技术

内存冗余编码是指对系统中的关键数据进行冗余编码设计，当出现错误时，通过校验码进行数据的检错和纠错。本小节介绍采用海明码对内存关键数据的冗余编码设计方法。

6.3.3.1　海明码

海明码是 R. Hamming 在 1950 年提出的一种可以纠正一位错的差错控制编码。可以借用简单奇偶校验码的生成原理来说明海明码的构造方法。若 k（$=n-1$）位信息位 A_{n-1}，A_{n-2}，…，A_1 加上一位偶校验位 A_0，构成一个 n 位的码字 A_{n-1}，A_{n-2}，…，A_1，A_0，则在接收端校验时，按关系式 $S=(A_{n-1})+(A_{n-2})+\cdots+A_1+A_0$ 来计算。若求得 $S=0$，则表示无错；若 $S=1$，则有错。上式可称为监督关系式，S 称为校正因子。在奇偶校验情况下，只有一个监督关系式和一个校正因子，其取值只有 0 或 1 两种情况，分别代表无错和有错两种结果，还不能指出差错所在的位置。

不难设想，若增加冗余位，也即相应地增加了监督关系式和校正因子，就能区分更多的情况。如果有两个校正因子 S_1 和 S_0，则 S_1S_0 取值就有 00、01、10 和 11 四种可能的组合，也即能区分四种不同的情况。若其中一种取值用于表示无错（如 00），则另外三种（01、10 及 11）便可以用来指出不同情况的差错，从而可以进一步区分出哪一位出错。

设信息位为 k 位，增加 r 位冗余位，构成一个 $n=k+r$ 位的码字。若希望用 r 个监督关系式产生的 r 个校正因子来区分元错和在码字中的 n 个不同位置的一位错，则要求满足关系式（6—21）

$$2^r \geqslant n+1 \text{ 或 } 2^r \geqslant k+r+1 \qquad (6-21)$$

以 $k=4$ 为例来说明，则要满足上述不等式，必须 $r\geqslant 3$。假设取 $r=3$，则 $n=k+r=7$，即在 4 位信息位 $A_6A_5A_4A_3$ 后面加上 3 位冗余位 $A_2A_1A_0$，构成 7 位码字 $A_6A_5A_4A_3A_2A_1A_0$。其中 A_2、A_1 和 A_0 分别由 4 位信息位中某几位半加得到，在校验时，A_2、A_1 和 A_0 就分别和这些位半加构成三个不同的监督关系式。在无错时，这三个关系式的值 S_2、S_1 和 S_0 全为 0。若 A_2 错，则 $S_2=1$，而 $S_1=S_0=0$；若 A_1 错，则 $S_1=1$，而 $S_2=S_0=0$；若 A_0 错，则 $S_0=1$，而 $S_2=S_1=0$。S_2、S_1 和 S_0 这三个校正因子的其他 4 种编码值可用来区分 A_3、A_4、A_5、A_6 中的一位错，其对应关系如表 6－2。当然，也可以规定成另外的对应关系，这并不影响讨论的一般性。

表 6－2　S2S1S0 值与错码对应关系

S2S1S0	000	001	010	100	011	010	110	111
错码位置	无错	A_0	A_1	A_2	A_3	A_4	A_5	A_6

在接收端收到每个码字后，按监督关系式算出 S_2、S_1 和 S_0，若它们全为 0，则认为无错；若不全为 0，在一位错的情况下，可查表 6－2 来判定是哪一位错，从而纠正之。例如码字 0010101 传输中发生一位错，在接收端收到的为 0011101，代入监督关系式可算得 $S_2=0$、$S_1=1$ 和 $S_0=1$，由表 6－2 可算得 $S_2S_1S_0=011$ 对应于 A_3

错，因而可将 0011101 纠正为 0010101。

6.3.3.2 内存冗余编码

采用前面介绍的海明码可以对内存进行冗余编码。在海明码中，两个码字的对应比特取值不同的比特数成为这两个码字的海明距离。在一个有效的编码集中，任意两个码字的海明距离的最小值称为该编码集的海明距离。用海明码来进行冗余编码纠错，如果要纠正 d 个错误，则编码集的海明距离至少应为 $2d+1$。本节介绍 8421 海明纠错码，每 8 位数据有 4 位冗余编码信息，能够纠正 8 位数据位中的 1 位错误，纠错率 12.5%，具有很高的纠错率。系统中可使用一个检错/纠错结构来联系被监护数据和冗余信息，由于监护数据要参与后续运算，所以必须将被监护数据和冗余信息分开存放，系统提供特定的操作供用户检错/纠错。检错/纠错的结构如图 6—23 所示。

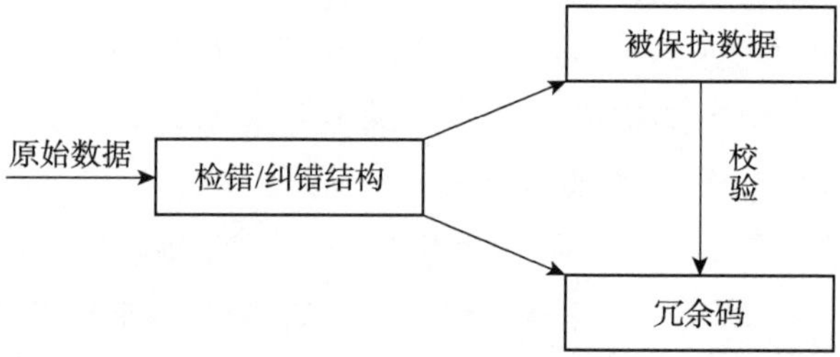

图 6—23　检错/纠错结构

用户需要监护某些数据的时候，首先初始化内存冗余编码机制，系统将根据用户提供的数据块大小分配一块内存，该内存用来存放冗余信息，大小为数据块的一半，同时系统还分配一个结构用于保存被监护数据和冗余信息间的逻辑关系。随后执行一次校验运算，将当前数据块对应的冗余信息计算出来存入校验码内存中。内存中被监护数据和校验码间的关系如图 6—24 所示。

被监护数据块中的两个字节的长度对应校验区中的一个字节，按照顺序从高位到低位。计算的时候从数据字节 0 可以计算出 4 位 8421 的海明校验码，这 4 位海明校验码存放在校验字节 0 的低四位，而字节 1 的 8421 校验码则通过计算之后放在校验字节 0 的高四位。

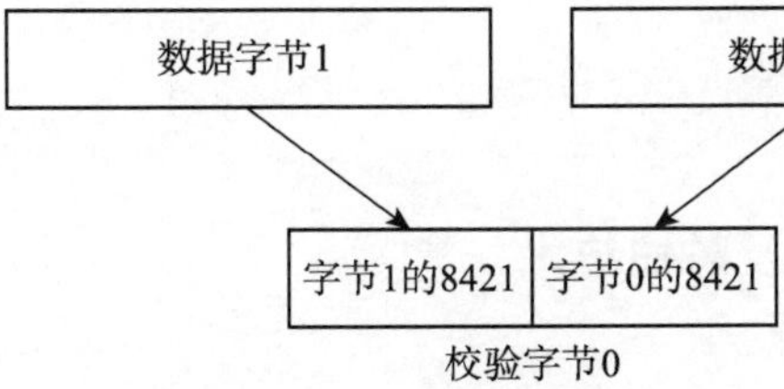

图 6－24　被监护数据与校验码关系

校验码计算之后，如果数据块在随后的使用过程中被修改，此时原先的校验码就已经失效，需要重新计算数据块的校验码。用户在读取数据块时，需要判断被监护的数据是否发生了不可预测的内存翻转错误，这时，只要计算数据块和校验码的校验和，便可判断数据块是否异常。如果发现校验和不为 0，则说明数据发生了意外地改变，此时可用校验码来纠正数据块的 1 位错误。当任务决定取消对某块数据的守护时，就释放海明校验码的内存空间和检错/纠错数据结构，这时整个检错/纠错过程就已经完成。

系统首先初始化海明校验过程，指明监护某块数据，并且创建相应的监护结构和冗余信息空间。然后计算海明校验码，当被监护的数据块发生改变时，用户就重新计算海明校验码，存入冗余信息块中。用户读取数据时，根据校验结构检测用户所监护的数据是否发生了错误。如果发生错误，系统纠正被监护数据的 1 位数据错误。当用户不需要该数据时，系统释放冗余信息内存块和校验结构，被监护数据仍由用户进程本身管理。内存冗余编码处理流程如图 6－25 所示。

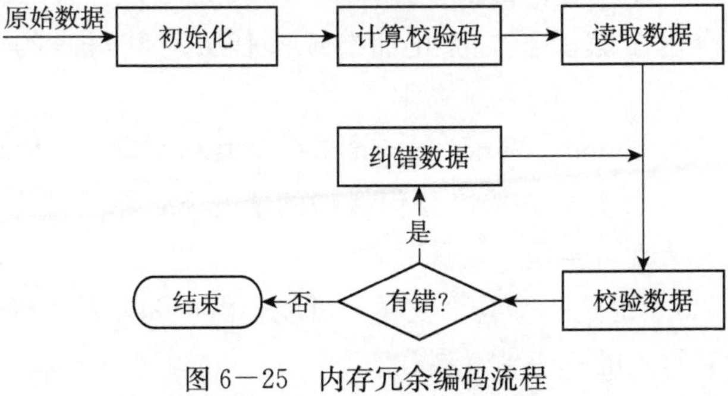

图 6－25　内存冗余编码流程

6.4 资源竞争防护

6.4.1 资源竞争问题及防护技术

6.4.1.1 问题的提出

随着嵌入式软件所需完成的任务日益复杂，单任务、单处理器的软件系统已难以满足大型应用系统的复杂需求，因此多线程并发、多核并行处理等技术得到广泛应用。然而，这些高度并发、并行处理的软件对 RTOS 内核而言，带来了更多的数据及资源竞争问题。

资源竞争是指对一个共享资源（内存变量、寄存器等）的并发或并行操作，至少一个为写操作，当缺乏有效的约束或保护时，使得对资源访问发生错误，甚至引起系统崩溃的现象。资源竞争属于海森堡（Heisenbug）错误，其中，数据竞争是最典型的一类问题，它具有不确定性和难以重现等特点，因而对其检测、调试和保护，一直是 RTOS 实现及嵌入式软件研发中的一大难题。

在本节中，将对现有的数据竞争防护技术进行全面总结与归纳，介绍新的处理技术手段，以期对高可靠 RTOS 内核实现中有效避免资源竞争问题，提供新的解决思路及支撑手段。

图 6－26 的代码是 RTEMS 4.6 版本中用于处理软件看门狗（watchdog）的代码实例，其中出现了多处数据竞争错误。其中：

1） _ Watchdog _ Ticks _ since _ boot 是与其他任务共享的变量，可能会由于编译器的优化而造成多任务对其写入的不一致性错误。

2） _ Watchdog _ Sync _ count 是一个共享变量， _ Watchdog _ Sync _ count＋＋操作在没有任何保护的情况下，原子性操作可能被破坏，使其值发生错误。

3）header 也是一个共享变量，可能会由于编译器的优化而造成多任务对其写入的不一致性错误。

```
/*system was booted. */
SCORE_EXTERN Watchdog_Interval   _Watchdog_Ticks_since_boot;

  /*The following defines the watchdog chains which are managed  */
  insert_isr_nest_level = _ISR_Nest_level;
  the_watchdog->state=WATCHDOG_BEING_INSERTED;

  _Watchdog_Sync_count++;

restart:
  delta_interval = the_watchdog->initial;
  _ISR_Disable(level);
  For(after=Watchdog_First(header);;after=Watchdog_Next(after))
  ...
```

图 6—26　RTEMS 4.6 中的数据竞争

修正后的代码如图 6—27 所示。

```
/*system was booted. */
SCORE_EXTERN Watchdog_Interval   _Watchdog_Ticks_since_boot;

  /*The following defines the watchdog chains which are managed  */
  insert_isr_nest_level = _ISR_Nest_level;
  the_watchdog->state=WATCHDOG_BEING_INSERTED;

  _Watchdog_Sync_count++;

restart:
  delta_interval = the_watchdog->initial;
  _ISR_Disable(level);
  For(after=Watchdog_First(header);;after=Watchdog_Next(after))
  ...
```

图 6—27　修正后的代码

综上所述，上述代码片段中出现了多处数据竞争错误，相应错误的触发会导致 Watchdog 计时器发生混乱而崩溃。因此需要对这些共享变量的操作进行原子性操作保护。

6.4.1.2　资源竞争防护分类

资源竞争防护可分为竞争检测和死锁检测两大分类，本节主要介绍数据竞争检测。为了消除数据竞争，一些方法希望从源头阻止它们的出现，比如改良同步原语的动态实现，减小同步代价；设计更好的语言和类型系统，确保程序中不会出现数据竞争。但是针对直接面向底层硬件编程的 RTOS 而言，更多采用的是检测方法。检测方法分为：静态检测、动态分析和模型检测三个类别，它们在使用难易、分析精度、性能和覆盖率上各有特色。

资源竞争防护技术总体分类如图 6－28 所示。

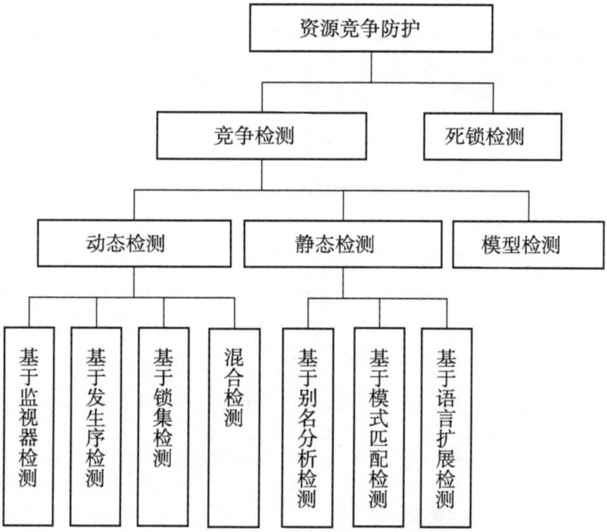

图 6－28　资源竞争防护分类

静态检测是在系统编译阶段进行检测的一种方法，可分为基于别名分析的检测、基于语言扩展的检测、基于模式匹配的检测等方法。与动态检测方法相比，静态检测方法具有不受程序规模限制，易于分析大型程序的优点，但是由于静态分析的不可判定性，静态检测算法都是不完备的近似算法。而且，现有的静态分析大都没有考虑线程间的时序关系，检测到的竞争中有很多误判，即假竞争问题，精确度不高，且运行效率及时效性较差。

动态竞争检测是在系统运行时检测的一种方法，通过在程序中插桩代码来跟踪程序的执行，利用程序执行踪迹进行在线或事后分析来识别潜在的竞争，它可分为基于监视器的检测、基于发生序的检测、基于锁集的检测，以及混合了发生序和锁集的混合检测。动态检测技术通过插桩获得变量和别名的准确信息，并能准确捕获对共享内存访问的发生序关系和/或锁定信息，因此几乎不会报告假竞争；但是这类方法已被证明开销很大，大量插桩使运行开销增加了4～15倍，限制了待检测的程序规模；此外，动态技术依赖于程序输入，会漏报一些真正的竞争。

模型检测的基本思想是对状态空间的穷尽搜索。它在硬件设计、通信协议、实时进程的验证方面取得很大的成功，近年来被广泛地应用于程序分析方面。其基本过程是先将程序抽象成有限状态迁移系统，用时序逻辑描述程序应满足的性质；然后通过状态空间搜索检测属性是否得到满足。由于对多线程并发的运行环境抽象困难，因而基于模型检测的应用实现相对困难。

下面将具体介绍动态检测和静态检测的相关算法，结合一些简单例子阐述资源竞争检测是如何进行的。

6.4.2　动态检测算法

6.4.2.1　基于监视器的动态检测

1974 年贝尔法斯特女王大学的 Hoare 提出的监视器原则是用来动态检测数据竞争的一种算法策略。它假定程序均使用静态变量，因而在编译时期已经能够通过静态分析了解所有的变量状态，他提出了在方法的入口和出口设置锁，从而利用锁机制检测数据竞争故障。下面给出监视器和锁的定义。

定义 6.1

监视器是一组可以共享访问（包括读/写）的变量与一系列可以访问变量的过程的组合。其中，变量指的是静态变量，而过程就是方法。

定义 6.2

锁是每个变量都具有的一种排他的属性，要么被过程占据，要么处于自由态。任何执行的过程均需要获得变量的锁，当完成过程后再由该过程释放锁。

监视器原则检测数据竞争故障的基本步骤如下。

1）获取程序中所有变量的信息：通过静态分析获取所有的变量信息（均为静态变量），并将变量中锁的状态置为自由态；

2）注册锁信息：将各个变量的锁信息（锁的状态）注册至监视器；

3）运行程序并启动监视器；

4）监视过程：监视各个过程的执行，如果有对变量访问时并不具备该变量的锁时，即检测出数据竞争故障并产生报警。

Hoare 的算法如图 6－29 所示。

```
算法 ：Hoare 监视器算法
输入 ：程序中所有变量的信息
输出 ：数据竞争故障报警信息

Begin
        获取程序中的所有变量信息;
        将变量的锁（Lock）注册至监视器（Monitor）;
        执行程序并启动监视器;
        // 当 Monitor 在运行时
        while（Monitor 运行，监视所有变量V）{
              if（变量 V的 lock 未被占据）{
                     //过程获取变量V的 lock，
                     // 并将变量V 的 lock 状态置为占有
                     Acquire（V.lock）;
                     过程完成对变量的相应操作;
                     //过程在完成了操作后释放变量V的锁
                     Release（V.lock）;
              }
              // 过程试图访问已经被其他过程占用锁的变量
              // 该过程的行为会导致数据竞争
              else {
                     产生数据竞争故障报警信息并报警;
              }
        }
End.
```

图 6－29 Hoare 的数据竞争故障检测算法

举一个例子来说明算法的工作流程，如图 6－30 所示。

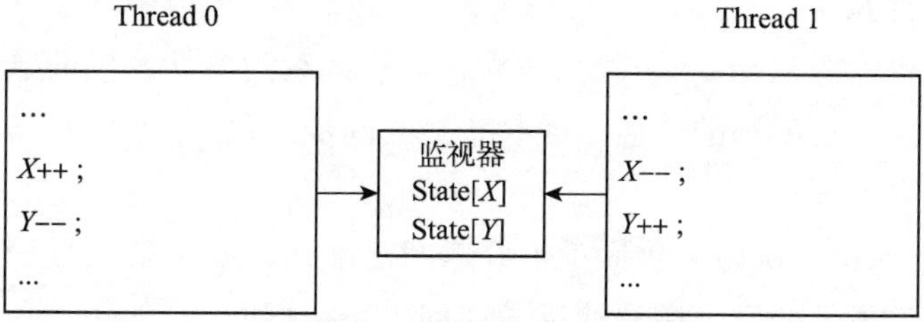

图 6－30　监视器算法示例

由于算法限制，变量 X 和 Y 只能是全局变量或静态局部变量，因此在代码运行之前，监视器可以预先获知变量 X 和 Y 的信息，并将变量 X 和 Y 的状态标记为自由态。当多线程程序 Thread0 和 Thread1 运行时，监视器一直监视 X 和 Y 的状态，当 Thread0 操作变量 X 时，需要先判断 State［X］是否为自由态，若是则将其标记为上锁态，否则就说明已经有线程正在操作变量 X，发生了数据竞争，检测报错。操作完毕又将 State［X］标记为自由态。由此来进行数据竞争的检测。

6.4.2.2　基于发生序的动态检测

Hoare 的监视器算法看似能够很好地完成数据竞争故障的检测工作，但是它是在程序执行之前，通过静态分析获取了所有的变量信息的基础上完成检测工作。而现在的程序设计语言均是支持运行时分配变量及其空间，所以在程序未执行的时候无法有效地预测出程序会分配多少变量，从而监视器算法中的初始条件无法满足，导致监视器算法在面对现行的程序设计语言所编写的多线程程序时显得力不从心。

针对监视器算法的缺点，1978 年 Lamport 提出了发生序（happens－before）关系，它定义了在并发执行的所有线程中的所有事件必须局部有序，具体体现在如下几个定义。

定义 6.3

线程中的 happens－before 顺序，在一个线程中事件发生的顺序应该遵循时间顺序，即顺序执行。

定义 6.4

线程间的 happens－before 顺序，在线程间事件发生的顺序依赖于所访问变量的锁的性质（或状态）或同步对象。

定义 6.5

happens－before 数据竞争故障判定准则，如果多线程程序执行过程中其事件的发生顺序违反了线程中与线程间 happens－before 顺序，则会（有可能）导致数据竞争。

happens－before 关系通过定义线程中与线程间的事件顺序来完成检测数据竞争故障的工作，也就是说一旦多线程程序中事件的顺序违背了上述定义，则会产生数据竞争故障。happens－before 关系在检测数据竞争故障上相比 Hoare 的监视器算法有了很大提升，原因在于以下三方面。

1）支持动态内存创建。即变量在运行时刻创建，happens－before 关系的出发点是在研究线程中和线程间事件发生的顺序基础上的，因而它更关注的是各个线程而不是变量，所以很好地解决了运行时变量这个问题。

2）检测算法约束条件较少。happens－before 关系没有过多的限制条件，仅是提供了线程中和线程间事件发生顺序的要求；

3）判定准则简单。

图 6－31 描述了 happens－before 关系对于线程中和线程间事件顺序的要求。其中 V 表示线程 Thread0 和 Thread1 能够共享访问的变量。

1990 年 Dinning 和 Schonberg 提出了 lock covers 技术用于提升 happens－before 关系的检测性能。happens－before 关系相比监视器算法有了很大的进步，针对动态分配变量的高级语言，如 C/C＋＋或 JAVA 编写的多线程程序能够很好的检测出待测程序中蕴含的数据竞争故障，但它还是有缺陷的，其缺陷表现在以下两个方面。

1）基于 happens－before 关系的检测算法难以实现：因为 happens－before 关系是以线程为切入点，所以不可避免地要求在检测开始时获取所有线程的信息，这个先决条件相比监视器算法要宽松一些，但是仍旧难以实现；

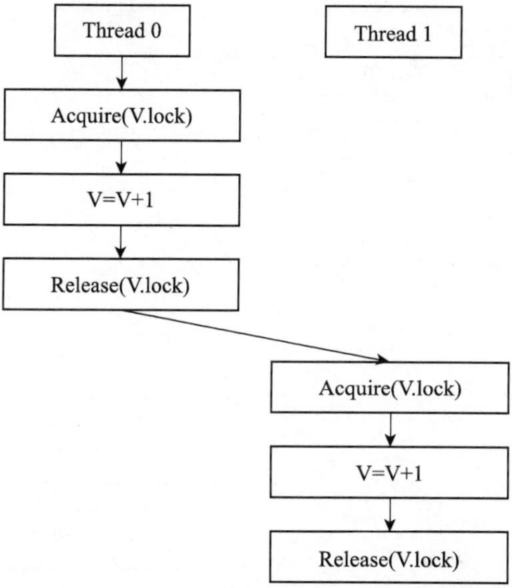

图 6－31　happens－before 关系的事件要求

2）需要大量的测试用例：因为 happens－before 关系高度地依赖线程调度器制造的线程交错，因此基于该关系的检测算法需要大量的测试用例，尽可能地测试每一种交错的情况。

上述缺陷中，尤其 2）是基于 happens－before 关系的检测算法的主要缺陷，因为线程调度器在任意时刻所选择执行的线程是随机的。正因为这个缺陷，导致基于 happens－before 的检测算法检测数据竞争故障时检测率不高。

如图 6－32 所示，在线程调度器制造的当前交错环境下，Thread 0 与 Thread 1 符合定义 6.3 与定义 6.4，但是变量 Y 有发生数据竞争的可能性，当交错顺序 Thread1 在 Thread0 之前时基于 happens－before 关系的检测算法才能够检测出故障，可以看出，基于 happens－before 关系的检测算法不仅需要大量的测试用例，还与运行时序密切相关，检测仍不够完备。

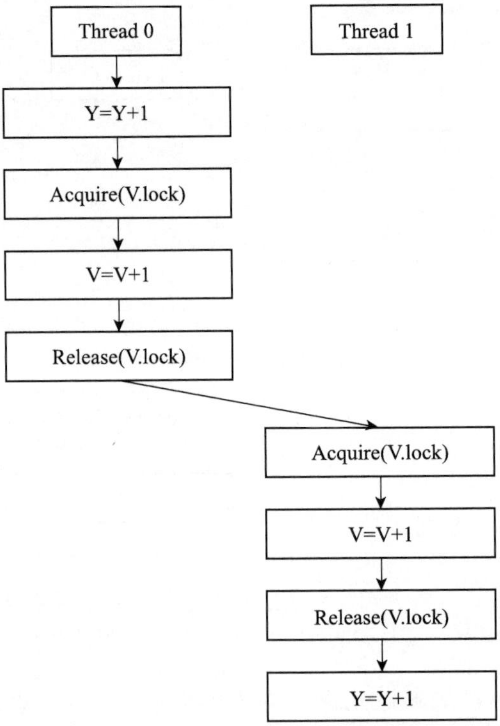

图 6－32　符合 happens－before 关系的示例

6.4.2.3　基于锁集的动态检测

1997 年美国加州大学伯克利分校的 Stefan Savage 提出了锁集（lockset）算法，用于检测多线程程序中数据竞争故障，相比基于 happens－before 关系的检测算法，lockset 算法更为有效率。

定义 6.6

数据竞争故障的必备条件：1）至少一个线程对变量的访问是写入；2）没有采用显示机制防止线程对变量的同时访问。当两个并行执行的线程（包括两个以上并行线程）访问一个共享变量并且条件 1）与 2）均具备时，表明产生了一个数据竞争故障。

定义 6.7

对于程序中任意共享变量 V，存在一个锁的集合（Lockset）用于保护共享变量 V 在程序中的计算（即读写操作），记作 C（V）。

定义 6.8

对于程序中的任意线程 Thread，可以在执行过程中获取共享变量的锁，被线程 Thread 获取的锁的集合称为线程 Thread 的锁集，记作 heldLocks，且位于线程 Thread 的锁集中的锁必须由该线程释放。

Lockset 算法的基本步骤：

1）变量初始化。通过静态分析获取程序中所有变量 V 的信息，并初始化变量 V 的锁集 C（V）；

2）任意线程 Thread 的 heldLocks 均被置空；

3）检测。监控任意线程 Thread 对变量 V 的访问，对任意一次访问做精化操作，即 C（V）＝C（V）$\cap$Thread. heldLocks，若 C（V）＝{}（表示空集合），则报告产生了数据竞争故障。

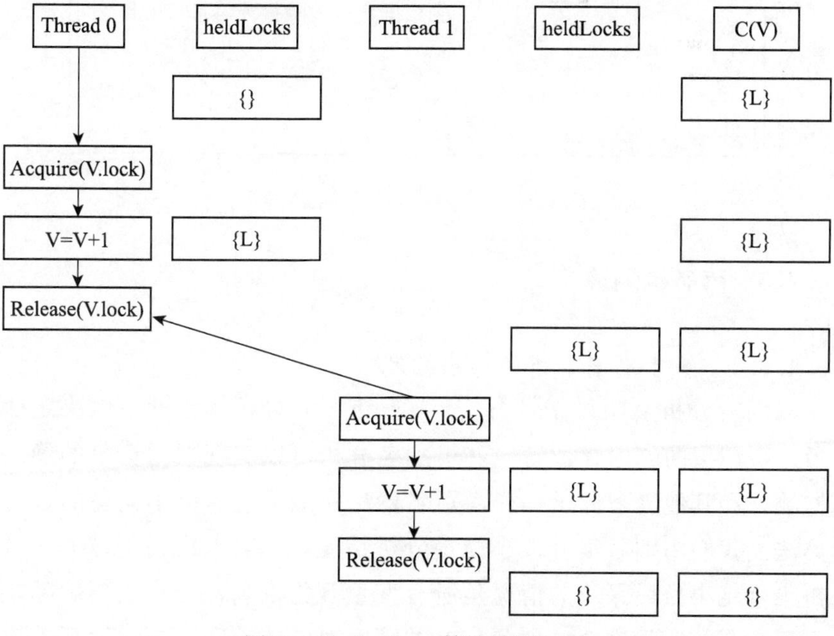

图 6－33　Lockset 算法检测过程

如图 6－33 所示，变量 V 被线程 Thread0 和 Thread1 共享访问，当上述程序段执行完毕后，C（V）为空，没有锁用来保护变量 V 不被同步访问，从而检测将报告数据竞争故障。

Lockset 算法如图 6－34 所示。

```
算法：Lockset算法
输入：程序中所有变量的信息
输出：数据竞争故障报警信息

Begin
        获取程序中的所有变量信息;
        初始化每个变量的锁集C(V);
        任意线程Thread的heldLocks被置空;
        while(//程序运行){
                //对变量V进行访问，其实就是调用变量V的方法
                if(对变量V进行访问){
                        //精化操作
                        C(V)=C(V)∩Thread.heldLocks;
                        //如果C(V)为空
                        if(C(V)={}){
                                产生数据竞争故障报警信息，并报警;
                        }
                }
        }
End.
```

图 6－34　Lockset 算法

6.4.3　静态检测算法

6.4.3.1　基于别名分析的静态检测

别名分析又叫做指针分析、points－to 分析，它静态地决定变量、引用指向的内存位置。基于别名分析可以实现数据竞争的静态检测，和其他静态分析一样，别名算法一般是可靠但不完备的近似算法。我们用别名集合大小衡量分析精度，一般来说精度越大，分析集合越小。最保守的情况是所有变量互为别名，分析越精确越接近运行期的实际集合。别名分析的精度对整体静态分析精度至关重

要，别名信息的有效搜集可以极大提高静态分析的扩展性。

别名算法包含了一些基本要素，对这些要素的选择决定了别名算法的精度和开销。接下来简要介绍这些要素以及它们对分析质量的基本影响。

（1）流敏感度

流敏感度指的是分析是否沿控制路径传播信息：流敏感分析沿着控制路径计算每个程序点的状态；流不敏感分析将程序语句看作没有执行顺序的集合，为整个程序计算统一的分析结果。流不敏感分析的分析精度低但内存开销小，是可以扩展的别名算法。它们的区别在于前者将赋值看作双向的合并操作，后者将赋值看作单向的值流动。和流不敏感分析对应的是流敏感分析，流敏感分析处理了控制结构对原有 points－to 集合的破坏性，强更新循环和递归结构的存在使得流敏感分析的迭代次数在最坏情况下是语句的指数级，内存消耗非常大，因而它主要用于特殊的程序分析和验证工具中。

（2）上下文敏感度

上下文敏感度指的是跨过程程序分析如何对待不同的调用上下文，如果区分不同的上下文信息，就是上下文敏感分析；反之则是上下文不敏感分析。上下文不敏感分析会引入不可行的路径，从而使得不同调用形成的信息互相污染，但是分析高效。上下文敏感分析通过区分不同调用路径对被调用函数做分析，它的最坏时间/空间复杂度是调用链深度的指数级。上下文敏感分析可以像模拟动态执行那样从入口开始，每遇到新的调用就重新分析过程。也可以是基于摘要的分析：首先自底向上从叶节点开始计算每个过程对 points－to 集合的修改并形成参数化的摘要；然后自顶向下将调用函数的上下文映射传播到参数化的摘要中形成实际的别名信息，但是由于调用图随着程序大小呈指数级增长，各种基于摘要的分析最坏情况下复杂度依然是程序大小的指数级。

（3）堆的抽象程度

堆的抽象程度指的是堆上的对象是按照分配位置表示还是通过复杂的分析区分不同的对象实体。多数分析用同一个名字标记程序的某处内存位置，所以又叫做 Per－site 分析。由于方法可以被多次调用，同一个内存位置也可以多次出现，所以它实际上是将内存位置作为一个唯一的全局变量进行处理。Per－site 方法的扩展性很好但是会引入假别名。很多上下文敏感的别名算法采用另一种堆抽象方式——Heap Specialization，利用调用链标记在同一位置分配的不同对象，在被调用函数的摘要返回到调用函数时引入这个新对象。也就是说，Per－site 方式限定了每个位置只有一个堆对象，而 Heap Specialization 根据执行次数生成 n 个对象。值得注意的是，Heap Specialization 和上下文敏感分析很相似，它们都利用了不同的名字区分同一个内存位置的多次出现，前者区分的是动态的堆对象，后者区分的是函数参数。在一个上下文敏感分析中更容易应用 Heap Specialization 方法。

（4）域敏感度

域敏感度是指对于数组、结构和对象等聚集类型，是区分不同的下标、偏移、域对象还是将所有的聚集对象成员看作同一个对象。C/C＋＋的弱类型系统和指针的算术运算使得很难区分不同的聚集成员，因而多数 C/C＋＋别名算法都是域不敏感的，域敏感的 C/C＋＋算法需要特别的设计。对于 Java 这样的强类型语言，区分不同的对象域比较简单，因而多数 Java 别名算法都是域敏感的。一些研究还专门讨论了域敏感度对于整个别名算法的影响。

接下来介绍一种经典的别名分析算法——Steensgaard 算法，它是 1996 年由微软研究院的 Bjarne Steensgaard 提出的，用于数据竞争的静态检测。它是流不敏感，上下文不敏感，堆对象用分配地址简单表示，复合类型对象作为一个整体用一个对象表示，不需要迭代，为整个程序计算出一个别名关系集合，充分利用了一个快速合并查找的数据结构（并查集）来表示别名关系，具有相对于程序大小的平摊线性复杂度。它假设别名关系为自反和传递的，因为使用了合并操作，所以不再进行迭代。

Steensgaard 算法中最核心的部分包括两点：type 的概念和 type 的合并规则。这里的 type 与程序设计语言中的类型的概念不同。它代表的是被同一个变量指针所指的变量集合或被同一个函数指针所指的函数集合，换言之，它代表一个指针所可能指的范围的集合。type 包含了指向关系，因而是该算法采取的别名关系的表示法。

对于 type 的形式化描述如下：

α∷＝（t，λ）

t∷＝Δ | ref（α）

λ∷＝Δ | lam（$\alpha_1 \Lambda \alpha_n$）（$\alpha_{n+1} \Lambda \alpha_{n+m}$）

其中 α 是该 type 的值，包括两个分量 t 和 λ。t 表示的是一般指针指向的 type，Δ 表示指针指向的 type 为空，即还没有给指针赋值。λ 表示的是函数指针指向的 type，$\alpha_1 \Lambda \alpha_n$ 表示函数的参数，$\alpha_{n+1} \Lambda a_{n+m}$ 表示函数的返回值。一般而言，每个 type 只会使用其中的一个分量。除非有某个指针既取了一般变量的地址也取了函数的地址。在实现时，算法采用 ECR（Equivalence Class Representative）来描述 type，它是一个拓展了并查集的数据结构。

算法通过分析各种指针相关运算的语义。提出了对应的 type 合并规则，从而将相应的语义信息映射到 type 系统上。该算法分析的指针相关的运算如表 6－3 所示。

表 6－3　Steensgaard 算法处理的指针运算

指针运算	说明
$x=y$	指针变量之间的赋值运算
$x=\delta y$	指针 x 对变量 y 取地址
$x=^* y$	对指针 y 的反引用
x=allocate＋（y）	在堆上动态分配一个 y 类型的结构，并将返回地址赋值给指针 x
x=op（$y_1 \cdots y_n$）	指针间的操作运算
$^* x=y$	对指针 x 的反引用
x=fun（$f_1 \cdots f_n$）$\longrightarrow$（$r_1 \cdots r_n$）	函数定义，函数指针 x 指向函数 fun，f_i 为形参，r_i 为返回值
$x_1 \cdots x_n=p$（$y_1 \cdots y_n$）	函数调用，y_i 为实参，p 为函数或函数指针，x_i 为返回时的接收变量

显然，算法需要在一种中间语言结构上进行。在那种结构上，类似***p 的多级反引用需要借助临时变量转换成两次一级反引用。算法对于以上的 8 种指针相关的运算都给出了对应的 type 合并规则。

该算法假设程序代码在编译的前期已经建立好了符号系统，这样，可以在常量时间内通过符号名访问到每个符号的信息，包括该符号所在的 type 的相关信息。该算法还假设已经建立好了函数调用图（Procedure Call Graph）。算法的具体步骤如下。

1）遍历符号表，赋予程序中每个变量不同的 type，以及不同的并查集数据结构 ECR，并且将其值都初始化为 ref（Δ，Δ），表示该 type 所指向的一般变量集合和函数集合都为空。

2）遍历整个程序一次，在处理过程中根据合并规则对各符号对应的 type 进行合并。

3）所有的 type 将构成一个存储结构图，图中的每个节点代表一个 type，也就是一个指针变量可能指向的符号的集合：图中的有向边代表的是指向关系，从代表指针变量符号所在 type 的节点指向代表被指符号所在 type 的节点。

因此，该算法只需要遍历整个程序一次，并在访问到指针运算语句时进行 type 合并操作。因为使用了并查集，使得 type 合并操作可以在常量时间内完成。这样，该算法的时间复杂度相对于程序的大小几乎是线性的。

6.4.3.2 模式匹配静态检测

动态检测算法的优点在于工作在运行时，可以只访问可行的路径，以及拥有正确的变量和别名信息。但是它具有较高的计算代价，使得不可能运行时间约束的程序。高时间消耗代价意味着在理论上可以计算出任意精度的信息，但在实际使用上受时间和空间的制约。同时，动态算法对底层代码，例如 RTOS 内核、设备驱动和嵌入式系统难以检测，因为受各种条件的限制，大型的 RTOS 代码根本无法运行，而这些程序正是并发错误发生最为集中、造成问题最为严重的地方。

这里介绍一个静态检测算法——模式匹配算法，它采用流敏感分析来检测数据竞争，并采用启发式方法进行自动化模式匹配推导，例如哪些锁保护哪些操作，哪些段代码是多线程的，哪些读写是危险的。并且已将该算法应用在对 FreeBSD、Linux 和一个大型商业软件系统的检测上，检测出了许多严重的错误。接下来描述该算法。

从整体上来说，对系统的检测包含四个步骤：

1）提供系统相关的上锁函数。用户需要提供一张函数表，包含申请释放锁、开关中断函数等，并说明其相应属性，属性有自旋、阻塞、尝试申请等，算法利用这些信息来决定申请释放一个给定锁带来的影响。

2）提炼控制流图 CFG，即函数调用关系图。扫描所有文件提炼出一张控制流图 CFG，包含所有的函数调用、全局变量、局部变量，以及所有并发操作，都被一一注释。CFG 还包含所有的符号信息，例如名字、类型、一个变量是读取还是写入，是不是参数以及行号等信息。

3）运行核心算法检测数据竞争。给定了 CFG 的根节点集合，采用深度优先、流敏感算法遍历整个图，对每个节点跟踪所拥有的锁集合，以及用启发式方法进行匹配评估。

4）处理结果并对结果排序，输出最终结果。最后根据分析结果，进行后处理，计算出错误排名信息，输出给用户，排名的依据包含两个方面，一是假错误的可能性，二是检验的难度。

其中核心算法运行的是一个锁集合算法，其伪代码如图 6－35 所示。

```
// Apply analysis to all roots
void traverse_cfg(roots)
  foreach r in roots
        traverse_fn(r, {});
end

// Compute and return the set of locksets produced
// when entering function fn with lockset ls . For
// speed we cache a summary .
set of locksets traverse _fn(fn, ls)
  // check fn' s summary cache first
  foreach edge x in fn ->cache
        if(x->entry_lockset == ls)
              return x->exit_locksets;

  // break recursion arbitrarily
  if(fn->on_stack_p)
        return {};
  fn->on_stack_p = 1;
        // make a new edge.
        x = new edge;
        x->entry_lockset = lockset;
        x->exit_locksets = traverse_stmts(fn->entry,ls,ls);
  fn->on_stack_p = 0;

  // add to summary cache .
  fn->cache = fn->cache U x,
  return x->exit_locksets;
end

// DFS traversal of all statements in fn . Computes
// the set of locksets produced on exit from each path
// given that we entered fn with lockset entry _ls.
set of locksets traverse _stmts(fn, s, entry_ls, ls)
  // for speed, don' t analyze if we' ve seen already .
  if((entry_ls, ls) in s->cache)
        return {};
  // add to statement cache . note we need entry _ls
  // here!
  s->cache = s->cache U (entry_ls, ls);

  // summary for this path is : (entry_ls->ls)
  if(s is end-of-path)
        return ls;

  if s is lock
        ls = add_lock(ls, s);
  else if s is unlock
        ls = remove_lock(ls, s);

  // if call is not resolved , process lockset.
  if s is not resolved call
        worklist = { ls };
  // get the set of locksets returned by
  // function when entered with ls .
  else
        worklist = traverse_fn(s->fn, ls);

  // process all locksets in worklist , computed
  // computing set of exit locksets produced by
  // statement children
  summ = {};
  foreach l in worklist
        foreach k in s->kids
              summ = summ U traverse _stmts(fn,k,entry_ls,l);
  return sum;
end
```

图 6－35　核心锁集合算法伪代码

如图 6—35 所示，从总体结构上来说，算法从控制流图 CFG 的根节点开始，采用深度优先遍历扫描整个图，对于每个节点，是一个函数，对其内部每一条语句又用启发式方法匹配可能的错误，并用一个评估函数进行打分，计算最终的得分。同时考虑到对相同的情况进行重复计算，算法采用了 cache 方法保存先前计算过的中间结果，在下次碰到相同问题时直接查询结果。

算法主要包含三个方面：

1）traverse_cfg，迭代遍历所有根节点，并调用 traverse_fn 函数。

2）traverse_fn，其参数是输入函数 f 和输入锁集合 L（初始为空），返回输出锁集合。它首先检测输入锁集合是否在缓存（记录的中间结果）中（12—14 行），若是，则直接返回输出锁集合，否则处理该输入函数。若已在递归调用中，则直接返回，否则标记已在处理该函数（19 行），再调用 traverse_stmt 函数处理函数的第一条语句。该函数会深度优先遍历所有后继节点，返回到达函数退出点的所有锁结合的并集，并将结果放至缓存。

3）traverse_stmt，传入参数有函数 f_n、当前执行语句、传入锁集合、当前锁集合、返回函数退出时的锁集合。它也采用缓存机制避免重复计算，若到达函数最后一条语句，返回当前锁集合（43—44 行）。51—65 行代码根据语句的属性来增加或移除锁集合，最后结果就是输入函数 f_n 和输入锁集合 entry_ls，产生输出锁集合 ls。

上面是核心算法的整体结构，对于每一条语句的检测，算法采用一些启发式方法来排序可能的竞争，由于不同的错误消息可以匹配不同的启发式，算法采用一个评估函数来给这些错误消息评分：

1）对每个启发式都有一个值，与竞争有关值为正，否则为负。具体细则见表 6—4。

2）对每条错误消息所有匹配的启发式值累加作为该错误的值。

3）对所有错误消息按照值排序。

4）对于相同值的消息采用事先定义的顺序排序。

表 6—4　对竞争情况的评分规则

是否锁集合有效	是否多线程代码	变量 X 是否需要保护
相同评分下按条件数和遍历深度排序 以空锁集合访问语句： • +2 如果经常以空锁集合访问 • +1 如果按空锁集合访问比不按空锁集合访问多	函数或函数调用序列中是否有并发操作 对有并发操作的分支先排序 中断中共享数据： • +2 如果中断写入 • +1 如果中断读取 不同 roots 上的修改次数 n： • +2 如果 $n>2$ • +1 如果 $n>1$	X 计数次数，表明 X 是第一次、最后一次访问，还是仅仅是关键区域中的对象： • +4 如果唯一对象访问>1 次，+2 如果只有一次 • +1 如果第一个对象访问>0 次 • +1 如果最后一个对象访问>0 次 计算保护频率 z： • +2 如果 $z>2$ • −2 如果非全局变量以及 $z<-2$ 非关键区域未保护的变量数 n： • +2 如果 $n>4$ • +1 如果 $n>1$ 非原子性更新，写往超出 32 位域； • +1 写操作； • +1

运用该算法对 linux2.5.62 和 System X 代码进行检测后，结果如表 6—5 所示。对 Linux2.5.62 检测出 3 个真错误、2 个未确认的错误、2 个无害错误（例如用于统计的错误）和 6 个假错误。尽管存在一定的假错误，但不影响对真正错误的发现，给高可靠 RTOS 设计实现提供了很好的帮助。

表 6—5　模式匹配算法检测结果

系统	真错误	未确认错误	无害错误	假错误
System X	7	4	13	14
Linux 2.5.62	3	2	2	6

第 7 章　设备驱动及可靠性增强技术

美国一项统计表明：尽管目前对于高可靠软件系统的验证与确认（Verification and Validation）工作已占据开发总成本的 50%以上，但确保系统能稳定、可靠、长时间地无故障运行仍然困难重重。通过增强 RTOS 功能模块，提供对软件系统的可靠性、安全性保护，已越来越受重视。

本章主要围绕高可靠 RTOS 中的设备驱动加固、容错恢复、健康监控及管理技术展开。

首先对高可靠 RTOS 驱动技术进行介绍。设备驱动是组成 RTOS 的重要部分，占有了较高比例的代码量。如何保证驱动程序的可靠性是 RTOS 的重要研究内容。

其次着重介绍基于 RTOS 的容错相关技术。容错技术是当系统在运行时有错误被激活的情况下，仍能保证不间断提供服务的方法和技术。容错技术是提高 RTOS 可靠性的重要保障手段之一。

最后介绍健康管理的有关概念与实现技术。健康管理技术是当前复杂、高可靠系统中的研究与应用热点之一，是目前较先进的高可靠保障技术。健康管理通过对系统中所发生的错误进行定义、分类、设置容忍、恢复策略等，实现对系统运行状态的管理。其目的在于保证系统能够执行任务并满足复杂系统在各种工作环境下的功能、性能、可靠性、精度、配置和互操作要求。

7.1　高可靠 RTOS 设备驱动技术

7.1.1　设备驱动概述

设备驱动是位于软件和硬件之间的特殊软件，是操作系统与设备交互的中间层，操作系统通过驱动这个“桥梁”，可以控制设备的有效、有序工作。

航天高可靠 RTOS 运行在强实时、关键设备上，需要与硬件设备进行大量交互，如 1553B 总线、CAN 总线等，RTOS 通过驱动通信总线控制器，与各分系统实现遥测、遥控、程控等工作。

然而设备驱动程序往往是整个应用系统中较不可靠的部分。根据斯坦福大学的一项研究显示：驱动中的 bug 比操作系统中其他部分出现的 bug 高 3～7 倍。在微软公司对其商业桌面操作系统 Windows XP 分析中表明：在系统崩溃中，驱动是大部分的系统崩溃的主要原因。如表 7—1 所示，表中仅图形驱动及应用驱动造成的系统崩溃次数就已经超过内核造成的次数。在另一项对 Linux 系统源码的静态分析中表明，在驱动目录中源码的错误是其余内核源码错误的 7 倍以上。

表 7—1 Windows XP 操作系统崩溃次数分类表

操作系统崩溃类型	崩溃次数
操作系统内核	726
图形驱动	495
应用驱动	482
网络	338
一般系统错误（硬件或内存崩溃）	136
存储	106
其他	95
未知	20

由以上分析可知：驱动程序的可靠性将直接影响系统的可靠性，提高驱动程序的可靠性，将有助于提升系统整体的质量水平。

为提高设备驱动的可靠性，国内外研究人员开展了广泛研究。本章从驱动出现问题的原因入手，介绍提高驱动可靠性的原理、方法及相关技术。

7.1.2　设备驱动出现问题分析

设备驱动中出现问题的原因可归纳为以下几方面。

(1) 驱动代码量大

一个 RTOS 的成熟度与它支持的硬件丰富程度紧密相关，RTOS越成熟，其支持的硬件也就越多。因此 RTOS 中驱动代码占据了半壁江山。以 VxWorks5.4 为例，其驱动代码占总代码量的60%以上。驱动代码量大，驱动中包含的错误就越多。据统计，熟练程序员开发的代码中，每千行代码的错误率为 0.1～0.2，如在 Linux 2.6 内核中，每千行代码错误率为 0.127，因而，代码量越大，其中包含的软件缺陷越多，这是无法避免的。

(2) 驱动开发困难

首先开发驱动对开发人员有特殊要求。开发人员在开发驱动程序时不仅需要清楚知道硬件的指令、时序及遵循的协议，而且也需要对操作系统支持的驱动架构有清楚的认识。遗憾的是，驱动一般由软件开发人员或硬件开发人员完成，他们或者熟悉硬件或者熟悉操作系统，软件开发人员知道操作系统等软件实现细节却不了解硬件的相关特性，或者刚好相反，这样的结果不利于开发可靠、高质量的驱动。

另外，在通常情况下，人们习惯用旧版本驱动“升级”成新驱动，开发人员往往没有完全理解旧版本代码，适合老版本硬件或操作系统的一些操作可能会被保留在新驱动当中，这种情况就有可能造成驱动的潜在的缺陷。

(3) 驱动测试困难

驱动程序同应用软件不同，它介于软件与硬件之间，与操作系统紧密结合，因而获取测试数据及定位驱动程序的缺陷较困难。驱动程序的测试，往往需要研制特定的工具，如代码插桩、事件记录、日志分析等。此外，开展设备驱动的回归测试难度也很大。所有这些都加大了测试工作的复杂度，延长了测试时间。

(4) 运行环境恶劣

嵌入式系统中运行的设备，往往处于较为恶劣的运行环境。例如，由于受到空间辐照影响，内存将出现单粒子翻转、单粒子栓锁等暂态错误，以及单粒子击穿等永久性错误。并且，随着硬件的老化，设备失效出现的几率会大大增加。在设计设备驱动程序时，如果对错误、故障模式考虑不足，将会严重影响系统的正确执行。例如，在 Linux 2.6.18.8 系统的 3c59x. 网卡驱动中有如下一段代码：

```
while (ioread16 (ioaddr+Wn7_MasterStatus) & 0x8000);
```

这段代码就没有考虑到硬件失效情况下的处理，代码中 ioread16 () 函数读取 I/O 输入，如果代码中 I/O 硬件出现永久性的缺陷不能读入数据，系统将会陷入死循环。因此，在编写驱动的时候，需要充分考虑这种错误情况，有意识的避免这类无容错设计，进行具有容错能力的驱动设计，当硬件失效时，及时进行错误处理，防止系统死锁及崩溃。

7.1.3 提高驱动可靠性的技术概述

针对上述设备驱动出现问题的原因，国内外研究人员提出了各种提高驱动可靠性的方法。首先驱动在开发过程中就需要一系列保证措施，保证代码的可靠，如静态分析技术、驱动综合技术。这类技术针对驱动开发、测试过程中的难点，如静态分析技术，它集成了驱动中的各类常见错误，通过静态分析代码，减少代码中错误代码或不符合规范的编写方式。或针对开发人员不熟悉操作系统或硬件的问题，如驱动综合技术，将驱动编写分为两部分，一部分由熟悉操作系统的人写，另一部分由熟悉硬件技术人员写，最后经过综合工具，自动生成驱动程序代码。

另一类技术是直接在运行时加固驱动程序，其核心是采用隔离技术，即将错误控制在一定范围内，限制其扩散范围，防止其造成整个系统的崩溃。在没有使用隔离技术的操作系统中，一旦设备驱动出现错误，通常会造成整个系统的崩溃。因而需要将驱动“封装”

起来，当出现问题时，将错误及时控制在一定范围内，不让一个“坏苹果”影响到整个系统。隔离技术的作用也越来越凸显出来。隔离可以由软件实现也可以利用硬件实现。

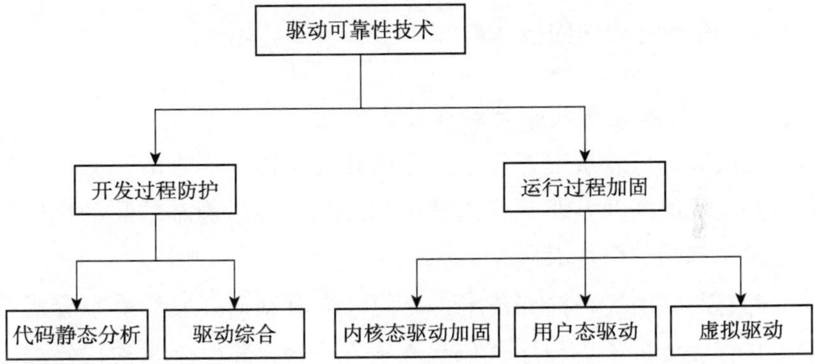

图 7—1　驱动加固技术分类

现有的设备驱动加固技术分类如图 7—1 所示。

1）代码静态分析技术：静态的驱动代码检查技术是专门面向驱动而开发的静态分析技术，它直接分析驱动程序代码检查潜在 bug，并检查驱动代码编写的一些特殊规范，发现其中规范错误。如：SLAM 技术。

2）驱动综合技术：针对驱动开发过程中，软件和硬件开发人员相互不清楚实现细节的问题，提出由软件开发人员和硬件开发人员分别开发，而后再由综合工具形成驱动代码。如：Termite 技术。

3）内核态驱动加固技术：驱动一般工作在内核中，驱动如果出现问题，往往会导致整个内核的崩溃，因此限制驱动错误的扩散到内核其他部分，加固驱动成为一个重要的提高可靠性技术。这类驱动加固技术的核心思想在于隔离，将错误隔离在有限的范围内。如：SFI 技术、SafeDrive 技术、Nooks 技术、Shadow Driver 技术。

4）用户态驱动技术：防止驱动错误扩散到内核中的另一种方法是将驱动从内核中剥离，放在用户态中。如：微内核技术、用户态驱动架构、decaf 技术等。

5）虚拟驱动技术：是通过虚拟机或微内核将设备驱动隔离在不同的模块中，防止错误扩散的技术。

7.1.4 设备驱动加固技术介绍

7.1.4.1 静态分析及驱动综合技术

在航天高可靠系统开发中，驱动开发是比较困难的部分。研究人员开发了提高开发驱动代码技术的工具：包括静态的驱动代码检查技术和驱动综合技术。

静态的驱动代码检查技术是专门面向驱动而开发的静态分析技术，它直接分析驱动程序代码检查潜在 bug，并检查驱动代码编写的一些特殊规范，发现其中规范错误。这类技术的典型代表是 SLAM 技术。

SLAM 技术由 Thomas Ball 等人于 2006 年提出，是专门用来分析驱动代码中 bug 的工具，它不仅集成了传统 C 语言安全检查如 BLAST 和 MAGIC 模型，也对驱动开发中使用的特殊规则进行了检查，是专门针对驱动而开发的静态检查工具。当然也有一些静态分析工具并不是专门针对驱动而开发的，在开发驱动过程中同样也可以使用这些工具提高驱动代码的质量。

Termite 是一种驱动开发新技术，它是针对开发人员对操作系统或硬件不熟悉这一问题的解决方案，由新南威尔士大学的 Leonid Ryzhyk 于 2009 年提出。同传统的驱动开发过程不同，开发人员需要定义两类形式化定义，一类定义设备的寄存器和行为，一类定义驱动和操作系统之间的接口。两类定义经过 Termite 的转换，自动形成 C 代码驱动，如图 7—2，而后再由编译器编译形成经过加强的驱动模块。

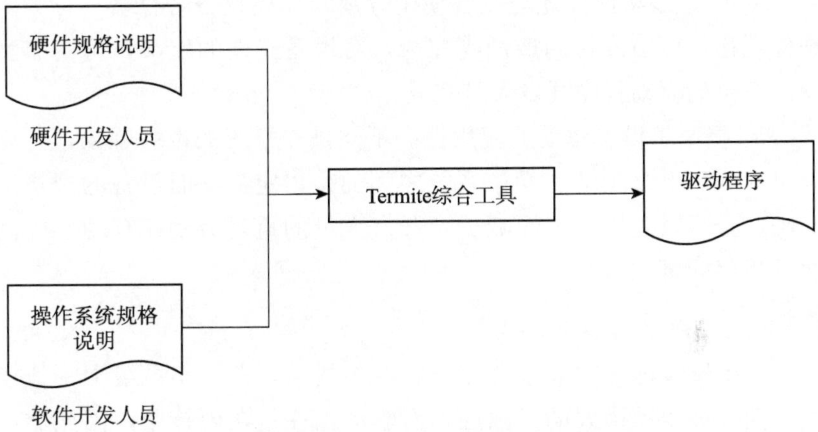

图 7－2　基于 Termite 的驱动综合原理示意

以 RTL8139D 网络控制器设备驱动程序开发为例，其过程如下。

1）硬件开发人员根据 RTL8139D 的资料手册，得到传输一个包的要求，并据此写出传输包的硬件规格说明，传输包的硬件说明伪代码如下所示：

• 向硬件中 TSAD 寄存器写入要发送的包地址；

• 向 TSD 寄存器 0 到 12 bit 写入包长短数据，并将第 13 bit 置 1；

• 而后等待控制器的中断；

• 读中断状态寄存器保证传输成功；

• 包传输完成。

2）软件开发人员编写设备驱动与操作系统接口规范，传输包的操作系统规范说明伪代码如下所示：

• OS 向 driver 发送 hard _ start _ xmit；

• 而后设备完成传递包，并通过 hard _ start _ xmit 传递一个参数；

• 驱动调用 dev _ kfree _ skb _ any 函数通知 OS 包传输完毕。

3）运行 Termite 工具，将上述两个规格说明综合，形成驱动代码，经过编译后生成规范的驱动模块。Termite 技术的优势在于：

- 将设备特性描述与设备使用分离。描述设备寄存器、行为等硬件规格，可由设备制造商等完成，对设备操作的定义，可由熟悉操作系统的驱动程序开发人员完成。
- 提高了设备驱动的复用性。不同操作系统的设备驱动，开发人员只需要更改驱动和操作系统之间的接口定义，而设备的规格定义则完全可以复用，因而减少了开发人员的重复劳动，有助于提高驱动程序的可靠性。

7.1.4.2 内核态驱动加固

驱动错误最大的危害性在于它的传播性，它能使系统中其他模块崩溃，即驱动错误的扩散性，而驱动往往是在内核中，因此驱动错误往往是使内核崩溃。最有效的防止软件错误扩散的方式是采用一定的隔离手段，限制驱动错误的扩散，从而保证系统的安全。

（1）使用软件隔离技术

SFI 技术是一个使用软件实现隔离的技术，由加利福尼亚大学的 Robert Wahbe 于 1993 年提出，不仅可以应用于驱动保护，也可应用于其他内核扩展模块。SFI 分两步解决隔离问题，首先，将不可信的模块加载到自己的缺陷域（Fault Domain）中，这个域是与应用程序地址空间相分离的。缺陷域不仅仅是由相邻的一块内存空间组成，还包括一个唯一的标识，通过这个标识，系统可以像使用文件标识一样控制它能够访问的进程资源。然后，更改不可信模块的代码，在“store”和“jump”等内存操作指令前插入检验，因为这些指令有可能使程序访问其他域，通过插入检验能够防止写其他域或跳出缺陷域。

SFI 能够有效防止模块错误的扩散，但是它仅关注驱动模块的内存保护及实现有限的限制保护策略——“我”出错了，“我”不影响其他模块。但在实际应用中有很多错误是由于类型安全侵犯引起。

SafeDrive 技术在驱动中实现了类型隔离，它可以实现检测并从类型安全侵犯恢复，它由加利福尼亚大学的 Feng Zhou 于 2006 年提出。SafeDrive 不使用硬件实现模块的隔离，而是使用类似 Java 高级语言的软件技术实现模块隔离。其实现思想如图 7－3 所示，SafeDrive 在驱动和内核的头文件中添加类型的注释，而后由 Deputy 编译器，利用这些类型注释形成一个插桩过的新程序代码文件，再通过 GCC 等编译器编译形成经 SafeDrive 强化的可以实现类型保护的驱动模块，在运行时这个模块取代为原模块执行。

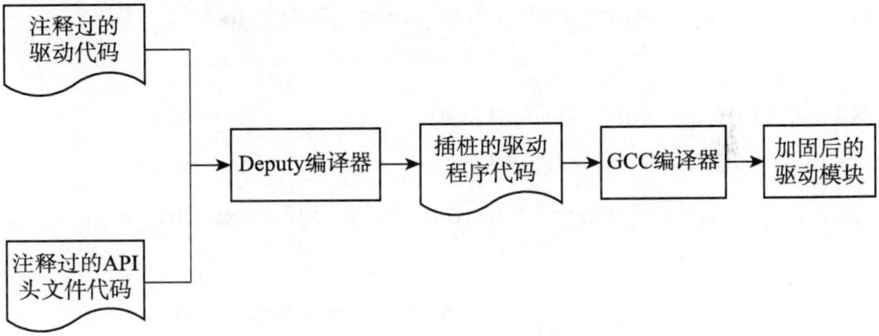

图 7－3　SafeDrive 代码处理示意图

下面的代码是从 Linux 代码中截取的部分设备驱动代码，并且经过 Deputy 的注释。第 4 行代码的 count（info _ count）注释 buffer _ info 域，表明在 info _ count 存储着数组的元素个数。加粗的代码表明了 SafeDrive 插桩的运行时检验代码，这些代码强制隔离并支持恢复操作。第 9 行和第 14 行检查是断言，保证内存安全。第 9 行的断言验证 tx _ ring 是否非空，像类安全高级语言一样，Deputy 假定没有注释过的函数参数不是空就是指向一个被声明的类型。第 14 行的断言检查 buffer _ info，强制不要超过边界。

```
001：struct  e1000 _ tx _ ring {
002：        …
003：        unsigned int info _ count;
004：        struct e1000 _ buffer * count (info _ count) buffer _ info;
005：        …
006：};
```

```
007：static boolean t_e1000_cleantx_irq (struct e1000_adapter *adapter, struct e1000_tx_ring *tx_ring) {
008：        …
009：        assert (tx_ring != NULL);
010：        spin_lock (&tx_ring->tx_lock);
011：        track_spin_lock (&tx_ring->tx_lock);
012：        …
013：        i=tx_ring->next_to_clean;
014：        assert (0 <= i && i < tx_ring->info_count);
015：        eop=tx_ring->buffer_info [i] . next_to_watch;
016：        …
017：        track_spin_unlock (&tx_ring->tx_lock);
018：        spin_unlock (&tx_ring->tx_lock);
019：}
```

如果任何一个断言失败，SafeDrive 就调用恢复子系统，执行恢复操作。为了支持恢复操作，SafeDrive 插桩的记录代码，如第 11 行和第 17 行，这两行代码记录了对数据 tx_ring->tx_lock 的操作，一旦发生错误，通过记录的信息可以恢复到一个正确的状态。

在运行时，经过插桩后驱动模块在系统中如图 7－4 所示，新模块可以捕获系统的 API 或对驱动的回调，记录一些系统变量，在模块出现错误时 SafeDrive 通过恢复以前记录的信息将驱动恢复到正常的状态，如果不能恢复就重启该驱动模块。

SafeDrive 的优势在于商业操作系统可以接受的性能损耗范围内，不仅能够发现错误、防止类型安全侵犯错误发生，而且能够实现恢复功能或实现驱动模块的重启动，从而加强了驱动的可靠性。但是由于该技术仅考虑了类型安全侵犯错误的防护，对其他类型的错误没有防护措施，其防护能力也还是有限。

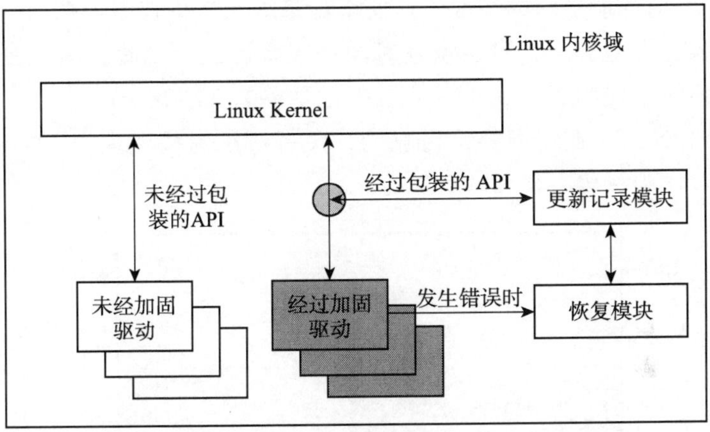

图 7—4　Linux 中经过 SafeDrive 插桩的驱动模块

(2) 使用硬件域保护的隔离技术

Nooks 技术由华盛顿大学的 Michael M. Swift 于 2003 年提出。Nooks 的设计目的不是重新建立一个新的驱动架构，而是尽最大可能地少改动现有驱动和系统代码。它采用内核地址空间的轻量级域保护（Lightweight Kernel Protection Domain），原理上与 MMU 内存保护机制相似，保证硬件和驱动的错误不会引起整个内核的崩溃并实现驱动的隔离，但是由于其采用硬件域保护方式，运行过程中会频繁地更换域，不适用于对性能比较敏感的场合。

Nooks 技术的关键在于提出了轻量级域保护概念，实际上轻量级域保护是一个与内核一样权限的执行上下文，不同的是在这个轻量级域内驱动能够读取全部的空间，但只能写划分给驱动使用的内核地址空间。在这个域中驱动不再是放任自流的状态，而是运行在这个受控的域中；驱动的一言一行都将被记录和控制，从而达到了有效隔离和恢复的目标。从图 7—5 中可以很清晰地看到轻量级域保护的作用。

Nooks 可以让内核从错误中恢复，大大减少了崩溃的几率，提高了系统的可靠性，并且可以实现向后兼容，即对系统中的旧驱动也可以提供保护功能。但是 Nooks 在这些情况下应用会受到局限。

1）对性能敏感的情况下，使用轻量级域保护技术，在执行上下文切换、类型检查、错误恢复时消耗很多性能，因此在一些强实时关键系统中使用 Nooks 时一定要保证足够的性能冗余；

2）Nooks 假定内核是可靠的，没有考虑内核出现问题的情况，因此要求内核要有很高的可靠性。

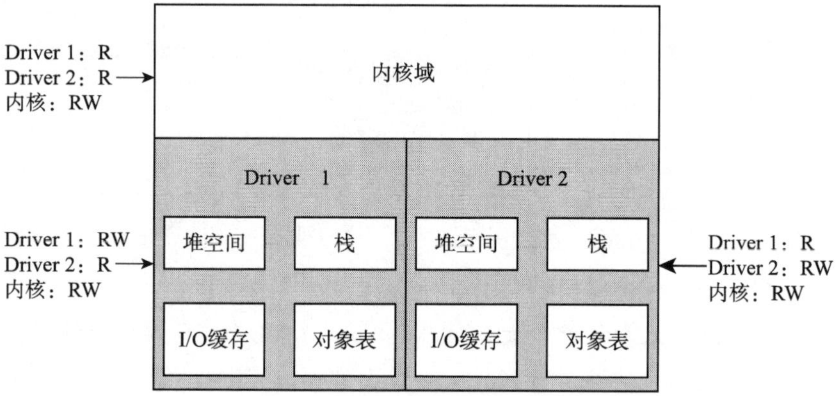

图 7—5 轻量级域保护示意图

R—读权限；W—写权限

Michael M. Swift 在 2004 年改进了 Nooks，提出 Shadow Driver 技术。Nooks 可以使操作系统在驱动错误的情况下免于崩溃，然而基于该驱动的应用仍然会崩溃，Shadow Driver 就是力图解决这个问题的技术。

Shadow Driver 基于 Nooks 的隔离技术，添加了 shadow driver 模块。Shadow Driver 在驱动正常工作时收集驱动的各种状态，如图 7—6。当驱动失败时，Shadow Driver 将自己临时接管驱动的功能，响应请求，如图 7—7 所示。在接管的同时 Shadow Driver 将失败的驱动恢复到一个可以正常工作的状态后由继续由真正的驱动工作，恢复到图 7—6 状态，正常工作。

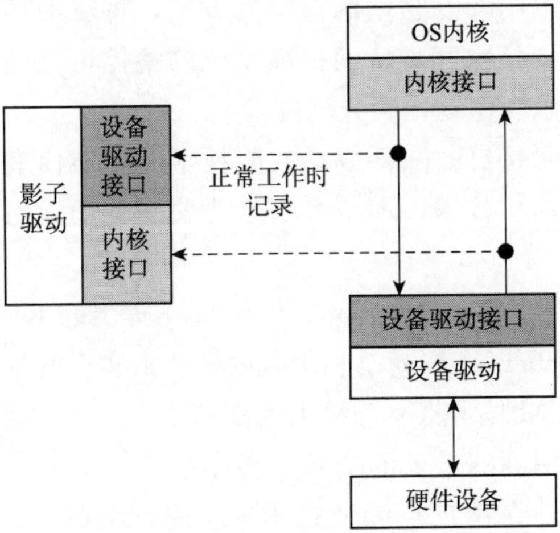

图 7—6　Shadow Driver 在驱动正常工作时记录驱动与 OS 的交互

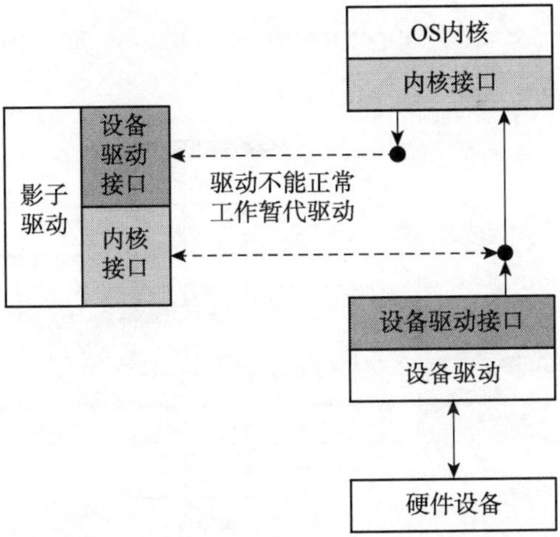

图 7—7　驱动出现问题时 Shadow Driver 接替工作直到驱动恢复

7.1.4.3　用户态驱动

一般情况下驱动运行于内核空间，拥有特权级，对整个内核空间都具有读写的权限，因而驱动的错误往往会造成系统的崩溃，采用轻量级域保护可以限制驱动读写内核空间的权限。如果换一个角度考虑，可以采用降低驱动的权限的方式，将驱动移出内核，防止驱动崩溃整个内核空间，从而提高系统的整体可靠性。这类技术主要有微内核技术和驱动代码分割技术。

微内核技术是目前降低驱动权限技术的典型代表。目前已经发展到第二代微内核技术，本小节中主要关注基于微内核的驱动可靠性加固技术。

康奈尔大学的 Dan Williams 于 2008 年提出的 RVM（Reference Validation Mechanism）就是利用微内核技术实现的提高设备驱动可靠性技术。RVM 技术将驱动移出内核到用户空间，且每个设备驱动只能访问它能用到的最少的资源，操作系统给予设备驱动能工作的最小权限。驱动在用户空间通过 RVM 进行 I/O 操作和处理中断。如图 7—8 所示，设备驱动在非特权的用户空间内执行，由硬件实现隔离，I/O 和中断通过 RVM 的处理及与相应驱动相关设备的安全策略检验（Device Safety Specifications，DSS），而后由 RVM 与硬件设备通信。

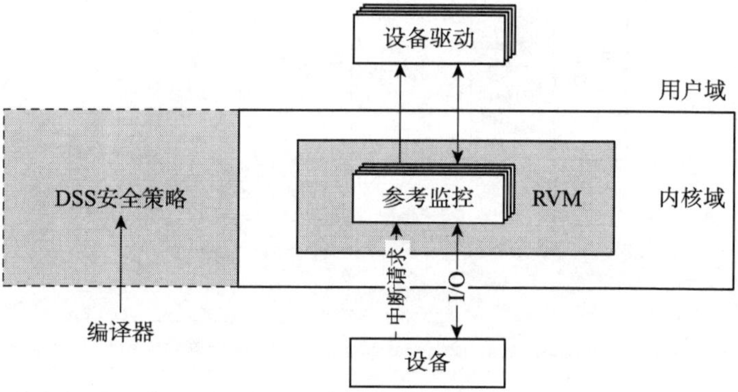

图 7—8　RVM 架构示意

RVM 主要能实现四种保护。

1）隔离作用：防止读写非驱动拥有的空间，不仅可以防止内核空间的非法读写，也可以防止用户空间内非法的读写；

2）限制权限：驱动无法提高自己的权限；

3）防止处理器无限等待：驱动不能占用 CPU 超过预先合理定义的时间片；

4）其他设备定义的非法操作：通过在 DSS 中定义设备特定的非法操作，如限制驱动使用的资源、防止驱动损坏硬件等限制。

将驱动从内核中移出降低权限的技术也有局限性。如果利用用户模式驱动架构会大大降低性能，因为将驱动移到用户模式下，驱动在工作时需要频繁的域切换。而且如果想要提高用户模式驱动架构的性能，就需要完全重写驱动，成千上万现有的驱动都需要重写，这需要耗费大量人力财力。有没有方法让现有的驱动移到内核外而又保持一定的性能呢？分割驱动代码技术着力于解决上述问题。分割驱动代码技术最先是由 Vinod Ganapathy 于 2008 年在微驱动（Microdriver）架构中提到。

微驱动架构技术将驱动分割为两部分。

1）k—driver 拥有内核权限，关键的代码如 I/O、中断处理等放在 k—driver 中，这部分代码享有内核权限，在内核域中运行。

2）u—driver 在内核以外的用户模式执行，除上述代码外，均放到 u—driver 中在内核域外执行。

因而，利用这种技术开发驱动程序，可以较大程度的复用原有的驱动代码。而且 Vinod Ganapathy 开发了自动分割驱动代码的工具 DriverSlicer，可以自动地将原有驱动代码分割生成微驱动架构驱动，极大地方便了开发人员，提高了效率。

而后威斯康星大学的 Matthew J. Renzelmann 与 Michael M. Swift 扩展了 Microdriver 技术，产生了 Decaf Driver 模型。在 Decaf Driver 模型中系统允许驱动开发人员使用高级语言，如：Java 开发的 u—driver 运行，借鉴高级语言的一些安全特性提高 u—driver 的可靠性，但是 k—driver 由于其本身特性的要求，还不能依靠高级语言实现。

上述的分割代码技术和 Decaf Driver 模型都在性能消耗较低的情况下提高了驱动子系统的可靠性，但是它们也有局限性，没有监控内核层中 k－driver 安全，如果 k－driver 的可靠性不高，会影响整个驱动子系统的可靠性。

7.1.4.4 虚拟驱动技术

虚拟驱动技术是通过虚拟机或微内核将设备驱动隔离，在不同系统中来提高驱动的可靠性。

2004 年，剑桥大学的 Keir Fraser 提出了一套虚拟化的 I/O 架构，如图 7－9 所示。这种 I/O 架构目标是提高操作系统中设备及其驱动的可靠性、可维护性和可控性。新一代 I/O 架构由 I/O 空间、设备一致化接口和设备管理器三个部分组成，其中：

1）I/O 空间的引入是为确保设备在隔离空间里履行职能，这样可通过限制设备失效可能带来的伤害来提高系统的可靠性；

2）为特定类所有设备定义一组一致化接口来提高设备的可移植性，避免了对不同操作系统重新实现特定功能；

3）设备管理器为所有设备提供统一的控制管理接口，简化了系统的配置、诊断和设备问题处理。为保证向后兼容，新的架构也提供了传统驱动的接口。

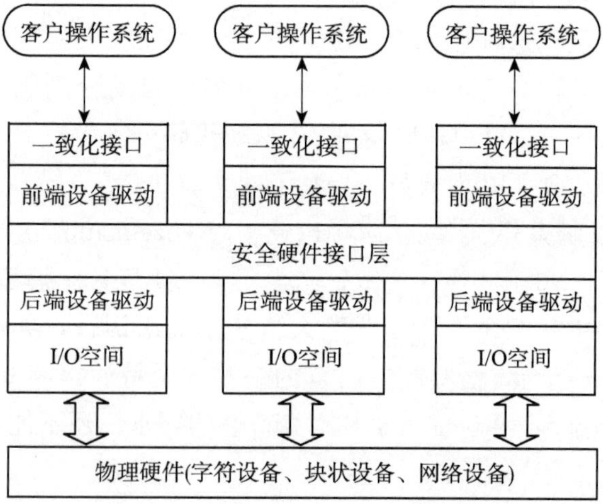

图 7－9 虚拟化的 I/O 架构示意图

研究者在 Xen 虚拟机上，成功实现了新一代 I/O 体系结构框架的原型。该原型将设备驱动置入单独的、与应用分离的资源控制域中，可用合适的硬件访问权限进行配置。虚拟机 Xen 提供了所需的处理器和硬件上下文隔离。他们还在系统控制器中添加了一个设备管理子系统，集成了某些必需的设备控制和设备管理服务。在客户端操作系统与其他域驱动之间的通信方面，他们引入了基于共享内存和异步通信机制的设备通道，设备通道提供了高性能数据传输的统一抽象接口。

虚拟技术最重要的一个特性是它的隔离性，多个软件可以通过虚拟机互不影响地运行在一台机器上，体现对底层硬件资源的共享。此外，在同一台物理机器上的多个虚拟机实例彼此完全隔离。它们可以各自安装不同版本的软件，而不需要考虑不同虚拟机实例中软件的兼容性问题；还可以互不影响同时运行，而不会因为一个虚拟机实例中的软件失效导致另一个虚拟机实例出错。

在基于虚拟机的设备驱动框架中，设备驱动被隔离在另一个系统中，提高了设备驱动的可靠性，也使得设备驱动具有鲜明的可重用特点。但是，大量的 I/O 请求会带来频繁的虚拟机间场景切换，远比传统操作系统中核内外切换粒度要大，开销也要大得多，从而导致 I/O 性能的下降，将直接影响设备驱动子系统的效率。

7.2　高可靠 RTOS 容错技术

7.2.1　高可靠 RTOS 容错技术意义

计算机系统失败的原因很多，如设计问题、环境因素、硬件老化、操作错误或以上原因的组合。计算机错误可以分为设计错误和运行时错误。运行时错误又可以分为永久错误和暂态错误。永久错误主要是由于物理损坏造成的，如晶体管击穿、电路短路造成器件的物理损坏，只有把损坏的器件更换掉才可以排除的错误。另外，随着半导体技术的发展，现代的微处理器有着更高的晶体管密度、更小的能耗、更高的性能的同时，其可靠性也降低了，这是因为这种处理器的晶体管敏感性更高，更容易发生暂态的错误。如在高能粒子的轰击、电路电流的浪涌等情况下，它们都可能影响软件的正常执行出现暂态错误。

研究表明，暂态错误是造成目前系统故障的最主要原因。根据美国得克萨斯州立大学和 IBM ARL 实验室的统计，从 1992 年到 2011 年，没有采取保护措施芯片的暂态错误率增长了 9 倍。

在航天领域中使用的 RTOS，其可靠性关系到整个系统的可靠性。这就要求 RTOS 采用避免错误、消除错误、容错等技术提高对系统出现错误及故障的应对能力。这些技术贯穿于 RTOS 设计、运行和维护的整个生命周期，在不同阶段采用相应的可靠性保障措施。

避错、消错是指系统在研制阶段，也就是投入运行之前，通过历史经验积累，结合仿真、测试等手段，并运用故障模式分析方法，梳理、定位各类可能导致系统失效的潜在因素，在系统设计中设法预防和排除上述问题。但是波兰华沙大学的 J. Sosnowski 在 1994 年指出："仅采用避错技术，仍无法完全消除各类隐患。"因此，需采用容错技术等其他手段作为补充。

容错技术是指当系统在运行时，有错误被激活的情况下仍能保证不间断提供服务的方法和技术。实时系统运行的正确性包括两个方面，一方面是系统能够得到正确的计算结果；另一方面是结果应该在规定的时间内得到。因此，容错技术需满足上述两方面约束。

在本节中，将围绕高可靠 RTOS 容错实现技术展开，首先对容错技术思想及方法进行简要介绍；进而，介绍容错技术中两种主要的容错策略：错误屏蔽和错误恢复；最后，对 RTOS 容错实现技术分类，并进行相关实现技术的介绍。

7.2.2 容错技术

容错的功能是在系统内部出现错误的情况下，仍然能够提供正常服务或提供可以容忍的服务。在提供服务的同时，系统检测并尽可能纠正错误或恢复功能。

容错的基础是冗余，容错技术通常是一种或几种冗余的综合应用。需要注意的是冗余的系统不一定是容错系统，但容错系统一定是冗余的。冗余包括软件冗余、时间冗余、信息冗余、硬件冗余。

1）软件冗余是指给系统增添一些程序，这些程序并非为完成基本功能而设，而是为提高系统可靠性而编制；

2）时间冗余是指系统正常运行时，处理器利用率小于某一确定上限，使处理器具有足够空闲时间实现容错操作；

3）信息冗余即在原始数据中额外附加若干位的信息以达到故障检测或故障恢复等目的的冗余方式；

4）硬件冗余是用增加硬件设备的方法如冗余处理器、冗余通信信道、冗余内存和冗余电源容忍故障造成的影响，使得计算机系统在发生局部故障时，系统仍能正常工作。

根据对错误不同的处理方式，可将容错技术分为错误屏蔽（Fault Masking）和错误恢复（Fault Recovery）两种容错策略。

1）错误屏蔽（Fault Masking）的基本思想是：当系统运行出错时，采用各种冗余手段屏蔽错误结果，保证系统正确运行。主要包括：软件冗余屏蔽、信息冗余屏蔽、时间冗余屏蔽、硬件冗余屏蔽。

2）错误恢复（Fault Recovery）技术也是比较常见的容错手段，其基本思想是在系统运行中设立检查点，记录运行关键信息，当检测出系统运行出错时，可以恢复到最近的检查点并再次执行。这种技术主要用来修复暂态错误，以提高系统容错能力。主要包括：检查点技术和日志技术。

7.2.3　错误屏蔽策略

7.2.3.1　软件冗余屏蔽

在屏蔽策略中，利用软件冗余中主要用来屏蔽软件的设计错误和运行过程中的暂态错误。分为设计多样性和数据多样性两种。

(1) 设计多样性

纽卡斯尔大学的 B. Randell 在 1975 提出了设计多样性（Design Diversity）技术，该技术的引入主要目的是为了屏蔽设计中引入人为的缺陷。设计多样性技术的核心思想是：完成同一个功能可以有多种可能的不同方法，将每种可能的方法都实现（每种实现称为一个变体），并尽可能保证至少有一个变体能可靠地运行。既然每种变体的设计思想各不相同，对于同样的输入，不同的变体就可能产生不同的输出，这时就需要一种表决机制来判断哪种输出是正确的或可接受的。依据表决算法的不同，设计多样性主要有三种经典的实现。

① 恢复块技术（RcB）

在加拿大多伦多大学 J. J. Horning 提出的用于错误检测及恢复的程序基础上，B. Randell 于 1995 提出了基于软件冗余的错误恢复技术：恢复块技术，该技术是最早使用设计多样性方法的软件容错的方案之一。

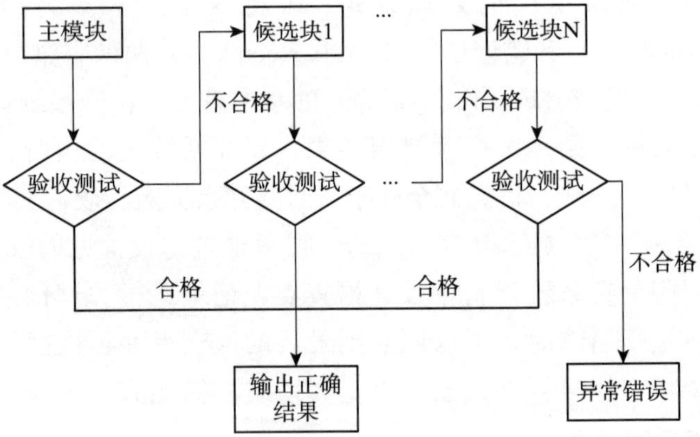

图 7—10　RcB 恢复技术流程

如图 7—10 所示，RcB 由 N+1 个实现同样功能的程序体和验收测试组成。程序体按照执行顺序分为主模块和 N 个候选模块。主模块的运算结果由验收测试检验，若结果通过测试，则输出，否则运行候选模块，如果候选块 1 也失败则运行候选块 2，如此循环，直到获得正确结果；如果所有模块均出现错误，则 RcB 失效。

② 多版本程序技术（NVP）

Algirdas Avizienis 于 1977 年提出了容错软件设计的 N 版本程序设计方法。该方法从相同的程序初始规范出发，设计出多个相互独立的具有相同功能的程序。该方法由 N（N≥2）个功能相同的不同程序及一个表决器组成。各程序执行完成后，产生的结果均送入一个表决器中，根据表决算法进行表决，产生一个输出结果。这种软件容错的策略采用的是典型错误屏蔽的思想。因为相互独立的程序产生相同或类似错误的概率很小，所以这种方法能够有效地把个别程序的错误屏蔽掉，提高了结果的可靠性。NVP 开发及原理流程如图7—11所示。

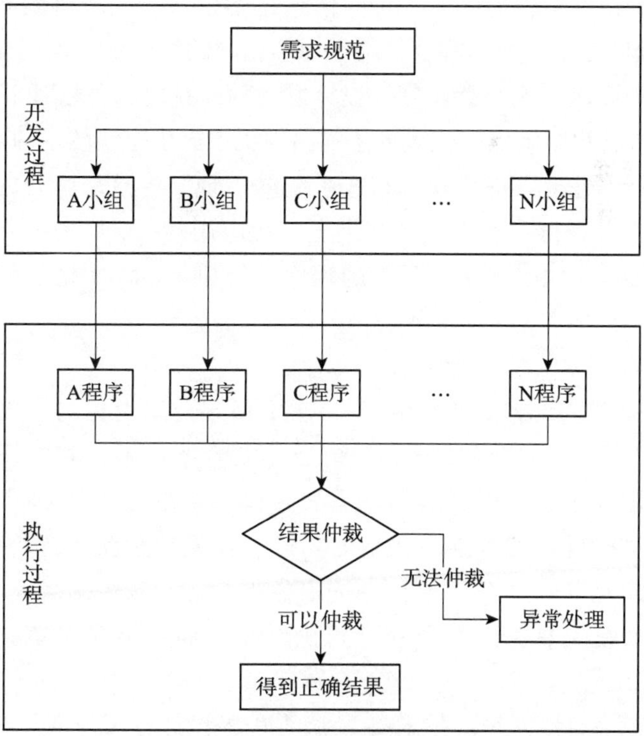

图 7—11　NVP 开发及原理流程

N 版本程序设计方法的关键在于减少多个版本程序中相关联的错误，相关错误对于 N 版本来讲是致命的，会使表决算法选出的结果是出错程序的结果，因而使输出结果的可靠性大大降低，这是 N 版本程序设计方法的缺点之一。因此，在 N 版本程序设计方法中，要尽可能采用不同的算法、设计语言、环境、工具等，以避免相关错误或降低相关错误产生的概率。

对于不同的版本数 N，可采用不同的表决算法。当 N=2 时，可以采用比较的方法，如日本发射的 ETS—VII 型卫星，就是采用这种方法。当两个程序的结果相同时，输出一个结果；否则，发出错误信息。当 N≥3 时，可用少数服从多数的表决方法。由于表决是在所有的计算完成之后进行的，必须采用有效的同步机制，保证表决的正常执行。但表决无法进行的情况还不仅限于同步机制问题。例如，当 N=3 时，每个程序的结果均不相同的情况下，也同样会使表决无法实现，这是 N 版本程序设计方法的缺点之二。尽管 N 版本设计方法有着很多缺点，但该方法的出现也推进了容错技术的发展。

随着多处理器系统和分布式系统的出现，将原来串行的方法改为并行，为 N 版本程序设计提供了广泛应用的机会，并获得了良好的容错特性。同时，多个版本的程序并行执行，大大地加快了运行速度。

③ N 版本自检（NSCP）

1987 年，Laprie 等人在第 17 次 FTCS 会议上提出了将恢复块方法与 N 版本程序设计方法相结合的混合系统即一致性恢复块的软件容错方法。这种方法的基本思想是，系统首先按 N 版本程序设计方法执行，当 N 版本失效时，进入恢复块重新运行备份程序。这样，即使 N 版本程序设计方法中各版本的比较结果均不相同时，可进入恢复块重新运行，找出正确结果，而不会使系统失效，如图 7—12。

基于一致性恢复块技术将 N 版本程序设计方法与恢复块技术结合在一起，同时也吸收了各自的优点。例如：N 版本程序设计方法降低了各版本之间相关性的概率，且表决方法简单；采用恢复块技术，使程序各模块之间显得简单明了。同时它也有自己的优点，在具有较高可靠性的验收测试的条件下，由该技术实现的软件容错系统可靠性高，要大于 N 版本程序设计方法和恢复块技术。但这种混合方法也有自己的缺点，当验收测试的可靠性较低时，系统的可靠性要小于组成该系统的各版本程序的可靠性，因此，验收测试也是该技术中的一个关键问题；另外，由于它是两种技术的混合，因而，无论是在时间上还是空间上的开销，都要大于前两种技术。

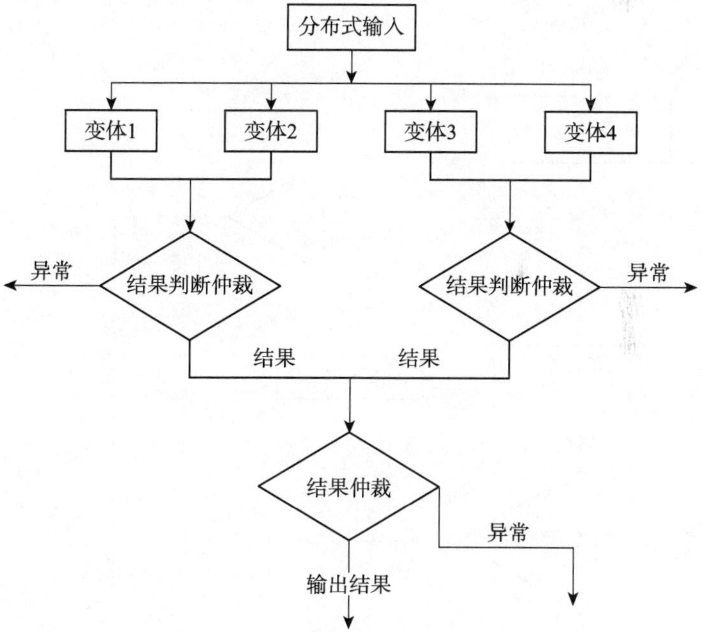

图 7—12　NVSP 原理流程图

(2) 数据多样性

数据多样性是设计多样性的改进。同设计多样性着眼于实现相同功能的不同设计不同，数据多样性着眼于程序的输入数据，利用数据重表达算法（Data Re—expression Algorithm，DRA）获取不同表达方式的输入数据作为程序的新输入数据。以不同表达方式的输入数据执行相同的程序或程序的变体是数据多样性技术的核心思想。美国弗吉尼亚大学的 Ammann 和 Knight 在 1987 年提出了设计多样性的改进——数据多样性。这种思想结合 RcB 和 NVP 两种技术产生了两种经典的数据多样性技术。

① 重试块（Retry Block，RtB）

作为 RcB 的改进，RtB 也是一种动态技术，它利用重表达的数据和可接受测试与后向恢复来实现容错。其基本结构如图 7－13 所示。RtB 的容错效果取决于 DRA，适用于顺序处理环境。

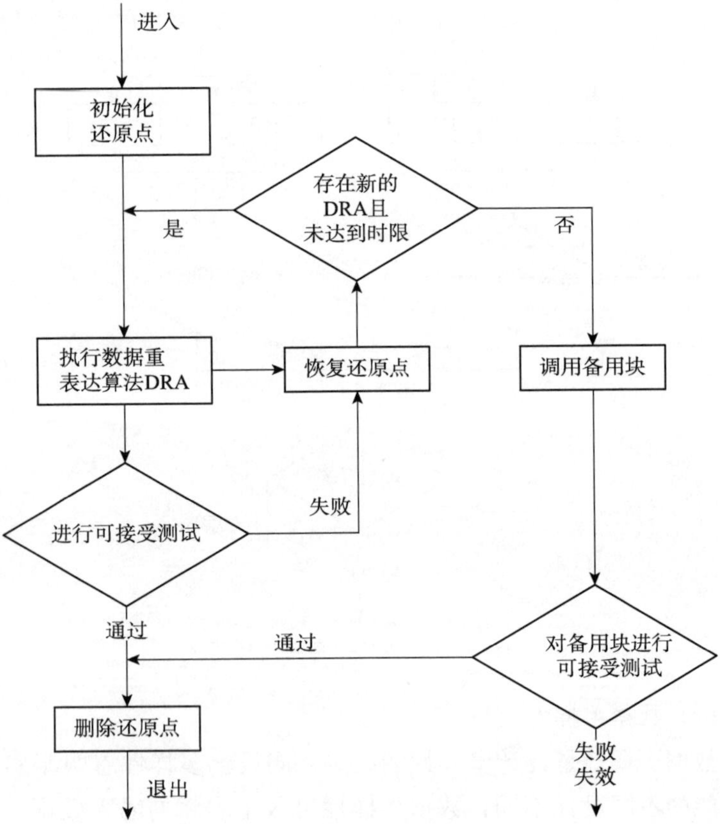

图 7－13　RtB 处理流程示意

② N 拷贝程序设计（N－Copy Programming，NCP）

作为 NVP 的补充，NCP 同样是一种静态技术，使用重表达数据和决策机制与前向恢复来实现容错。其基本结构如图 7－14 所示。NCP 的容错效果也取决于 DRA，适用于分布式环境。

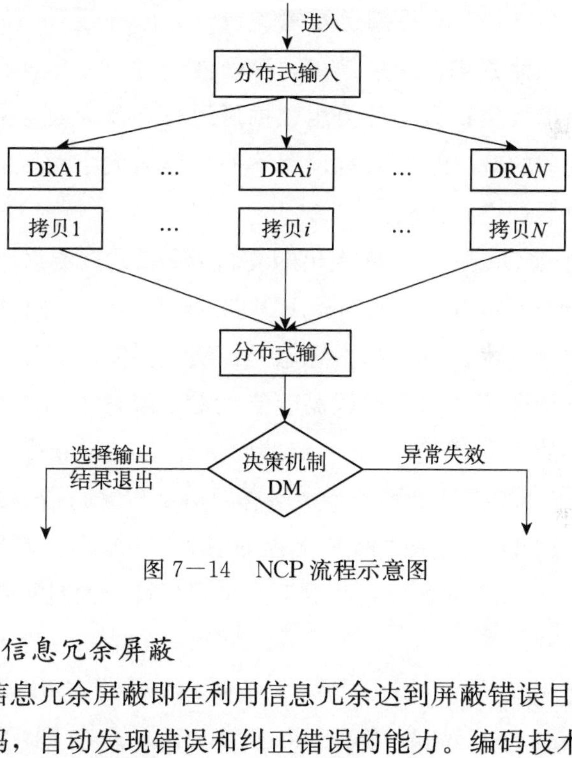

图 7－14　NCP 流程示意图

7.2.3.2　信息冗余屏蔽

所谓信息冗余屏蔽即在利用信息冗余达到屏蔽错误目的的技术，如纠错编码，自动发现错误和纠正错误的能力。编码技术常用在信息的传输、存储和处理中，具有代表性的信息冗余编码方法不仅有常用的奇偶校验码 Parity、循环冗余校验码 CRC、海明码及它们的扩展改进版本，还有较近期的 RED－FEC Mechanism、ABFT、check－sum EDAC 等。

信息冗余屏蔽相比其他容错屏蔽策略有其独特的优势：代价小，仅需要少量额外的存储字节和计算开销或少量的额外编码电路即可，与大规模的系统硬件冗余相比开销要小得多；速度快，冗余信息一般和数据在一个时间片处理，检错、纠错动作在处理数据时并行完成避免了错误恢复操作带来的延迟。但其应用受限，一般只能用于通信、存储中。

7.2.3.3 时间冗余屏蔽

时间冗余屏蔽基本思想是重复进行计算以屏蔽暂态故障。一般来说有以下几种方式，一种是在同一硬件上对同一数据在不同时间片执行同一指令集；另一种使用数据延迟设备及表决电路结合，将一次数据处理的输出结果通过设置不同的延迟大小而复制成多个版本并在表决器处进行比较。

Nahmsuk Oh 在 2002 年提出的复制指令错误探测（Error Detection by Duplicated Instructions，EDDI）技术，是一种利用时间冗余编译器级容错技术。它的基本思想是：编译器复制程序指令并将源指令与复制指令合并（为了提高容错性能，两种指令放在不同的寄存器和内存的不同位置）。在一定的同步点（store 指令处和 branch 指令处），编译器插入检测指令来检查源指令与复制指令的执行结果是否一致。EDDI 的结构与操作流程如图 7－15 所示，其优点是效率高，既可用于单机环境，又可用于分布式环境，而且可以根据不同环境加以定制。

普林斯顿大学的 Reis G. A. 等人在 2005 年提出 SWIFT（SoftWare Implemented Fault Tolerance），SWIFT 是在 EDDI 基础上改进的编译器级容错技术。SWIFT 对 EDDI 的主要改进为：首先，指令复制范围不再是整个内存子系统，而仅是所有的 store 指令；其次，存储子系统中一般都已经有了 ECC 支持，在 EDDI 基础上使用 ECC 就在很大程度上减小了复制指令所引起的额外内存开销；然后，EDDI 本身并没有考虑流控制机制，无法屏蔽控制流故障，SWIFT 增加了基于签名的控制流检测机制。另外，通过仔细的设计，SWIFT 还进一步减少了不必要的检测指令。其结构与操作流程如图

7—16 所示。由于编译器级容错技术设计仔细，SWIFT 的容错效果非常好且执行效率很高。SWIFT 既可应用于单机环境又可应用于分布式环境，但其实现起来较为复杂，适合于有高可靠性与高实时性要求的系统。

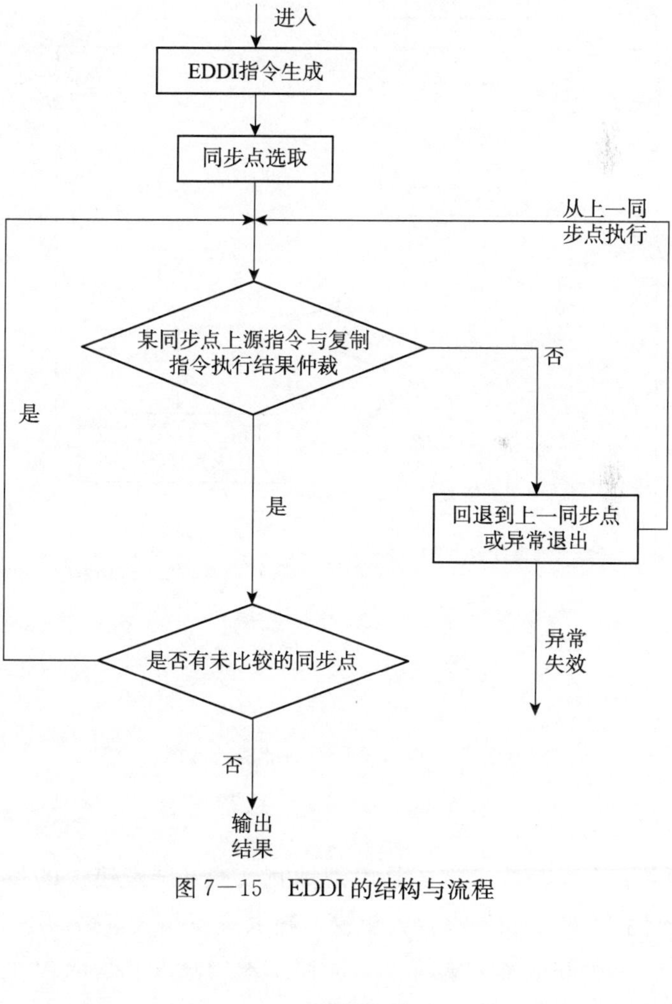

图 7—15　EDDI 的结构与流程

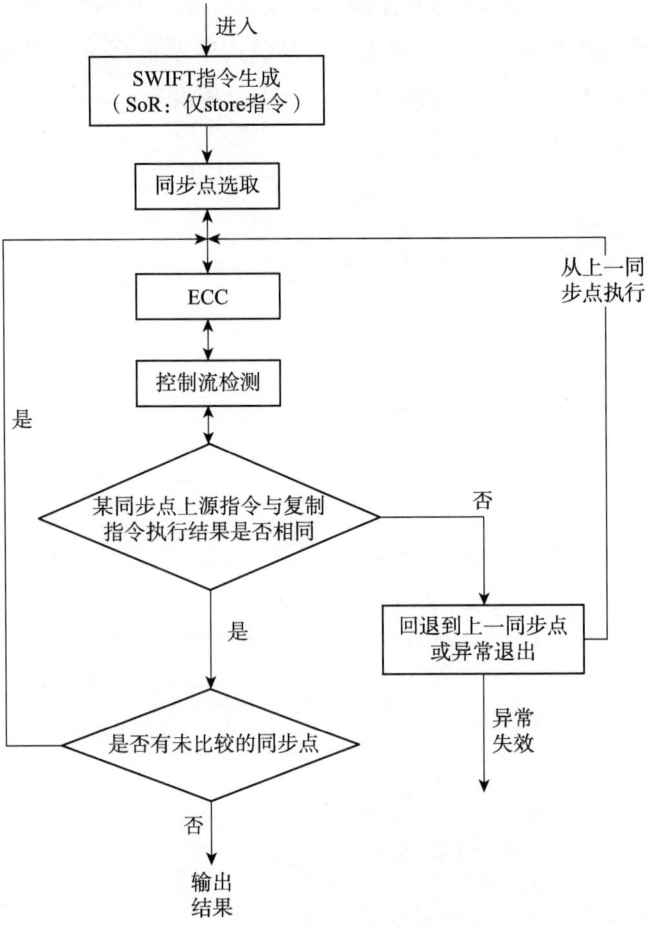

图 7－16　SWIFT 的结构与流程

7.2.3.4　硬件冗余屏蔽

硬件冗余屏蔽技术主要是以硬件冗余达到屏蔽错误的目的。随着半导体技术的不断提高，大规模、超大规模集成电路的不断进步，发展硬件资源的成本大大降低，因此，采用硬件冗余成为计算机容错系统的设计中非常重要的方法。

冯·诺依曼提出的三重模块冗余机制（Triple Modular Redundancy，TMR）是一种典型的硬件冗余屏蔽技术。

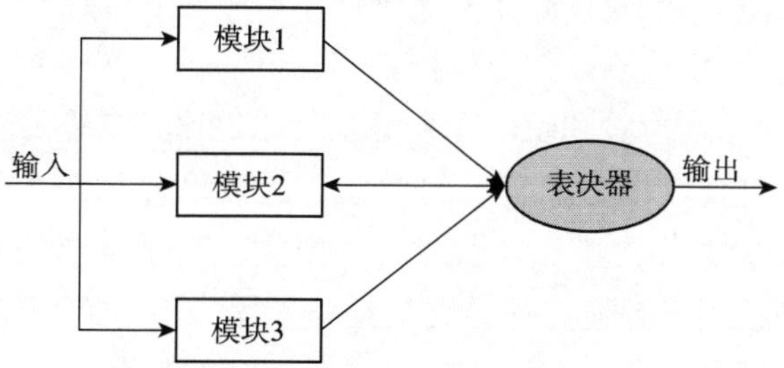

图 7—17　TMR 三模冗余结构

如图 7—17 TMR 三模冗余结构所示，TMR 包括三个完全一致的运算电路，三者的输出与一个比较电路相连，采用少数服从多数的比较原则决定最终的输出。比较电路进行错误检测，并保证无错模块的运行不受出错模块干扰，是 TMR 实现的关键。TMR 仅对暂态缺陷引发的单模块错误有效，若出错模块无法恢复正常，则比较电路无法进行错误检测。为了进一步提高系统的可靠性，可以采用多重模块冗余结构（NMR），NMR 对暂态和永久缺陷引发的错误均有效，最多能应对［（n—1）/2］个错误的同时发生。永久缺陷引发的错误将降低 NMR 的容错能力。

7.2.4　错误恢复策略

错误恢复是在系统中利用可靠存储将以往的正常执行过程中的信息保存，如果通过错误检测手段检测到错误，则系统恢复到以前存储的正常状态下。

错误恢复策略的基础也是冗余，但利用冗余的方式与错误屏蔽策略不同。错误屏蔽技术一般利用冗余资源来表决，而错误恢复技术一般利用冗余资源进行错误检测。

错误检测是错误恢复中的一个重要环节，只有系统能够检测出错误才能够决定恢复的时机，并且要准确定位错误才能保证能够系统恢复到发生错误前的正常状态。同错误屏蔽一样，错误检测也需要冗余的支持，按照各种冗余不同也可分为：

1）软件冗余检验，如在系统中使用多版本软件比较结果；

2）信息冗余检测，如奇偶校验码；

3）时间冗余检验和硬件冗余检验，通过比较结果发现错误。

错误恢复技术按照其基于的对象不同可以分为两大类：基于检查点的错误恢复以及基于日志的错误恢复。基于日志的错误回卷恢复方法特别适用于频繁与外界交互且外界操作不可撤销的应用场合，这种技术在服务器及数据库中应用广泛，但不适用于一些实时环境，因此本书中不对这种策略做详细介绍。

检查点恢复是应用非常广泛的后向恢复技术，其核心思想是当进程正常运行时，将系统运行中某一时刻正常状态信息保存在一个稳定存储介质上（这个过程称作检查点，保存得到的文件称为检查点文件），当发生故障时，就可以利用检查点文件将系统恢复到所保存那一时刻的正常无错状态，程序不需从头开始重新运行，从而降低计算量。

系统恢复后可以继续执行原先的代码，也可运行不同的代码。执行相同代码可以有效防止暂态错误对系统的影响，设置检查点的间隔，也要精心选择，防止暂态错误影响检查点；执行不同代码则与设计多样性的 RcB 技术类似。两种不同的实现方式都需要系统时间冗余的支持。因为在计算机运行时建立检查点需要额外的系统资源，有时这些额外的消耗影响了整个系统的性能，或在一些实时系统中影响实时性。

检查点技术需要注意两个基本问题。

1）如何设立还原点问题？当进程可以与其他任意进程通信时，如果一个进程设置了还原点，其他所有的程序都要设立还原点，这会造成大量的系统资源花费在设置还原点上。

2）如何解决多米诺现象？多米诺现象如图 7－18 所示，由于还原点设置时机和通信的时机问题，当错误发生后 P1 和 P2 不得不同时恢复到 A 点。

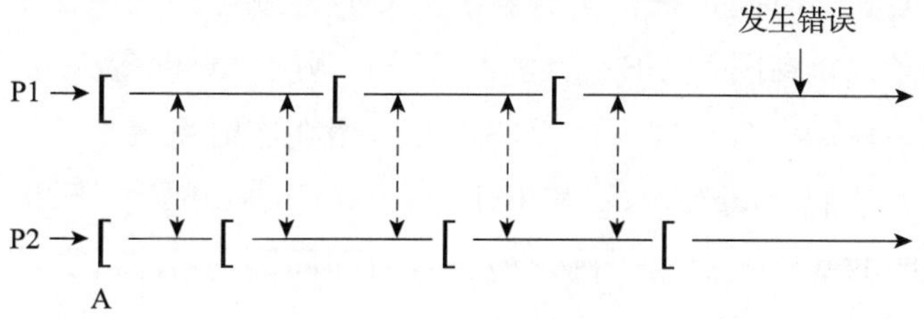

图 7—18 多米诺现象

↕ 通信过程；[检查点；→时间

为解决以上问题 B. Randell 在 1975 年提出了会话（Conversation）概念。所谓会话，是将系统在动态执行过程中进程之间的消息交互划分为互不相交的若干单元，每个单元均包含了两个以上的进程及其在特定时间段内的消息交互过程，这些单元称为“会话”。会话的执行具有封闭性，组成会话的进程在会话过程中不与非会话进程交互；会话的原子性要求会话中任何进程的错误均导致本会话进程恢复至进入会话前状态。通过对会话的精心设计，进程的恢复距离得到控制，一方面可以有效减少建立恢复点资源消耗，也可以防止出现连锁多米诺现象。尽管会话理论十分有效地控制了资源消耗和多米诺现象对系统的影响，但是它应用在实时系统中还会有些难度。

因此，纽卡斯尔大学的 Thomas Anderson 和 NASA 兰利实验室的 John C. Knight 在 1983 年基于会话理论提出了应用于实时系统的恢复技术——Exchange 策略。Exchange 实际上是更加严格的会话，组成 Exchange 的进程初始化的时候就进入 Exchange，并且当且仅当所有组成 Exchange 的进程都终止的时候才退出 Exchange。Exchange 策略大大降低了实时系统中实现恢复技术的消耗，使在实时系统中实现恢复成为了可能。

另一种控制建立检查点资源消耗的方法是通过合理选择检查点的时间间隔减少建立检查点的个数。间隔时间短了系统消耗大，且暂态错误的影响可能没有完全消除（如 SEU 没有恢复时就重执行）；

另一方面间隔时间过长，实时系统的实时性就可能无法保证。基于这样的考虑，韩国 KAIST 的学者 Seong Woo Kwak 等人在 2001 年提出了一种选择时间间隔的算法，并应用在实时系统中。另外，美国杜克大学的 Ying Zhang 和 Krishnendu Chakrabarty 于 2003 年在数学证明的基础上提出了确定检查点时间间隔的技术，并将这种技术应用到了强实时系统上。

7.2.5 RTOS 容错实现技术

7.2.5.1 RTOS 容错技术

随着载荷水平不断提高，航天器寿命不断延长，对 RTOS 自身及系统整体的可靠性提出了极高的要求，迫切需要 RTOS 对复杂冗余设备、冗余部件提供有效管理与支持，提供覆盖任务级、模块级、部件级到系统级的多层次冗余容错故障检测、管理与处理支持，提高资源利用效率、降低应用程序复杂度、减轻人员开发负担，因此，在 RTOS 中采用容错增强及加固技术，对提高系统可靠性有着重要的意义。

高可靠 RTOS 的容错技术主要体现在如下两个方面。

1）RTOS 内核级容错：主要利用各种容错手段提高 RTOS 内核功能模块的可靠性，增强内核抗拒运行过程中产生错误、异常的能力，主要技术手段如图 7－19 所示。

2）RTOS 对系统级容错支持：随着部件级冗余不断丰富，如 CPU 冗余、数据冗余缓冲、冗余惯性组件，以及各种混合冗余结构，多机冗余复杂度进一步加大，4 机甚至 5 机冗余方案将得到应用，迫切需要 RTOS 对复杂冗余设备、冗余部件提供有效管理与支持，包括多机同步控制、数据通信、投票表决、容错模式转换等。RTOS 对系统级容错支持的技术分类如图 7－20 所示。

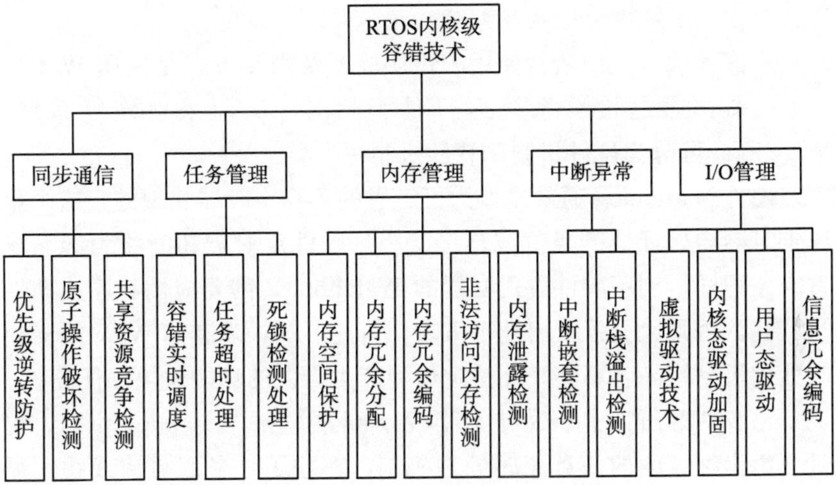

图 7－19　RTOS 内核级容错技术分类示意图

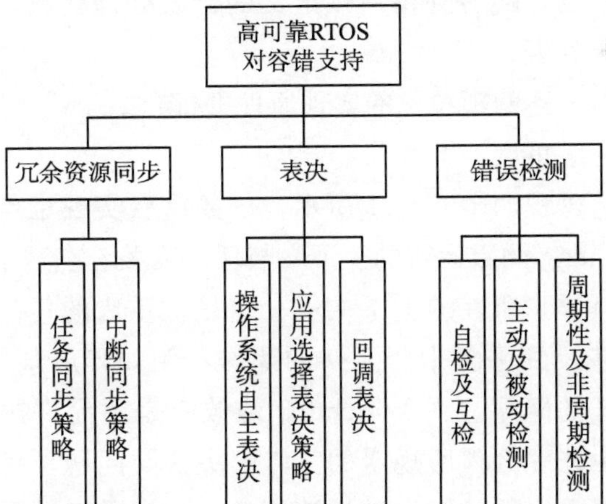

图 7－20　RTOS 对系统级容错支持的技术分类示意图

在本书的前续章节中，对容错实时调度、内存空间保护、内存冗余分配等技术进行了介绍，本小节将进一步对任务超时检测及处理、冗余资源同步等技术进行介绍。

7.2.5.2 任务超时检测及处理

在嵌入式系统中最常使用的错误检测及恢复方式是使用 Watchdog 机制，通过检测系统运行是否超时，从而采取恢复策略。Watchdog 可分为硬件机制和软件机制两大类。

硬件 Watchdog 通常是作为可触发的单稳定时器实现的，这个单稳定时器与处理器的复位线连接。一旦硬件定时器超时将引起系统重启。同样，利用软件方式实现的 Watchdog，需要应用程序周期性“喂狗”，否则也会采取启动等策略。由此可知，现有的 Watchdog 超时处理机制精细度不够，无法定位到产生错误的功能模块和任务级。

在我们的研究中，改进了 VxWorks 的软件 Watchdog 机制，提供了更为细粒度的任务超时处理机制，新增了任务级重启或跳出循环错误等处理手段。任务级重启可以定位到任务，仅重启出错的任务，其他任务不受影响；跳出循环错误处理机制，可以使系统的控制流程发生改变，跳转到用户预定义的错误处理代码，从而完成对错误的分析与处理。

以下将对上述两项技术的实现原理进行介绍。

(1) 任务级重启

任务重启过程如图 7－21 所示，任务重启实现难点在于：在该系统中 Watchdog 函数运行的上下文与任务无关。在这个函数中需要重启任务的时候，所在的上下文不一定是被重启的任务。另外，由于重启任务涉及到许多十分复杂的操作，例如释放某些内存块等，这将导致任务的阻塞。在 Watchdog 函数中是不允许执行阻塞操作的，这是中断处理例程所规定的。为解决这类问题，我们采用信号机制，通过将重启的通知发送给该任务，达到重启的目的。具体流程是通过向指定的任务发送一个信号，修改该任务的上下文使它在信号处理函数中进入重启，跳出当前操作，从而达到 Watchdog 重启任务的目的。

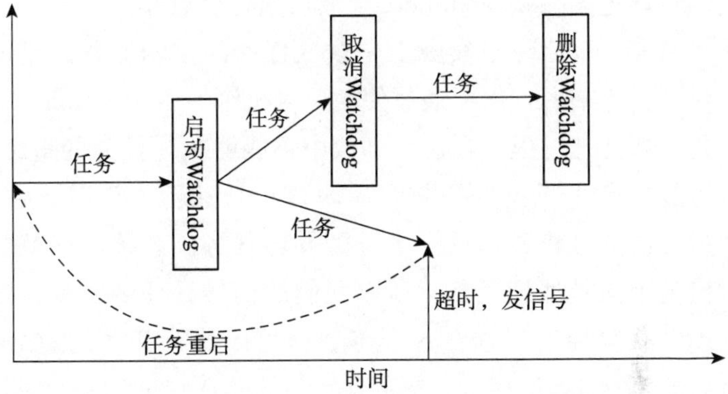

图 7－21　采用 Watchdog 实现任务重启示意图

实现 Watchdog 任务重启核心功能需要由三个函数支持：

1）wdRestartSet：当某个任务需要启动一个长时间操作，并且一旦操作失败便需要重新启动这个任务时，使用这个接口来初始化一个满足这个重启目的的 Watchdog，并设定一定的超时时间。超过设定时间后，如果任务没有取消这个 Watchdog，就重新启动这个任务。

2）wdRestartCancel（int v）：取消由 wdRestartSet 函数设定的 Watchdog，这样 Watchdog 就不会将任务重启。

3）wdRestartDel（int v）：删除 wdRestartSet 创建的 Watchdog，这个函数将首先取消这个 Watchdog，然后删除之。这样 Watchdog 又重新返回给系统了。

wdRestartSet 函数是实现重启任务的关键，其实现思想是设定一个有回调函数的计时器，该回调函数在超时后向任务发送重启消息，并由该回调函数执行清理及重启任务的操作。回调函数伪代码如下。

```
void wdRestartFunc (int par)
{
    wdRestartDel (par);
    taskRestart (0);
}
```

代码中首先删除该 Watchdog，而后执行重启操作。

具体而言，重启任务实际上是改变任务的控制流程。要做到这一点，对于任务来说，需要通过使用信号机制。由于 Watchdog 函数本质上是中断处理过程，在这个函数中不能够执行任务的重启操作，因为有可能中断了系统的内核，而内核正处在不一致状态。因此，需要通过发送信号将重启这一事件通知给任务。系统内核就会在适当的时机调用信号处理函数。所以我们的信号处理函数就在随后的信号处理中获得控制，这时这个函数就可以执行任务的重启操作。对于重启的 Watchdog 而言，它的使用方式是用户创建一个时钟信号的处理函数，这在系统中是创建定时器 timer _ create 函数，同时将它注册到时钟信号上。这样就有一个基于时钟的信号处理函数在等待服务。一旦时钟信号超时并且用户没有及时取消该时钟，时钟的信号处理函数就开始运行，Watchdog 的守护函数就发生作用。该函数在删除分配的时钟之后立刻重启当前任务，这样 Watchdog 的缺省重启函数就发生作用了。

（2）跳出循环处理

跳出循环错误处理机制是针对实时系统中经常有些需要长时间循环的操作，如果在循环中系统出现错误不能正常跳出循环时，可以利用跳出循环机制进行错误处理。具体过程如图 7－22 所示。在启动一个长时间的循环操作之前，用户调用这个函数启动一个守护的 Watchdog。如果任务在循环中不能正常的跳出循环，Watchdog 超时后从循环中的某处跳回到事先用户设置的回滚点。用户在这个回滚点之下处理循环超时的情况，这样不用重启系统或任务就可以使系统继续运行。

实现 Watchdog 跳出循环核心功能需要由三个函数支持：

1）wdJmpSet：在启动一个长时间的循环操作之前，用户调用这个函数启动一个守护的 Watchdog，设定超时的时间。同时，设定跳转的出口地址。如果循环超出设定的时间，任务就跳转到指定出口地址。

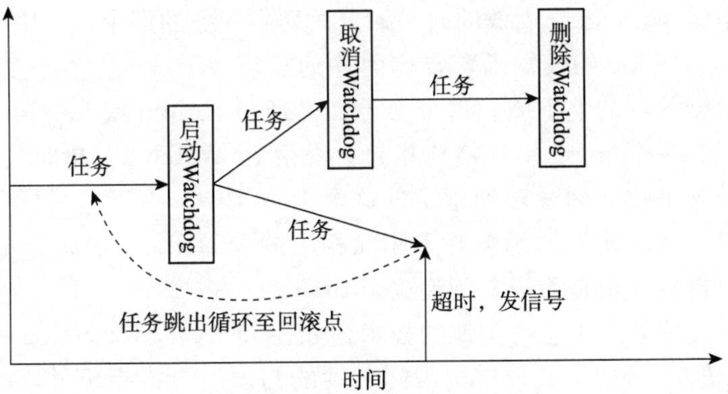

图 7—22　跳出循环处理过程示意图

2）wdJmpCancel：取消由 wdJmpSet 函数设定的 Watchdog，这样 Watchdog 就不会将任务重启。

3）wdJmpDel：删除 wdJmpSet 创建的 Watchdog，这个函数将首先取消这个 Watchdog，然后删除之。这样 Watchdog 又重新返回给系统了。

wdJmpSet 函数是实现重启任务的关键，其实现思想与任务重启 wdRestartSet 类似是设定一个有回调函数的计时器。回调函数伪代码如下。

```
void wdJmpFunc (int par) {
    longjmp (* (jmp_buf *) par, -1);
}
```

该回调函数中执行长跳转操作，jmp _ buf 是新定义的数据结构，存储跳转到的地址，数据结构定义如下。

```
typedef struct _jmp_buf {
    REG_SET reg;
    int extra [3];
} jmp_buf [1];
```

同重启任务一样，任务跳出当前循环动作不能够直接在 Watchdog 的处理函数中执行，而需要在信号处理函数中修改用户任务的执行流程。用户在使用这个 Watchdog 来守护自己的代码之前，首先要指定该 Watchdog 生效的时候跳出循环到任务的那个代码中去。所以该 Watchdog 的设置函数要比前述的重启 Watchdog 多一个参数，就是跳转的目的上下文。这个上下文是通过 setjmp 或 longjmp 函数对设置的一个 jmp _ buf 结构指针。然后在 Watchdog 超时的时候，信号处理函数立刻跳转到指定的这个上下文中。由于这时任务不是被重启，所以缺省的函数并不删除相应的 Watchdog timer。这样任务可以自行决定是否需要删除这个 timer。

在其他系统中也有类似的技术，如在 QNX 的 Watchdog 中使用 HAT 机制，HAT 在软件出现间歇性的错误时会捕捉事件，将控制传递给负责故障处理的用户任务。这个用户任务可以根据具体情况决定如何对系统进行恢复，而不是简单的重启系统。

7.2.5.3 冗余资源同步

在容错多机系统中，各冗余资源间要保持步调一致的工作，在某一时刻同时完成同一任务的某个基本动作，这样冗余资源的表决过程才有意义，才能保证系统中冗余资源的多数一致的原则下，屏蔽工作中少数故障资源的侵害。因此，容错计算机系统在协调完成各冗余的硬件和软件的表决、故障屏蔽、恢复等容错计算过程中，需要解决一个重要问题——同步问题，同步可分为时钟同步、松散同步和任务同步，如图 7—23 所示。

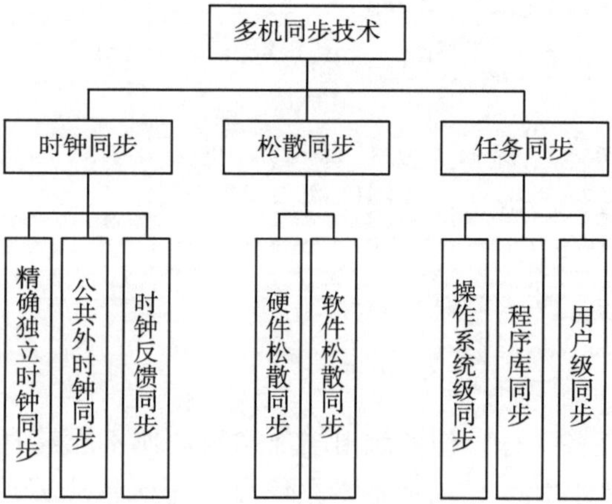

图 7—23 多机同步技术分类

同步机制是使容错计算机系统中某一层次或级别的冗余资源步调一致地进行工作的一种方法，一个同步机制包括一个同步协议和一个同步实施点。同步点是同步协议在系统中实施的层次或者位置，也称为同步实施点；同步协议是冗余资源在同步点为调整执行步调而必须共同遵守的规定，也称为同步算法。同步协议和同步实施点可以在系统的不同层次实现。

其中，基于硬件的同步机制需要系统中的冗余资源严格按步调锁步工作，如时钟同步等，其优点是同步精度高，但缺点在于硬件需定制，通用性不强。

基于软件的同步机制是在操作系统层或应用程序中设置检查点或同步点，通过消息通信协议实现同步。消息通信协议可以在程序中以库函数形式或者通过改造操作系统通信原语实现。在应用程序中设置检查点，要求应用程序设计人员有一定的容错理论知识，并需熟悉硬件体系结构及各种失效模式，通常这是较困难的事。在操作系统层中设置检查点，对应用程序完全透明，同步点无需人工干预，因而更适合复杂容错系统，近年来受到了广泛的重视。

2006 年，华中科技大学的熊庭刚研究员提出了一种新型的基于操作系统调用的同步技术。该技术硬件体系结构基于 TMR 结构设计，由总线连接三个冗余 CPU 模块及其他冗余外设。冗余 CPU 执行相同的程序，接收相同的输入，而后通过表决输出结果。

基于系统调用的同步思想为：应用程序主要通过调用操作系统功能，完成对系统的数据流及控制流处理，因而，可以通过改造应用程序与操作系统的调用接口，即操作系统调用的功能，嵌入同步点、数据表决及容错处理策略等，有效实现对系统同步运行的控制与管理。

该技术基于一个关键的数据结构——信息块结构 VoteMessage。信息块由三元组、表决数据和后续信息块指针组成。

其中三元组用来识别不同 CPU 上运行的相同冗余任务的同一次系统调用，由任务识别码、系统调用号、调用顺序编号组成。

1）任务识别码：唯一地表示冗余 CPU 中的同一任务；

2）系统调用号：代表系统调用号；

3）调用顺序编号：记录同一个任务对相同系统调用的访问次数。

相同任务在同一同步周期内的对相同系统的同次调用产生的三元组应是一样的。

表决数据是执行同步算法后需要表决的信息，表决信息根据程序执行过程中对数据流及控制流的变化而不同，具体来说就是根据系统调用的不同功能而定。如：文件打开调用中待表决信息是文件名，读文件待表决信息是读入的数据。

后续信息块指针指向后续的信息块，同一个任务的信息块构成循环队列。

当每个冗余 CPU 上运行的任务调用系统调用时，系统将首先执行同步算法进行表决，而后再完成系统调用所规定的功能。同步算法如下。

1）根据应用类型，取数 t 作为仿作任务容许的基本同步误差，设置同步定时中断初值；取临界值 $\omega \geqslant 1$。

2）在系统调用同步点，每个 CPU 上的仿作任务访问共享存储器，将待表决的信息块插入本任务的队尾；查找另外两个 CPU 的仿作任务队列，检查是否存在相同的信息块。如果找到，则说明本 CPU 的仿作任务是最后到达同步点的任务，于是启动表决过程，发送同步表决中断，唤醒其他 CPU 上睡眠等待的仿作任务，然后完成系统调用规定的功能；如果没有找到或只找到一个，则说明本仿作任务不是最后到达同步点的任务，于是启动定时器，睡眠等待被同步表决中断、同步定时中断，或者同步异常中断唤醒。

3）若仿作任务被同步表决中断唤醒，则取表决值，然后完成系统调用规定的功能。

4）若睡眠的仿作任务被同步定时中断唤醒，则说明在一个基本同步误差 t 内，至少还有一个 CPU 上的仿作任务未到达同步点，ω

减 1，如果不为零则重新启动定时 t，等待下一个基本同步误差时间段。

5）若睡眠的仿作任务被同步异常中断唤醒，即 $\omega=0$，则说明发生了同步异常，需进行同步异常处理。

6）未到达同步点的仿作任务，收到同步异常中断后，需进行同步异常处理。

为实现上述基于系统调用的同步技术，需完成对任务创建、任务删除、系统输入/输出等系统调用的改造，实现将任务同步、数据表决等动作嵌入到系统运行的数据流及控制流中。部分对系统调用功能改造的说明如表 7—2 所示。

表 7—2 系统调用改造说明

系统调用名称	系统调用改造说明
任务创建	首先创建新任务，而后构造进程构造树以识别冗余任务
任务删除	释放构造的进程树，而后执行任务删除操作
文件打开	使冗余任务在打开文件时同步并打开相同文件，即首先调用同步算法，而后对文件名表决再打开文件
文件关闭	与文件打开相似
写文件	使冗余任务写操作时同步并输出相同的结果，即首先执行同步算法并对读出缓存中数据表决，最后执行写文件操作
读文件	与写文件相似，不同之处在于先读入数据而后再同步

表 7—2 中仅列出了部分对系统调用的改造，为达到利用系统调用实现同步目的还要对任务的数据流及控制流过程中使用的所有系统调用进行改造。

7.3 RTOS 健康管理

7.3.1 健康管理概述

健康管理，又称为故障管理，主要是利用健康监控采集系统的各种状态信息，借助各种智能推理算法（如物理模型、神经网络、数据融合、模糊逻辑、专家系统等）评估系统自身健康状况，在系统故障发生前对故障进行预测，并结合各种可利用的资源，信息自我治愈或向管理员报告故障信息。健康管理将容错等可靠性保障技术融合在一起，在系统层次上综合管理，达到更高的系统可靠性、降低系统开发成本的目的。

与传统的容错技术不同，健康管理技术主要针对故障表现症状，诊断故障根源，并采取相应措施，消除或屏蔽故障，避免故障对系统运行造成致命损坏。尤其在航天领域，如深空探测项目中，地面无法全面对航天器进行测控，需要其具有较好的自主管理能力，从故障中自愈，传统的容错技术已经不能满足这种需求，因此研究健康管理技术具有重要的意义。

健康管理的应用非常广泛，一般应用在大型、复杂系统中，如大型的军事装备、航天器等，主要用于提高系统的可靠性、可维护性及降低维护成本。健康管理的框架一般由三个主要部分组成，如图 7—24 所示。

1）健康监控负责检测、纠正和报告错误事件。当健康监控检测到某个硬件元件或软件模块运行出现问题时，便会生成描述问题细节的错误事件，并将其分派给合适的诊断引擎进行故障诊断。

2）故障诊断预测负责对错误事件的诊断。系统中可以存在多种故障诊断预测机制，每类故障诊断预测可以处理一类错误事件。不同的错误事件经过健康监控机制的分派分发到相应的故障诊断，并生成描述诊断结论的故障事件。当遇到诊断能力有限、无法将错误归因为某个确定的故障事件时，诊断引擎会给出所有可能的故障事件列表，并给每个故障事件标记上可信程度。最后，故障事件会转发给故障处理机制，作为故障修复的依据。

3）故障处理依据诊断引擎给出的故障事件，对发生故障的硬件元件或软件模块进行隔离、修复或屏蔽，或者在必要时通知管理员采用人工方式修复故障。

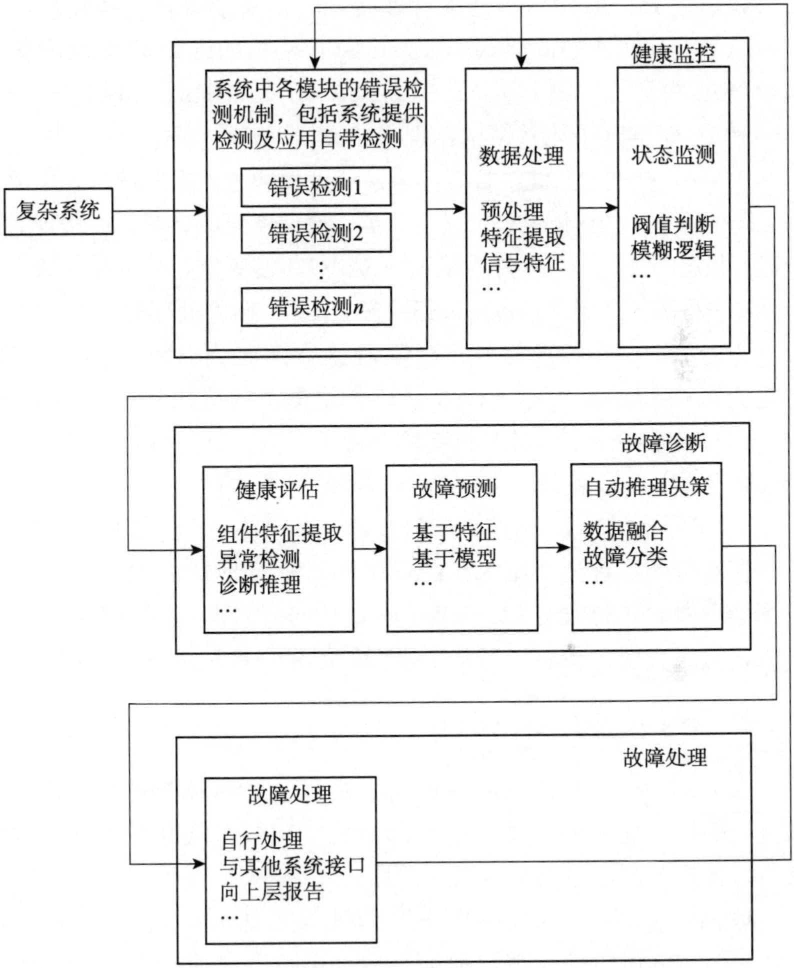

图 7－24 健康管理框架

操作系统作为最为重要的基础软件，对其进行有效的健康管理，将关系到整个系统的健康水平。目前部分操作系统提供了对健康管理的支持，如：Solaris 10 中的故障预测及自我修复技术，通过 Solaris Fault Manager 可以管理系统故障，使 CPU、存储器和 I/O 的错误迅速得到诊断和纠正。

较早在 RTOS 中引入健康管理概念的是基于综合模块化航电系统（Integrated Modular Avionic，IMA）架构的北约联合标准化航电系统架构协会（Allied Standard Avionics Architecture Council，ASAAC）航空电子体系结构标准和 ARINC 653 标准。

ASAAC 标准中，健康管理作为系统管理的一个重要部分，主要是对系统中所发生的错误进行定义、分类、设置恢复策略等，以实现对系统运行状态的管理。在软件规范中 ASAAC 将健康监控分为模块级、分区级和进程级三个层次，每一级都设置了发生故障的处理策略。

作为 ASAAC 标准的 RTOS 实现接口标准 ARINC653，是美国航电委员会针对新一代飞机数据综合化提出的应用程序接口标准，对 RTOS 中实现支持 IMA 的接口进行了规范，目前符合 ARINC653 标准的商用操作系统，如 Wind River 公司的 VxWorks AE653、Green Hills 公司的 Integrity－178B 等。

在本节中，首先介绍 ASAAC 中的系统管理及 ARINC635 中的健康管理概念，进而，以 VxWorks AE653 为例，介绍健康管理在 RTOS 中的实现，最后，对基于模型的健康管理技术进行介绍。

7.3.2 ASAAC 中的系统管理

ASAAC 协会从 1992 年开始制定的基于 IMA 架构的新一代飞机综合化的技术规范和标准，主要针对航空领域，但也可被航天应用借鉴。该规范制定主要分为两个阶段。

1）第一阶段从 1992 年 9 月至 1994 年 4 月，主要是开展制定核心体系结构的可能性及概念研究，通过第一阶段的研究工作形成了三层软件模型和系统蓝图。

2）第二阶段的工作从 1999 年 12 月至 2003 年 9 月，主要研究核心处理的框架，制定了硬件和软件标准。该标准和指导原则主要用于新的航空项目和现有航空项目的升级计划。

在传统的非 IMA 系统中，通常是由不同设备供应商提供的电子设备组成，这些设备包含定制的嵌入式计算机系统，并且系统内加载的嵌入式软件与硬件紧密绑定。分系统间通过多种不同总线

（1553B、CAN、RS485 等）进行互连。

这种基于多分立系统互联的系统架构，造成系统维护频繁、可用性低、软硬件性能差且需要大量的冗余备用设备，并导致前期的研制生产和后续的电子系统维护成本升高，可靠性保障难度大。IMA 系统的价值在于使用少数通用部件（通用功能模块、软件和接口）来实现系统的多种功能，并使各硬件、软件模块在系统层面集中管理。

目前，ASAAC 已经发布了 5 个国防标准，即：00－74 Software、00－75 Communications/Network、00－76 Common Functional Modules、00－77 Packaging、00－78 Architecture，这些标准分别从软件结构、机械结构、网络通信和通用功能模块等方面对综合模块化的航空电子系统进行了规定，此外还制定了非强制性的系统实现指导方针。本节中将叙述软件标准中系统管理的组成功能以及系统管理中健康管理功能的实现。

7.3.2.1　系统管理概述

ASAAC 标准中软件是重要的组成部分，是实现系统层面管理软、硬件资源的基础。ASAAC 标准中核心软件分为三层，如图 7－25 所示。系统中的软件可以分为应用层软件、操作系统层和模块支持层软件。应用层软件与操作系统层之间通过应用层与操作系统层接口（APOS）进行操作，操作系统层调用模块支持层软件接口（MOS）操作底层硬件。

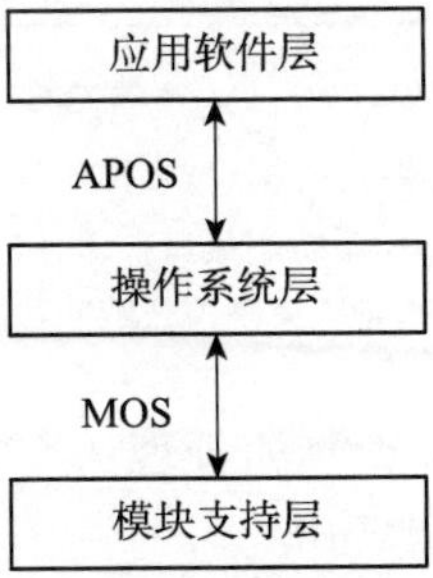

图 7－25　软件规范中三个软件层

APOS—应用层及操作系统层接口；MOS—模块支持层软件接口

软件中的系统管理贯穿在系统的操作系统层和应用层中，是ASAAC规范中核心软件的关键组成部分，其内涵与健康管理的概念相似，可以说健康管理是系统管理的重要功能。为方便叙述，本书首先由系统管理的有关内容逐步过渡到健康管理概念。

在ASAAC非强制性的系统实现指导方针中的系统管理定义为“协调高度集成IMA系统的任务”或可定义为“管理和控制系统功能应用运行、操作的最基本架构的机制”。

系统管理由处于操作系统层的通用系统管理（Generic System Management，GSM）和应用层的应用管理（Application Management，AM）组成，如图7—26所示。

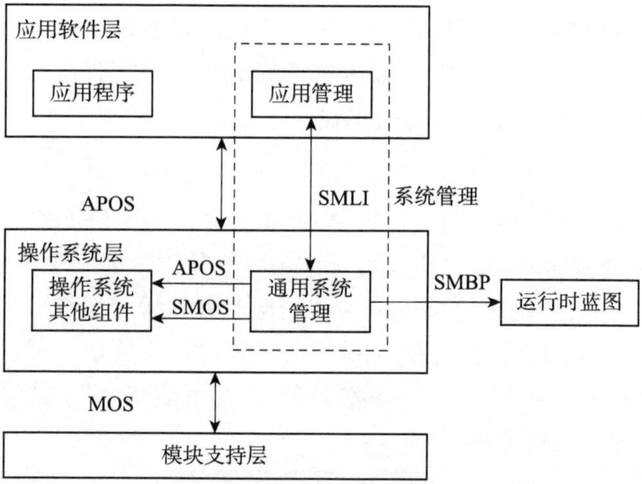

图7—26　系统管理架构

APOS—应用层及操作系统层接口；MOS —模块支持层软件接口；
SMOS—系统管理与操作系统间接口；SMLI—系统管理逻辑接口；
SMBP—系统与蓝图间接口

GSM管理系统中所有资源和管理ASAAC系统的行为，它处于操作系统层，包括以下四个功能。

1）健康监控：包括监控系统的健康状态、收集错误、过滤并传输给错误管理；

2）错误处理：功能是屏蔽、过滤和定位错误；

3）安全管理：监测安全策略的认证、加密和解密；

4）配置管理：管理系统的初始配置或重配置的管理。

AM 是在应用层中管理系统应用的结构。正常的情况下，应用和应用管理从操作人员和传感器中获取数据。如果需要更改工作模式，则与通用系统管理中的配置管理联系，处理配置变化。如果系统出现异常或发生错误，通用系统管理会通知应用管理更改模式，并由应用管理通知应用程序或操作人员。

7.3.2.2　健康监控

作为系统管理的重要组成部分，健康监控如同医生的听诊器，主要作用是维护系统健康状态，发现不同层次的“疾病”状态，并分发错误消息到相应的错误处理机制。

在 ASAAC 非强制性的系统实现指导方针中健康监控在各层中的作用如下。

（1）资源级别

1）接收从错误检测机制（Fault Detection Mechanisms，FDM）传递过来的错误。操作系统层中的错误由 OS 自诊断或通用系统管理中各部分功能部件自诊断；

2）过滤、分发错误消息；

3）向本层错误处理报告错误；

4）维护资源层的健康状态；

5）记录资源的 fault 日志。

（2）集成区级别

1）从下级接收错误处理报告；

2）过滤分发错误消息；

3）向本层错误处理报告错误；

4）维护集成区的健康状态。

（3）航空器级别

1）从下级接收错误处理报告；

2）过滤分发错误消息；

3）向本层错误处理报告错误；

4）维护航空器级别的健康状态。

健康监控需要 ASAAC 体系结构中各种部件共同的支持，包括错误检测机制（FDM）、操作系统健康监控服务（OS－HM）、通用系统管理健康监控（GSM－HM）、运行时蓝图信息（RTBP），各部分功能如下。

1）错误检测机制：在系统中检测硬件或软件错误，这包含以往使用的各种错误检测技术，只要能被用到系统中，其检测结果都可以被错误检测机制发送到 OS 健康监控服务。错误检测机制可分为主动或被动方式，主动方式很好理解，如一个应用程序检测到自己的计算结果不正确，应用可以经过错误检测机制发送状态到 OS 健康监控服务。被动的方式如除零计算，导致一个异常中断。

2）操作系统健康监控服务：是错误检测机制和系统管理健康监控之间的接口，操作系统健康监控服务收集各种信息并发送到系统管理健康监控。

3）健康监控：是整个系统管理的核心，主要作用是过滤错误信息，并把错误信息发送到相应的错误处理模块——GSM 错误处理（GSM Fault Managements，GSM－FM）。

4）运行时蓝图信息：它提供给系统管理健康监控过滤设置，并设置由哪个错误处理模块处理该错误。

在系统中发生错误时系统的工作流程如图 7－27 所示，在各个层中发生的错误经过检测发送到操作系统健康监控服务中，而后经过操作系统健康监控服务把错误消息发送到系统管理健康管理中，系统管理健康监控根据蓝图中设置的策略和配置的错误处理方法，调用蓝图中指定的错误处理，由错误处理机制（FM）应对具体的错误。

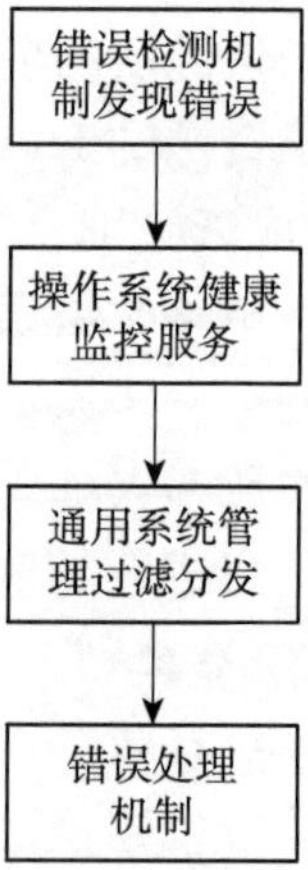

图 7－27　一个简单的错误处理流程

7.3.2.3　错误处理

各种错误的消息经过通用系统管理分发后，就要经过错误处理部分处理各种系统错误。在 ASAAC 中，错误处理是屏蔽、定位、限制错误不影响系统的正常功能的机制。错误处理是由健康监控事件驱动，同健康监控一样，错误处理实现也是分层的。

在 ASAAC 非强制性的系统实现指导方针中，错误处理在各层的作用描述如下。

（1）资源级别

1）接收从本级别健康监控机制传递过来的错误消息；

2）访问运行蓝图配置信息，决定错误是否能被处理，如不能处理则向集成区级错误处理发送错误消息，由上级错误处理进行处理；

3）如果能在本级处理，通知配置管理执行改正；

4）在全局错误 log 中记录所有的处理过程。

（2）集成区级别

1）接收从本级别健康监控机制传递过来的错误消息；

2）访问运行蓝图配置信息，决定错误是否能被处理，如不能处理则向航空器级错误处理发送错误消息，由上级错误处理进行处理；

3）如果能在本级处理，通知配置管理执行改正；

4）在全局错误 log 中记录所有的处理过程。

（3）航空器级别

1）接收从本级别健康监控机制传递过来的错误消息；

2）访问运行蓝图配置信息，决定错误是否能被处理；

3）如果能在本级处理，通知配置管理执行改正；

4）在全局错误 log 中记录所有的处理过程。

错误处理由三部分组成，通用系统管理错误处理服务（GSM Fault Management service，GSM－FM）、通用系统管理配置管理服务（GSM Configuration Management service，GSM－CM）、运行时蓝图信息，作用分别如下。

1）通用系统管理错误处理服务：处理由系统管理健康监控发来的错误请求，根据运行时蓝图信息中设置的处理方式，对错误进行处理。如：根据配置通用系统管理错误处理服务可以对某项错误进行改正操作、屏蔽或直接隔离等操作。

2）通用系统管理配置管理服务：负责处理错误处理过程中的重配置工作。如：一个部件无法完成工作，可以使用冗余部件重新配置接替工作。

3）运行时蓝图信息：提供给错误处理机制动作列表，即根据当前配置提供错误处理的方式。

7.3.2.4 健康管理功能实现

在 ASAAC 中，健康管理的概念是包含在系统管理概念的内涵中的，健康管理如同系统中的“医生”，运用“听诊器”即健康监控发现系统中的“疾病”，而后“医生”根据一个“疾病目录”即运行时蓝图采取不同的“治疗”手段，即错误处理机制。

系统管理概念的广泛在于将航空航天器等复杂系统内的电子分系统中所有的“医生”组织起来，共同“诊断”航空航天器级别的“疾病”。必须注意的是 RTOS 在其中扮演的作用。由于航空航天器中众多电子分系统使用 RTOS 作为系统软件，因此 RTOS 中如何实现对 ASAAC 标准的支持至关重要。在 7.4.3 小节中主要介绍支持 ASAAC 标准的 RTOS 工业接口标准的有关内容。

7.3.3 ARINC653 中的健康管理

ASAAC 标准中对 IMA 的软件结构、机械结构、网络通信和通用功能模块等方面对综合模块化的航空电子系统进行了规定。而 ARINC 653 则专注于 IMA 中 RTOS 工业接口标准，RTOS 是 IMA 实现的重要基础，在整个 IMA 系统中有着不可替代的作用。

健康管理机制位于 ARINC 653 核心操作系统中，根据系统预置的策略执行一定的错误处理功能。其功能是监控硬件和软件的错误，并提供一定的错误处理策略。同 ASAAC 标准一样，也包括健康监控和错误处理两部分主要工作，对错误诊断提供了简单的支持，并隐含在健康监控中，但还没有对错误的预测提供支持。

在本节中，以符合 ARINC AE653 标准的 VxWorks 653 为例，介绍健康监控在 RTOS 中的实现技术。

7.3.3.1　VxWorks AE653 中健康管理框架

在 VxWorks AE653 中，健康管理通过对系统健康监控表、模块健康监控表和分区健康监控表这三种健康监控表的管理，将系统错误分级、分类，并按级别派遣，通过对模块健康监控任务、分区健康监控任务、进程健康监控处理进程的调度实现对错误的恢复动作，如图 7—28 所示。

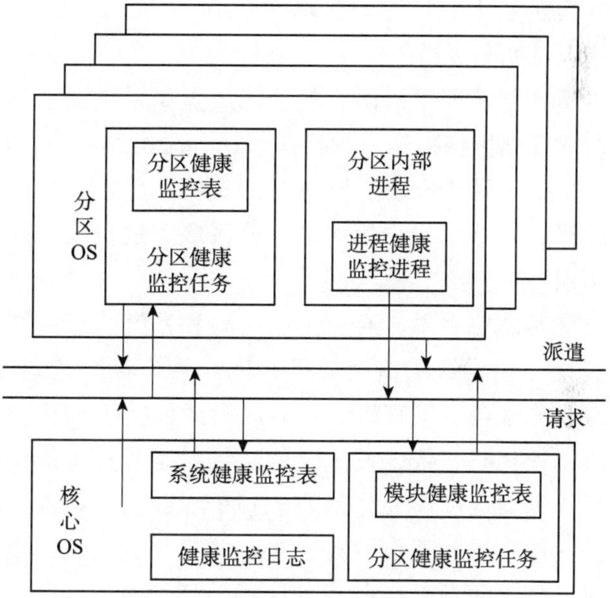

图 7—28　健康监控结构示意图

7.3.3.2　VxWorks AE653 中健康管理组成

(1) 健康监控表

健康监控通过对三个健康监控表的管理来实现，包括系统健康监控表、模块健康监控表、分区健康监控表。这些表可静态配置，作为系统逻辑配置的一部分获得。系统健康监控表由错误代码、系统状态级别和派遣级别组成。系统根据错误代码和错误事件发生时的系统状态级别查系统健康监控表，获得错误事件的派遣级别，据此级别派遣到不同的健康监控任务。模块健康监控表是对派遣到模块级健康监控任务处理的故障，进行故障恢复策略的制定，由错误代码、错误事件发生时的系统状态、错误处理程序（错误恢复动作）入口组成。分区健康监控表主要是针对派遣到分区级健康监控任务处理的故障，进行故障恢复策略的制定，每个分区有一个独立的分区健康监控表，由错误代码、错误事件发生时的系统状态、错误处理程序（错误恢复动作）入口组成。

（2）错误诊断与分类

错误诊断是由处理器错误诊断功能或操作系统完成的，处理器诊断的错误如存储区保护错、特权执行错、溢出、零除、时间中断、I/O 错误等，操作系统诊断的错误有配置错、截止期超时等。系统将诊断出的错误分成三级：模块级、分区级、进程级，并以确定的错误代码标识。

在系统健康监控表中，通过错误代码和系统状态级别来决定错误的派遣级别，和系统中错误分级一样，系统状态也划分为三级，即：模块级、分区级、进程级。在分区健康监控表和模块健康监控表中，通过错误代码、错误发生时的系统状态和具体的错误处理程序发生关系。即错误的响应，是要依赖于诊断的错误发生时的系统状态。系统状态由操作系统管理，它包括模块初始化、模块健康监控任务执行、非健康监控任务或分区相关任务执行、分区切换、分区健康监控任务执行、分区初始化、核心操作系统中分区相关任务执行、进程管理、进程执行状态等。

（3）错误响应

对模块级、分区级的错误，采用模块健康监控表和分区健康监控表以表驱动方式处理。模块健康监控表和分区健康监控表都是由错误代码、错误事件发生时的系统状态、错误处理程序入口组成，派遣到模块级或分区级的错误，模块健康监控任务或分区健康监控任务根据错误代码、系统状态在模块健康监控表和分区健康监控表中查找到错误处理程序入口，转到具体的错误处理程序，完成错误恢复动作。

对进程级的错误响应是通过健康监控进程处理，应用程序可连接自己的错误处理程序。

（4）错误恢复动作

针对模块级错误和分区级错误，恢复活动是在健康监控表配置时静态配置的。模块级故障恢复动作：忽略（仅记录，但不采取任何动作）、错误上报、复位、关机等；分区级错误恢复动作：停止该分区、忽略（ 仅记录，但不采取任何动作）、上报错误、重新启动分区（冷启动或热启动）；进程级错误恢复动作是由应用程序自己连接错误处理程序，可以是忽略、在恢复活动执行前，反复验证、停止错误进程并从入口点重新初始化、停止错误进程并开始另一个进程、停止错误进程、重新启动分区（冷启动或热启动）、停止该分区（置为空闲态）等。

7.3.3.3　VxWorks AE653 中健康管理处理过程

以上叙述了健康管理的错误响应、错误诊断、错误恢复的机制，运用这些机制，当错误发生后，可以进行及时的处理，不会导致系统崩溃。

如图 7—29 所示，当分区内应用程序或者操作系统发现错误后，调用健康监控事件注入向系统报告发生的错误，事件注入后，首先检查系统健康监控表，确定错误事件的派遣级别。

1）模块级错误：将错误事件挂在模块健康监控队列上，启动模块健康监控任务，通过错误代码和错误发生时的系统状态查模块健康监控表，确认错误处理程序入口，进行模块级错误的恢复动作；

2）分区级错误：将错误事件挂在分区健康监控队列上，启动分区健康监控任务，查分区健康监控表，确认错误处理程序入口，进行分区级错误的恢复动作；

3）进程级错误：核心操作系统发异步信号通知分区操作系统，启动进程健康监控进程，进行进程级错误的恢复动作。

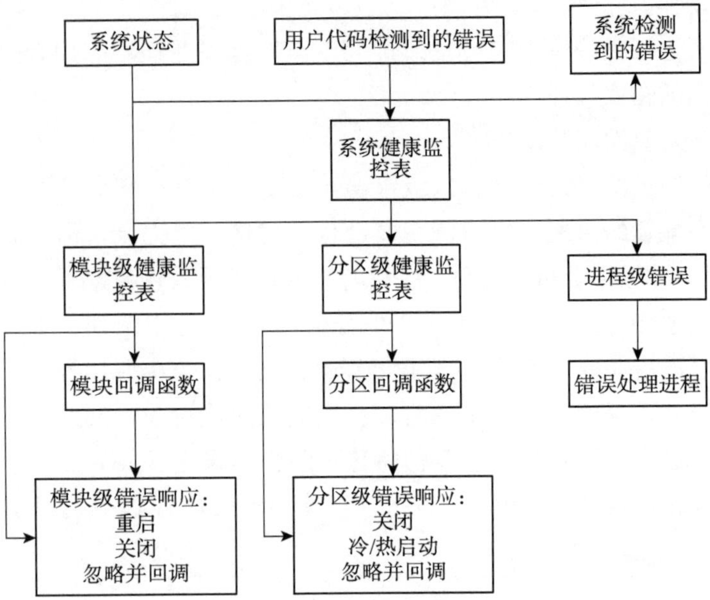

图 7—29　健康监控流程

通过健康管理对系统状态的管理，综合了各种容错技术及可靠性保障技术，保证了使用 VxWorks AE653 系统的可靠性达到更高的程度，而且作为 IMA 系统中 RTOS 的实现，该系统能较好地支持 IMA 从系统层面管理软硬件资源的作用。

7.3.4　基于模型的健康管理技术

健康管理中健康监控的错误检测是重要的组成部分，如果没有错误检测机制的支持，健康管理将无法把握系统健康状态。传统的错误检测机制主要采用对系统采集的参数进行阈值判断后完成。这类检测手段不能检测现实环境中更加复杂的状态。

2007 年，NASA 的 Allen Goldberg 和 Greg Horvath 在 ARINC 653 有限的错误和健康管理能力基础上，提出了一种基于预期软件模型的监控方法。其核心思想是在系统配置文件中添加错误保护预期软件模型，并在系统各层中添加对软件模型的检测，如果不符合模型，说明系统出现了非预期行为，即错误。

预期软件模型是指软件预期正常工作的模型，如果软件不能按照预期模型工作，则软件必然存在问题。通过对模型的验证，就能对软件提供错误保护，防止出现系统失效。

预期软件模型技术的关键在于建立一个包含一系列准则和属性的模型。如果一个软件在某次运行过程中没有符合准则，就意味着软件出现问题，错误被诊断出来。可以通过以下的例子说明如何建立模型。

图 7—30 是模块之间通信的例子，它由三个模块和三个通信通道组成。在本例子中 Sensor 是个设备，使用通道传递测量信息 M 到 Estimator 模块。假定 Sensor 以 500 Hz 的频率通过通道更新 M。Estimator 通过 M 计算一个状态值。Flight Control 模块通过队列通道 R 请求最新的状态值，也就是说一定时间内的请求以队列的形式保存。状态值也是通过队列通道 E 传递给 Flight Control 模块。队列通道内的请求及状态值必须在 10 ms 内获得，并且队列中超过 100 ms 的数据会被删除。

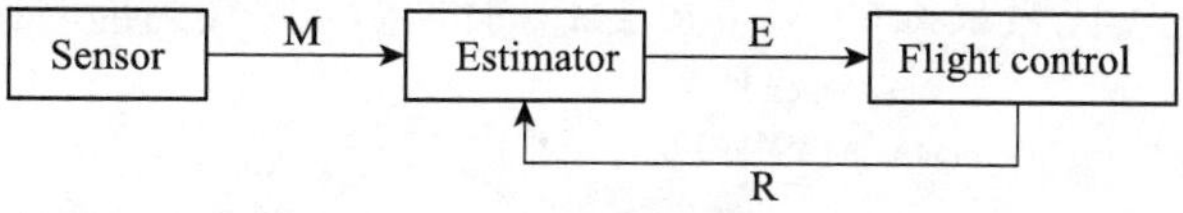

图 7—30　分区层次通信示意图

图 7—31 是经过错误保护加强的模块间通信，错误保护对各通信通道加强了保护，监控该系统的三个属性模型，分别如下所示。

1）Sensor 在以下两种情况下将出现错误：发送给 Estimator 的时间大于 50 ms，或连续两次发送测量值的间隔均大于 10 ms。

2）Estimator 出现错误：当它在 10 ms 内没有及时回应 Flight Control 的请求。

3）Flight Control 出现错误：当它在一个状态值发送后 100 ms 内就把这个状态值从 E 中删除了。

各属性定义如表 7—3 所示。

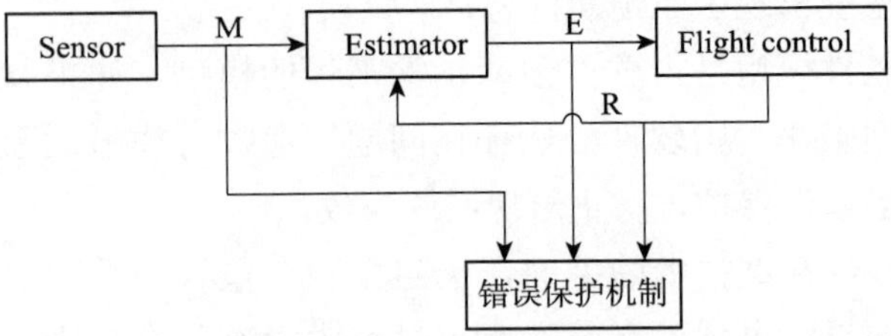

图 7—31　经过错误保护加强的模块通信

表 7—3　属性形式化定义

变量	代表属性
Msend	Sensor 通过 M 发送测量值的时间
Mrec	Estimator 通过 M 接收测量值的时间
Esend	Estimator 通过 E 发送状态值的时间
Erec	Flight Control 通过 E 接收状态值的时间
Rsend	Flight Control 通过 R 发送请求的时间
Rrec	Estimator 通过 R 接收请求的时间

可将属性 1 定义为如图 7—32 所示的状态机。除表 7—3 中定义的条件外，t 代表最新的 Msend 操作时间，ct 代表当前时间。

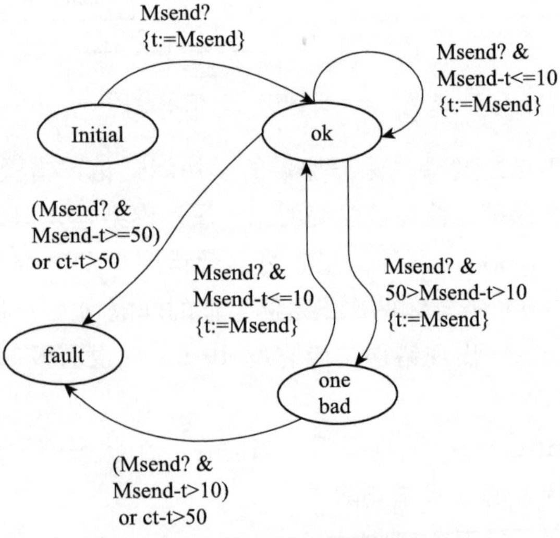

图 7—32　属性 1 的状态机定义

属性 1 的状态机开始于 Intial 状态。当产生 Msend 操作后，状态机运行至 ok 状态。此时状态机可以进入三种状态：

1）当有 Msend 操作并且 Msend 时间小于 10 ms，状态机继续在 ok 状态运行；

2）如果 Msend 时间超过 10 ms 且在 50 ms 内，状态机运行到 one bad 状态；

3）如果 Msend 发送时间大于 50 ms，状态机进入 fault 状态。

当状态机运行至 one bad 状态，可以进入两种状态：

1）如果再有一个 Msend 时间小于 10 ms 则返回到 ok 状态；

2）但如果这个 Msend 仍然大于 10 ms 且发送 Msend 的时间已经超过 50 ms，状态机则运行至 fault 状态。

同理，可以得出属性 2 如和属性 3 的状态机定义，属性 2 的状态机如图 7—33 所示，属性 2 的状态机状态转换如表 7—4 所示；属性 3 的状态机如图 7—34 所示，属性 3 的状态机状态转换如表7—5所示。

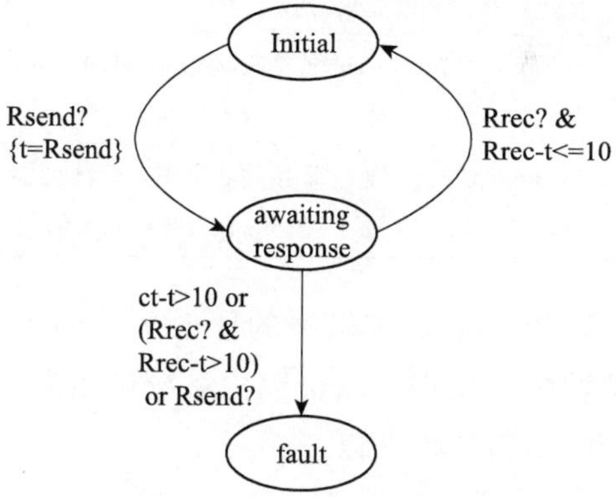

图 7—33　属性 2 的状态机定义

表 7—4　属性 2 状态机状态转换表

当前状态	条件	转换状态
initial	发送请求 R	awaiting response
awaiting response	在 10 ms 内接收到响应	initial
	发送请求超过 10 ms 或接到响应时间超过 10 ms	fault

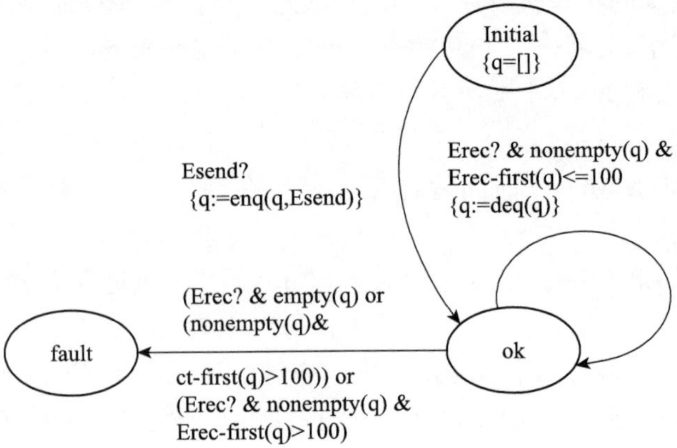

图 7—34　属性 3 的状态机定义

表 7—5　属性 3 状态机状态转换表

当前状态	条件	转换状态
initial	发送计算状态值到队列 E	awaiting response
ok	Flight Control 通过 E 接收状态值，且非空队列中没有发送超过 100 ms 没处理的状态值	ok
	Flight Control 通过 E 接收状态值，但队列为空；或队列中有超过 100 ms 没处理的状态值	fault

该例子中，系统三个状态机中的任何一个如果运行到 fault 状态，则表明系统发生了错误，就可以由系统中错误处理机制处理该错误，采取相应的出错补救措施。

第 8 章　RTOS 测试技术和方法

8.1　RTOS 测试技术概述

8.1.1　软件测试是 RTOS 可靠性保障的重要手段

RTOS 是航天领域的核心基础软件，在国内外航天事业中均有着广泛的应用。软件测试作为软件质量保障的最重要手段，对 RTOS 进行全面、有效的测试不言而喻。

虽然 RTOS 的内核代码量不是很大，但是其复杂度体现在高度并发运行和任务的多种运行状态组合。高并发更容易产生数据竞争，从而导致状态及数据不一致，造成系统故障。

例如，RTEMS 是一个开源的 RTOS，它的 bug 分布百分比如图8－1所示。HTTPD 是一个开源的 http 服务器软件，其 bug 分布如图 8－2 所示。通过对比可知，RTEMS 的竞争类错误（占

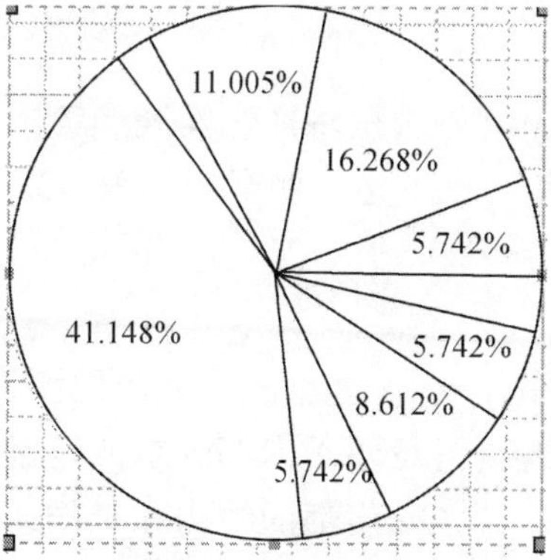

内存相关错误/%	5.742
初始化错误/%	16.268
计算错误/%	11.005
输入输出错误/%	2.392
控制流错误/%	41.148
数据处理解释错误/%	5.742
竞争类错误/%	8.612
平台相关错误/%	5.742
其他错误/%	3.349

图 8－1　RTEMS bug 分布图

8.612%）比 HTTPD 的竞争类错误（占 2.968%）明显多。因为操作系统需要处理任务调度、同步互斥、中断异常等功能，因而产生竞争类错误的机会显著增加。

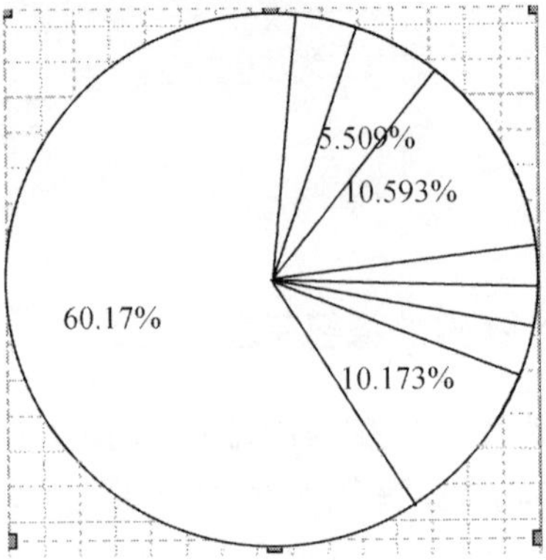

内存相关错误/%	3.814
初始化错误/%	10.593
计算错误/%	5.509
输入输出错误/%	3.814
控制流错误/%	60.17
数据处理解释错误/%	10.17
竞争类错误/%	2.966
平台相关错误/%	2.542
其他错误/%	0.424

图 8—2 HTTPD bug 分布图

综上所述，在航天型号软件中引入 RTOS，一方面为软件系统提供了强有力的支撑平台，但另一方面，由于 RTOS 的复杂性及高度并发性，将对系统可靠性及稳定性造成一定影响，因此，采取强有力的软件测试技术保障系统的质量尤为重要。

8.1.2 RTOS 测试方法分类

随着软件测试技术的发展，测试方法呈多样化发展趋势，选择合适的软件测试方法可以事半功倍。以下是一些常用的 RTOS 测试方法。

（1）白盒测试

又叫玻璃盒测试、透明盒测试、开放盒测试、结构化测试等。顾名思义即盒子是可视的。测试人员清楚盒子内部的东西以及是如何运作的，因此，白盒测试需要对 RTOS 内部的结构和工作原理有一个清楚的了解，并且在这个基础上来设计测试用例。

（2）黑盒测试

黑盒测试又叫功能测试。这是因为在黑盒测试中，主要关注于被测软件的功能实现，而不是内部逻辑。黑盒测试是与白盒测试截然不同的测试概念，也是在软件测试中使用得最早、最广泛的一类测试。在黑盒测试中，被测对象的内部结构、运作情况对测试人员是不可见的。测试人员对被测产品的验证主要是根据其规格，验证其与规格的一致性。

（3）单元测试

单元测试是对软件基本组成单元进行的测试，这里的基本单元不一定是指具体的函数或一个类的方法。单元具有一些基本属性，如明确的功能、规格定义，与其他部分明确的接口定义等，可清晰地同程序的其他单元划分开来。在具体实现时，也可能对应多个程序文件中的一组函数。

（4）集成测试

集成测试也叫组装测试、联合测试、子系统测试或部件测试。集成测试是在单元测试的基础上，将所有模块按照概要设计要求（如根据结构图）组装成为子系统或系统，进行集成测试。也就是说，在集成测试之前，单元测试已经完成，并且集成测试所使用的对象应当是已经过单元测试保证了的单元，如果不经过单元测试，那么集成测试的效果将受到影响，并且会付出更大的代价。单元测试和集成测试所关注的范围是不同的，因此，它们在发现问题的集合上包含有不相交的区域，不能使用单元测试来替代集成测试，反之也是一样。

（5）系统测试

系统测试是将已经集成好的软件系统，作为整个基于计算机系统的一个元素，与计算机硬件、外设、某些支持软件、数据和人员等其他系统元素结合在一起，在实际运行（使用）环境下，对计算机系统进行一系列的组装测试和确认测试。系统测试的目的在于通过与系统的需求作比较，发现软件与系统定义不符合或与之矛盾的地方，以验证软件系统的功能和性能等满足其规约所指定的要求。

系统测试的测试用例应根据需求分析说明书来设计，并在实际使用环境下来运行。系统测试的方法有很多，接下来将对业界一些比较常见的系统测试方法进行介绍。

1）性能测试。性能测试是用来测试软件在集成系统中的运行性能。在 RTOS 中，仅符合功能需求但不符合性能需求是不可接受的。性能测试可以发生在测试过程的所有步骤中，即使在单元层，一个单独模块的性能也可以使用白盒测试来进行性能评估。然而，只有当整个系统的所有成分都集成到一起后，才能检查一个系统的真正性能。性能测试的目标是度量系统相对于预定义目标的差距。将需要的性能级别对于实际的性能级别进行比较。在接下来的内容中将对 RTOS 的性能测试作详细的阐述。

2）压力测试。压力测试的目的是调查系统在其资源超负荷情况下的表现，尤其是这些对系统的处理时间有什么影响。这类测试需要在一种反常数量、运行频率或资源配置环境下执行系统测试。

3）安全测试。安全测试是用来验证集成在系统内的保护机制是否能够在实际中保护系统不受到非法的侵入。安全测试应当被设计以证明资源如何被保护。

4）健壮性测试。也称为容错性测试。主要用于测试系统在出现故障时，是否能自动恢复或忽略故障继续运行。为了创建一个健壮的系统，尤其是在系统异常处理方面需要精心设计，一个健壮的系统是设计出来的而不是测试出来的。

（6）可靠性测试

软件可靠性测试是为了达到或验证用户对软件的可靠性要求而对软件进行的测试。通过可靠性测试发现并纠正软件中的缺陷，提高其可靠性水平，并验证它是否达到了用户的可靠性要求。软件可靠性测试能有效地暴露在实际使用过程中，影响可靠性要求的软件缺陷，最先暴露的是发生概率较高的缺陷，然后是发生概率较低的缺陷。软件可靠性测试的主要目的是验证软件可靠性指标是否被满足。它通过在测试过程中收集测试数据并使用可靠性模型来计算软件的可靠性指标。

（7）其他专项性测试

包括综合功能测试、基准测试、回归测试等。

1）综合功能测试。综合功能测试是通过结合典型的应用模式和场景来设计测试用例，进行复合型的功能测试。在接下来的小节中将详细介绍综合功能测试。

2）基准测试。基准测试是指通过设计科学的测试方法、测试工具和测试系统，实现对一类测试对象的某项性能指标进行定量的和可对比的测试。在接下来的小节中将详细介绍基准测试。

3）回归测试。回归测试主要的目的是验证对系统的变更没有影响以前的功能，并且保证当前功能的变更是正确的。

在本章节接下来的内容中，将针对 RTOS 的测试，详细介绍覆盖率测试、综合功能测试、性能测试，以及基准测试等方面的内容。

8.2　RTOS 覆盖率测试

在对 RTOS 的单元测试中，主要以各种覆盖率测试为主，包括语句覆盖、判定覆盖、条件覆盖、判定条件覆盖和路径覆盖。对 RTOS 进行覆盖率的测试，可以消除 RTOS 的一些死代码，并检查边界条件的正确性，从而提高 RTOS 的可靠性。

对 RTOS 进行覆盖率测试存在如下三个技术难点。

1）缺乏基础软件支撑。对 RTOS 的覆盖率测试与普通应用程序的测试不同，应用程序的测试有操作系统作为支撑软件，提供测试结果的采集、存储、分析等功能。而要对操作系统进行覆盖率测试时，没有其他软件作为支撑，因此测试结果的存储、分析等都较困难。

2）测试环境构建复杂。对 RTOS 进行覆盖率测试，构建其测试环境有两个方面的要求，一方面，RTOS 与硬件平台耦合极强，与所属计算机系统的体系结构、I/O 端口配置、外部设备乃至这些设备的输出信号特性都密切相关；另一方面，覆盖率测试开发环境和系统运行环境不一致，分别工作于宿主机和目标机中，因而需要采用远程通信的方式开展测试工作，这一点也给 RTOS 的测试带来了不便。

3）汇编语言测试困难。RTOS 一般通过 C 语言和汇编语言混合编程实现，其中 BSP 部分主要由汇编语言实现，由于汇编语言是一种非结构化语言，并且与硬件操作、中断处理等衔接紧密，因此很难对其进行覆盖率测试。

在后续内容中，将介绍测试覆盖率相关概念、基于虚拟机的目标码覆盖测试，以及常见的覆盖率测试工具。

8.2.1 覆盖率测试

覆盖率是用来度量测试完备性的一个手段，它的种类有很多，我们经常接触到的覆盖率大体可以划分为两大类：代码覆盖率和功能覆盖率。现在有越来越多的测试工具能够支持覆盖率测试，但是，这些度量本身并不包含测试技术，它们只是测试技术有效性的一个度量。

覆盖率可以通过一个比例公式来表示：

覆盖率＝至少被执行一次的 item 数/item 的总数

公式中，假设要对 item 的覆盖情况进行计算，其中 item 根据不同覆盖率测试会有不同的含义。覆盖率对于软件测试有着非常重要的作用，通过覆盖率数据，可以知道测试得是否充分，测试的弱点在哪些方面，进而指导我们设计能够增加覆盖率的测试用例。这样就能够有效地提高测试质量，避免设计无效用例。

8.2.1.1 代码覆盖率

覆盖率中最常见的是代码覆盖率，也叫逻辑覆盖率或结构化覆盖率。代码覆盖率属于白盒测试的范畴。我们经常接触到的代码覆盖率包括语句覆盖、判定覆盖、条件覆盖、判定条件覆盖、路径覆盖等。

(1) 语句覆盖

语句覆盖，其含义是：程序中的每个可执行语句至少执行一次。语句覆盖率的公式可以表示如下：

语句覆盖率＝至少被执行一次的语句数量/可执行的语句总数

语句覆盖是代码覆盖中最简单的覆盖。从度量的角度看，必须始终跟踪执行语句的情况，然后同所有可执行的语句进行比较。语句覆盖是比较适合自动化的，也是比较容易理解的。然而，语句覆盖不是测试充分性的一个好的度量。我们来看下面一段代码。

例 1：

```
If CONDITION then
    DO _ SOMETHING;
End if;
ANOTHER _ STATEMENT;
```

对于例 1，要达到完全的语句覆盖，只需要一个用例就可以了，这个用例中 CONDITION 为真。

(2) 判定覆盖

判定覆盖也叫分支覆盖。它的含义是：使得程序中的每个判断至少取真分支和假分支一次，即判断的真假值均曾被满足。判定覆盖率的公式如下所示。

判定覆盖率＝判定结果被评价的次数/判定结果的总数

要满足其判定覆盖必须要有两个用例，参见例 2。

例 2：

```
If CONDITION then
    DO _ SOMETHING;
Else
    DO _ SOMETHING _ ELSE;
```

TEST	CONDITON
1	True
2	False

（3）条件覆盖

条件覆盖的含义是：使每个判断中每个条件的可能取值至少满足一次。条件覆盖率的公式如下：

条件覆盖率＝条件操作数值至少被评价一次的数量/条件操作数值的总数

条件操作数容易从设计或代码中被确认，这有助于自动化，并使条件操作数覆盖易于理解和维护。由于考虑每个判定条件的真/假，因此条件覆盖要比判定覆盖强，我们来看例3（例3流程图见图8—3）。

例3：

```
IF  (A > 1) AND  (B=0)    THEN    X=X / A
IF  (A=2) AND   (X > 1)  THEN    X=X+A
```

在上述程序段中，第一个判断应考虑到：

A＞1，取真值，记为T1

A＞1，取假值，即A≤1，记为F1

B=0，取真值，记为T2

B=0，取假值，即B！=0，记为F2

第2个判断应考虑到：

A=2，取真值，记为T3

A=2，取假值，即A！=2，记为F3

X＞1，取真值，记为T4

X＞1，取假值，即X≤1，记为F4

因此，对该例使用3个测试用例就可以达到条件覆盖的目标，如表8—1所示。

表8—1　满足条件覆盖和判断覆盖的用例

测试用例	A	B	X	覆盖条件
CASE 1	2	0	3	T1，T2，T3，T4
CASE 2	1	0	1	F1，T2，F3，F4
CASE 3	2	1	1	T1，F2，T3，F4

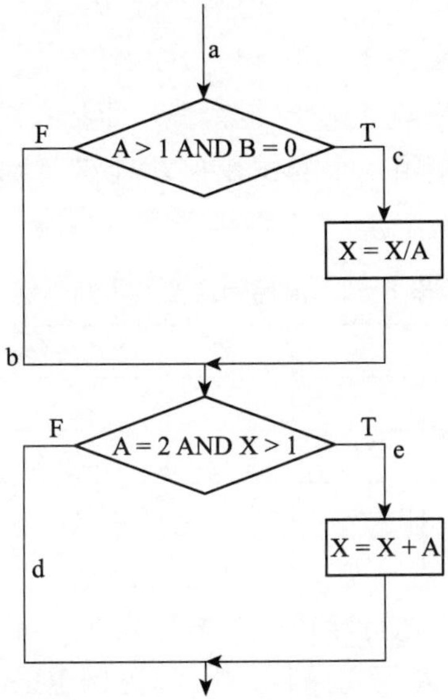

图 8—3　例 3 流程图

（4）判定条件覆盖

判定条件覆盖也称为分支条件覆盖。其含义是：使得判断中每个条件的所有可能值（为真为假）至少出现一次，且每个判断本身的判定结果（为真为假）也至少出现一次。判定条件覆盖率的公式如下：

判定条件覆盖率＝条件操作数值或判定结果至少被评价一次的数量/条件操作数值总数＋判定结果总数

判定条件覆盖是一个比判定覆盖和条件覆盖更强的覆盖。对例 3 分析两个判定中 4 个条件的组合情况如下：

1）A ＞ 1，B=0　　　记为 T1，T2

2）A ＞ 1，B！＝0　　　记为 T1，F2

3）A ≤ 1，B！＝0　　　记为 F1，T2

4）A ≤ 1，B=0　　　记为 F1，F2

5）A=2，X ＞ 1　　　记为 T3，T4

6）A=2，X⩽1　　　记为 T3，F4

7）A！=2，X>1　　　记为 F3，T4

8）A！=2，X⩽1　　　记为 F3，F4

由此，对该例使用 4 个测试用例才能满足判定条件覆盖，如表 8－2所示。

表 8－2　满足判定条件覆盖用例

测试用例	A	B	X	覆盖组合号	覆盖条件
CASE 1	2	0	3	1）5）	T1，T2，T3，T4
CASE 2	2	1	1	2）6）	T1，F2，T3，F4
CASE 3	1	0	3	3）7）	F1，T2，F3，F4
CASE 4	1	1	1	4）8）	F1，F2，F3，F4

仔细分析例 3 的执行路径就会发现表 8－2 的用例只能覆盖路径 ace，abe，abd，而未能覆盖路径 acd。可见判定条件覆盖还不是完整的覆盖，无法满足对程序的完整测试。因此，还需要考虑路径覆盖。

（5）路径覆盖

路径覆盖的含义是：要求覆盖程序中所有可能的路径。路径覆盖率的公式如下：

路径覆盖率=至少被执行到一次的路径数/总的路径数

对于例 3，如果要达到路径覆盖，可以使用表 8－3 列出的一组用例。

表 8－3　满足路径覆盖的用例

测试用例	A	B	X	覆盖路径
CASE 1	2	0	3	a c e
CASE 2	1	0	1	a b d
CASE 3	2	1	1	a b e
CASE 4	3	0	1	a c d

路径覆盖企图在程序中寻找完全的路径数。例如，若一个模块包含一个循环，那么对于循环的第一次迭代、第二次迭代，直到第 n 次迭代都是独立的路径，因此，要获得 100％路径覆盖的完整性是很

高的。在实际代码中，一个较为复杂的程序包含的路径数也是相当庞大的。因此，要完全达到路径覆盖是不可行的，实现自动化路径覆盖也是困难的。

尽管路径覆盖比判定条件覆盖更强，但是路径覆盖并不能包含判定条件覆盖。如在例 4 中，只要两个用例就可以达到路径覆盖：(True, True)，(True, False)，但显然没有达到条件覆盖。

例 4：

```
If A and B then
    DO_SOMETHING;
Else
    DO_SOMETHING_ELSE;
```

8.2.1.2 功能覆盖

功能覆盖属于黑盒测试范畴。在实际测试中，涉及到的覆盖率一般都是结构化覆盖率，与黑盒相关的覆盖率比较少。

功能覆盖率中最常见的是需求覆盖，需求覆盖是通过设计一定的测试用例，要求每个需求点都被测试到。需求覆盖率的公式如下：

需求覆盖率＝被验证到的需求数量/总的需求数量

在黑盒测试中，还有一种覆盖为接口覆盖，又叫入口点覆盖。要求通过设计一定的用例使系统的每个接口都被测试到。

由于黑盒测试把被测系统理解为一个黑盒，测试时输入测试数据，然后判定输出结果是否与期望结果一致。根据测试可以获得输入数据的覆盖情况，即通过设计一定的用例要求每种数据情况都被测试到。功能测试覆盖方面的自动化工具比较少。

8.2.2 覆盖率测试工具简介

8.2.2.1 LDRA Testbed

LDRA Testbed 主要用于软件测试与软件维护阶段以提高软件产品的质量为目标的测试工具。它不仅适合于主机平台软件测试，同时适合于嵌入式平台的软件测试，可同时支持编码规则检查、软件度量分析、数据流分析、覆盖率分析等。

采用 Testbed 进行 RTOS 覆盖率测试，主要工作分为如下三个阶段。

1）静态代码分析：对 RTOS 源代码的结构进行静态分析。

2）代码插桩：根据静态分析，在源代码中嵌入插桩代码，用于对代码覆盖情况进行统计，进而将插桩后的代码进行编译、链接、下载、执行。在执行过程中，插入的代码将记录程序的执行信息，并保存在数据文件中用于覆盖率分析。

3）覆盖率分析：对测试中采集到的覆盖率数据文件进行分析，可采用覆盖率图的方式，可视化展现覆盖率统计情况。

8.2.2.2 CODETEST

CODETEST 是专为嵌入式系统软件测试而设计的工具套件，CODETEST 为追踪嵌入式软件覆盖率分析、性能分析、执行追踪分析等提供高效的解决方案。

1）测试覆盖分析：CODETEST 提供程序总体概况，函数级代码以及源级覆盖趋势等多种模式来观测软件的覆盖情况。覆盖率信息包括程序实际执行的所有内容，而不是采样的结果，它以不同颜色区分运行和未运行的代码。CODETEST 可以跟踪超过 100 万个分支点，特别适用于测试大型嵌入式软件。CODETEST 还能够生成一个融合多种测试结果的综合性报告，以使测试者看到整套测试地总体效果。

2）性能分析：CODETEST 能够同时对多达 32 000 个函数进行非采样性测试，精确计算出每个函数或任务（基于 RTOS 下）的执行时间或间隔，并能够列出其最大和最小的执行时间。对于每两个函数或任务之间的调用也能够计数，从而确认出其中失败的调用。CODETEST 的性能分析功能也能够为嵌入式应用程序的优化提供依据，使软件工程师可以有针对性地优化某些关键性地函数或模块，以及改善整个软件地总体性能。

3）执行追踪分析：CODETEST 可以按源程序、控制流以及高级模式来追踪嵌入式软件。最大追踪深度可达 150 万条源级程序，其中高级追踪模式显示的是 RTOS 的事件和函数的进入退出，给测试者一个程序流程框图；控制流追踪增加了可执行函数中每一条分支语句的显示；源级追踪则增加了对被执行的全部语句的显示。

8.2.2.3　Cantata++

Cantata/Cantata++是面向源代码的测试分析工具，贯穿于整个软件开发过程，包括代码评审、单元测试、集成测试、系统测试及软件维护等阶段，主要特点如下。

1）代码静态分析：对代码进行静态分析，评估软件的复杂度和可维护性。

2）自动代码插桩：使用桩模块模拟被测模块的函数调用。用户可以传递参数给桩模块，并设置桩模块的返回参数。

3）覆盖率分析：提供大量的覆盖率分析工具，包括语句覆盖、条件分支覆盖、数据值覆盖、MC/DC 和用户自定义标准。

8.2.2.4　RTRT

IBM Rational Test RealTime（RTRT）提供对被测代码进行静态分析和运行时分析功能。利用该工具，开发人员可以提高软件测试的效率，主要特点如下。

1）通过分析源代码，可自动生成测试驱动（Test Driver）和桩（Test Stub）模板。开发人员只需要在该测试脚本的基础上指定测试输入数据、期望输出数据以及打桩函数的逻辑即可。

2）测试执行后，可生成测试报告和各种运行时报告。测试报告展示通过或失败的测试用例，而运行时分析报告包括代码覆盖分析报告、内存分析报告、性能分析报告和执行追踪报告。

3）通过 Target Deployment Port 技术，可支持基于开发机和目标机的嵌入式软件测试。

8.2.3 目标码覆盖率测试

8.2.3.1 概述

目标码测试是高可靠软件测试的重要手段。在 DO－178B 标准中，对 A 级软件明确规定了目标码测试要求："结构化语言的覆盖率分析可以在源代码级进行，但是如果 A 级软件并且编译器产生的目标代码不能直接追踪到源代码中的语句，那么，其他的验证要在目标代码中执行，这样来确定产生的代码序列的正确性。"

对目标码进行测试是非常必要的。例如，对于一些 GCC 版本，如 GCC 3.4.5（windows）、GCC 4.0.2（hp－ux）、GCC 4.1.2（ubuntu），存在对 abs 函数的优化问题。这些版本的 GCC，把 $-10\times$abs（$i-1$）和 $10\times$abs（$i-1$）优化成 abs（$-10\times i+10$）和 abs（$10\times i-10$），从而导致出现 $-10=10$ 的低级错误。究其原因，是 GCC 在代码优化时，将 abs 函数优化成了一个操作，并且对其进行常量折叠（const foldering）优化技术。这种优化，甚至在关闭 GCC 的优化选项时，依然会进行。虽然该错误十分明显，但是如果遇到隐蔽的错误，将会发生严重的问题。

总之，目标码测试比源代码级的测试更进一步，主要关注编译器产生的目标码是否满足实际需求、目标码和源代码之间有多少的不一致等问题。

为有效地进行 RTOS 目标码覆盖率测试，我们研制了一个目标码验证工具 BSVVT（Bochs based Software Verification and Validation Tools）。该工具通过扩展虚拟化平台体系结构，实现对目标码覆盖检测、分支图生成、分支反转与提示、故障条件注入和轨迹导出等功能。接下来，将简要介绍 BSVVT 目标码测试工具的设计原理和技术要点。

8.2.3.2 BSVVT 总体框架

目标码验证工具 BSVVT 基于 Bochs 虚拟化平台研制，Bochs 是一个基于 LGPL 的开源 x86 虚拟机软件。BSVVT 验证工具的总体框架如图 8－4 所示，功能模块放置在 Bochs 的调试器模块和 CPU 模块中。通过 Bochs 调试器中提供的接口，可以方便地获得和修改硬件内容。通过 CPU 模块扩展，在指令循环中嵌入检测语句，在不影响指令正常运行的情况下，将指令执行的相关信息传递给处于调试器模块中的验证工具部分。

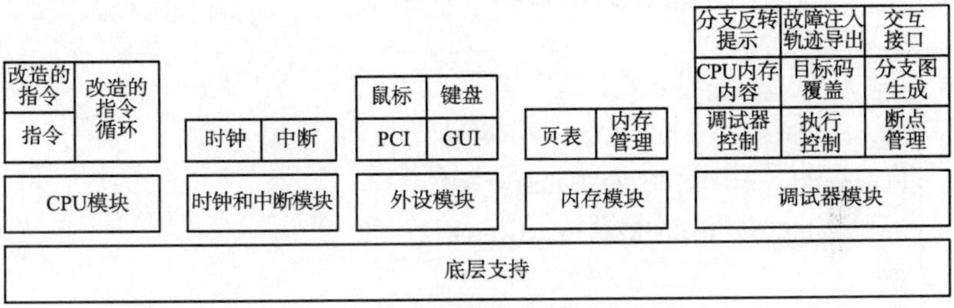

图 8－4　BSVVT 验证工具总体框架

BSVVT 工具实现了目标码验证相关的 4 项功能，分别是目标码覆盖、分支图生成、分支反转与提示、故障注入和轨迹导出。前两者，对应了目标码验证的正确性验证，后两者对应了异常的验证。接下来主要介绍目标码覆盖的技术原理。

目标码覆盖的技术流程如图 8－5 所示，通过调试器的命令行，对目标码覆盖的状态进行设置。在 CPU 执行时，对于已经执行的代码，自动加入到语句覆盖中，最后，通过命令行交互，输出覆盖率和未覆盖的区域给用户。

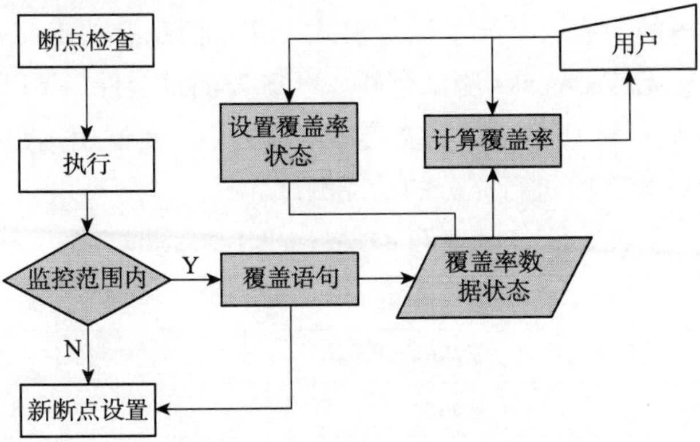

图 8－5　目标码覆盖流程图

8.2.3.3 试验结果

采用 BSVVT 工具，对基于 uC/OS 2.80 研制的一个通信软件进行目标码测试，运行结果如图 8－6 所示。其中，显示了未被覆盖的指令地址，并给出了目标码覆盖率统计结果。

```
…
linear address：0x00022c8a uncovered
linear address：0x00022c8b uncovered
linear address：0x00022c8c uncovered
…
linear address：0x00038c81 uncovered
linear address：0x00038c82 uncovered
…
Coverage Rate：87.67%
```

图 8－6 目标码覆盖输出结果

8.3 RTOS 综合功能测试

8.3.1 RTOS 功能点

RTOS 的功能点及异常运行模式丰富，而现有的 RTOS 功能测试套件，包括 VxWorks 测试套件、POSIX 测试套件、RTEMS 测试套件，如表 8－4 所示，以功能接口测试为主，测试用例数量极为有限，很难对 RTOS 进行充分的功能测试。

表 8－4 POSIX 和 RTEMS 4.9.1 功能测试套件

序号	测试套件名称	功能测试用例个数
1	VxWorks	32 个
2	POSIX	59 个
3	RTEMS	46 个

RTOS 的功能测试场景构造及测试结果获取，均具有很强的技巧性。例如，对于优先级逆转防护的测试中，需按照优先级继承、优先级置顶的防护协议进行分类，进而设计运行场景，如优先级继承的测试场景包括：一级优先级继承防护、多级优先级继承防护，同时需设计相应的方法获取当前任务状态，以判断逆转防护是否生效。

此外，RTOS 的功能点之间具有很强的组合性、耦合性和相关性，尤其是存在隐含的功能相关性，需对 RTOS 原理相当熟悉，才能开展较为全面、充分的测试。

根据上述分析，我们认为 RTOS 的功能具有多维、多特征的属性，因而难以采用简单的穷举方法进行有效测试，需要一定的方法论引导，构造测试向量空间，进而开展测试用例的设计与研发工作。本节主要介绍我们提出的一套关于 RTOS 综合功能测试的思路及方法。

8.3.2　RTOS 综合功能测试模型

8.3.3　多维测试模型

在构造综合功能测试模型中，以 RTOS 中最为活跃的要素——“任务”为建模对象，并将中断服务程序也作为一类特殊的任务看待。综合功能测试模型需要全面反应“任务”的属性、状态及交互行为。

建立的 RTOS 综合功能测试多维模型如图 8—7 所示，包括任务属性、任务状态和任务交互，以下将逐一进行介绍。

（1）任务属性

根据任务的属性不同可以分为以下几个方面。

1）运行周期：分为周期性与非周期性，如周期性的完成工作，或偶发性的完成工作。

2）运算类型：包括定点运算、浮点运算和逻辑运算。

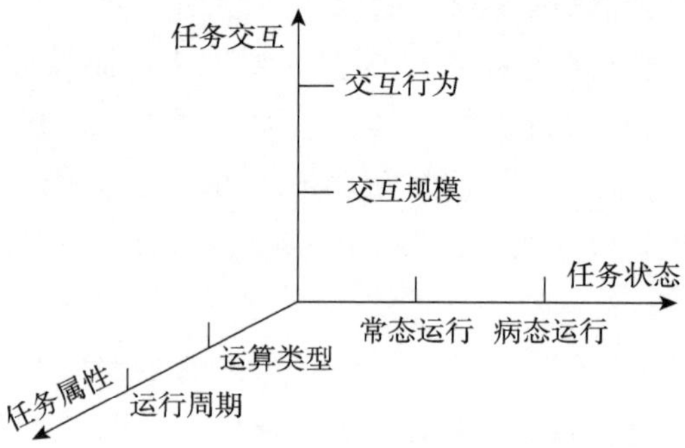

图 8－7 RTOS 综合功能测试多维模型

3）运行优先级：任务优先级高低表示任务运行的迫切程度。在某些 RTOS 中，允许任务优先级相同，这些任务可以按时间片轮转进行调度。

（2）任务状态

任务状态可以分为两大类。

1）常态运行：就是任务运行处在正常状态，包括就绪、运行、阻塞、挂起等。

2）病态运行：就是任务运行发生异常。发生病态的模式包括任务运行异常，如非法指针访问；多任务资源竞争；外部条件干扰，如空间辐射造成数据或代码翻转。

（3）任务交互

任务交互主要描述任务交互的目的和参与任务交互的规模。

1）交互目的描述任务交互的目的，可以把任务的行为模式分为：独立型，即除了竞争 CPU 外，再无其他关联；竞争型，此时任务需对共享资源进行互斥访问；同步型，多任务通过协调彼此的运行步调完成协作，同步型又可以分为资源同步和行为同步；通信型，多任务彼此间传递数据或信息，以协同完成某项工作。

2）交互规模描述参与任务交互的数量及模式，主要可分为四种类型：一对一型、一对多型、多对一型和多对多型。例如，经典的同步互斥问题——读者、写者问题，可以按上述分类细化为：一个读者与一个写者的同步互斥，一个读者与多个写者的同步互斥，多个读者与一个写者的同步互斥，以及多个读者与多个写者的同步互斥。

利用上述模型进行功能测试用例的设计如表 8－5 所示。

表 8－5　综合功能测试用例设计

		任务属性			任务状态		任务交互	
		周期性	运算类型	优先级	常态	病态	行为	规模
任务属性	周期性	—	√	√	√	√	√	√
	运算类型	√	—	√	√	√	√	√
	优先级	√	√	—	√	√	√	√
任务状态	常态	√	√	√	—	—	√	√
	病态	√	√	√	—	—	√	√
任务交互	行为	√	√	√	√	√	—	√
	规模	√	√	√	√	√	√	—

其中“√”表示该行与该列可进行组合设计测试用例，例如，周期性与运算类型这列有“√”标记，说明需要设计运行周期与运算类型的组合测试用例，可进一步细化设计，如表 8－6 所示。

表 8－6　运行周期与运算类型组合设计

运算类型 / 运算周期		运算类型		
		定点运算	浮点运算	逻辑运算
运行周期	周期性	周期性定点运算	周期性浮点运算	周期性逻辑运算
	非周期性	非周期性定点运算	非周期性浮点运算	非周期性逻辑运算

8.4　RTOS 性能测试

实时性是 RTOS 最重要的技术指标，其好坏将直接影响到整个系统的性能。RTOS 的实时性主要体现在任务调度、中断响应、任务间通信等方面。本节将重点阐述 RTOS 的性能测试。RTOS 的性能指标主要包括：

1）任务上下文切换时间；

2）内核最大关中断时间；

3）中断响应时间；

4）中断延迟时间；

5）中断恢复时间；

6）任务响应时间；

7）信号量混洗时间；

8）死锁解除时间。

上述几项中，任务上下文切换时间和内核最大关中断时间是评价 RTOS 实时性能最重要的两个技术指标：

1）任务的切换是 RTOS 运行过程中最频繁发生的动作，因此作为评价内核实时性能最重要的技术指标之一。

2）对外部事件的响应速度也是衡量实时内核的重要指标，而该指标很大程度上取决于内核关中断的粒度大小，即内核最大关中断时间的长短，因而该指标也是 RTOS 性能评价的关键指标。

8.4.1　时间参考

性能测试最主要的就是要取得系统行为的执行时间间隔，测试时间间隔需要一个时间参考。本小节介绍软件计时和硬件计时两种方法。

8.4.1.1　软件计时

软件计时方式包括读时钟寄存器和系统调用方式。

（1）时钟寄存器

多数操作系统都包括软件时钟可以用于测试工具。但在不同的系统中可能使用不同的解决办法。并且，它常常不能提供执行准确测试所需要的精确度。用正在执行测试的操作系统的软件时钟进行测量将增加不确定性。并且，基于软件时钟的测量是与系统时钟同步的。不过 Intel Pentiums 以上的处理器提供一个 rdtsc 汇编指令和一个 64 位寄存器 TSC。寄存器 TSC 记录自上次重新开机到当前经过的 CPU 时钟周期数，rdtsc 指令读取寄存器 TSC 的值。利用该指令提取的时钟周期数除以 CPU 的主频就可以得到一个较为精确的绝对时间参考。

伪代码：

```
unsigned long time_low1, time_high1, time_low2, time_high2;
void begin_count()
{
   asm("rdstc\n"
          :"=a"(time_low1), "=d"(time_high1):
          :"edx");
}
void end_count()
{
   asm("rdstc\n"
          :"=a"(time_low2), "=d"(time_high2)):
          :"edx");
}
N=(time_high2 - time_high1) * 2^32 +(time_low2 - time_
   low1)
T=N / F
```

其中：N 为两次 write trace 之间的 CPU 时钟跳变次数；F 为 CPU 主频；T 即为要求的时间间隔。

(2) 系统调用方式

RTOS 一般有用于计时的系统调用，例如 RTLinux 的系统调用 gettimeofday ()，其精度可以达到 μs 级，可以满足多数延迟时间的计时。但是，由于系统调用时有一个压栈、出栈的过程，以及从用户空间到系统空间的转换，这个过程对计时会产生一定的影响。

8.4.1.2 硬件计时

硬件计时方式主要采用 PCI 总线分析器和 GPIO 引脚输出计时。

1）PCI 总线分析器。PCI 总线分析器是嵌入在被测系统目标机的一块 PCI 板卡。在被测试代码区间的前后插入码，用于在系统执行过程中分别向 PCI 总线地址写入数据。对于 33 MHz 的 PCI 总线而言，写入两个相邻地址上需要 6～7 个总线周期，也就是 180～210 ns，因而具有较好的测试精度。总线分析器对写入总线的数据进行存储，并加上时间戳。测试执行完毕后，将数据从总线分析器下载到开发机上，可进一步分析处理。

2）GPIO 引脚输出计时。目前几乎所有的板卡均提供 GPIO 引脚，可以在被测代码区间各插入一条指令，向 GPIO 引脚输出信号，当测试板卡捕获到这两个信号后可计算出时间。

8.4.2 性能指标

8.4.2.1 任务上下文切换时间

任务切换时间，也称上下文切换时间，指从当前运行任务的最后一条指令放弃 CPU 使用权，到下一个就绪任务的首条指令开始执行的时间。任务切换时间分为三个部分，即保存当前任务上下文时间、调度程序选中新任务的时间和恢复新任务上下文的时间。切换所需的时间主要取决于保存任务上下文所用的数据结构以及操作系统采用的调度算法的效率。如图 8－8 所示。

上下文的保存对象为 CPU 寄存器的内容，切换时数据会保存在任务自己的堆栈内。上下文恢复的操作正好相反。保存的寄存器数量越多，任务切换的工作量越大。任务切换时间是系统实时性能的一个重要指标。

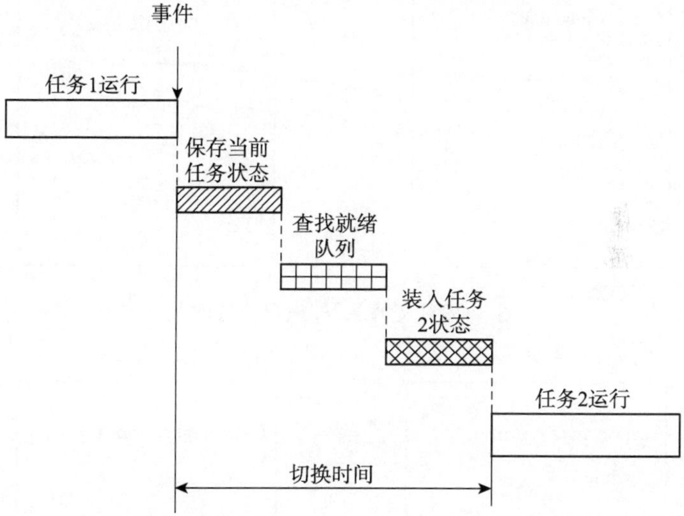

图 8－8　任务上下文切换时间

测试方法是采用两个测试间接地测任务切换时间。第一个测试称为交替悬置/恢复任务时间测试。测得的一个时间周期里包括两次上下文切换，再加上任务悬置和恢复各一次，执行过程如图 8－9 所示。第二个测试称为悬置/恢复任务时间测试。测得的一个时间周期就不包括上下文切换时间，而只是任务的悬置和恢复时间，执行过程如图 8－10 所示。任务上下文切换时间为用测得的第一个值减去第二个值再减去时间性能测试函数的消耗时间，再除以 2，即为任务切换时间。

任务上下文切换时间＝(交替悬置/恢复任务时间 —悬置/恢复任务时间) / 2

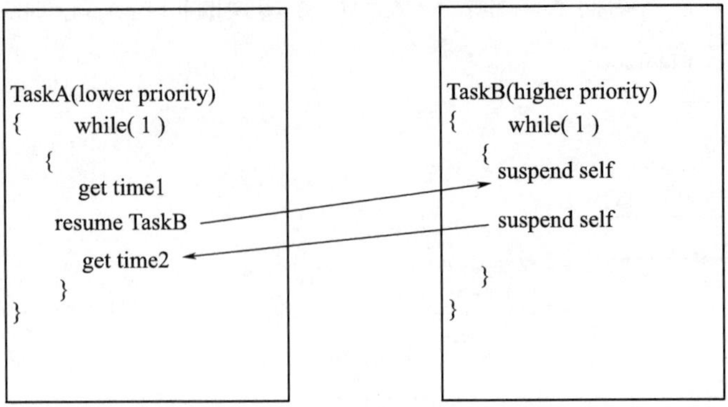

图 8—9　交替悬置/恢复任务时间

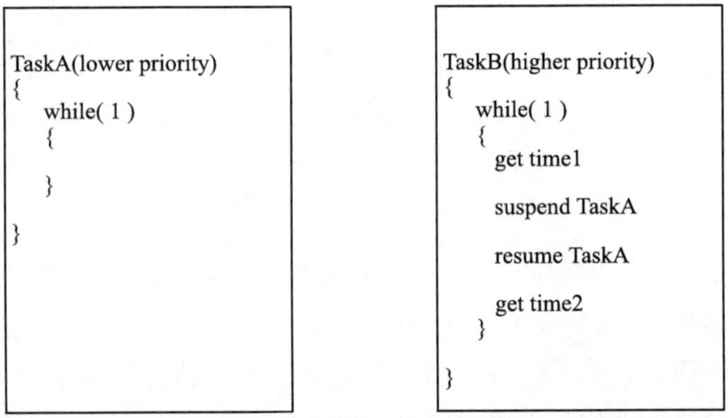

图 8—10　悬置/恢复任务时间

8.4.2.2　内核最大关中断时间

如何使内核的最大关中断时间尽量地减小，是设计内核时在实时性方面需要仔细考虑的问题。例如，假设在一开始进入内核系统调用时就关闭中断，试图采取这种粗放的方法来进行互斥，以达到对内核服务中的关键（临界）代码的保护，那么就会造成比较长的关中断时间。其实通过对内核代码的仔细分析，可以发现其中存在一些非关键（临界）的代码段；在这些地方开中断增加内核代码的可抢占点，就可以大大缩短关中断时间。

内核最大关中断时间可以通过测试各个系统调用的关中断时间得到。大多数 RTOS 内核在实现时，均采用了一对“关/开”中断的函数调用或宏调用，因而可以在这对函数或宏调用中嵌入指令，使得系统调用在进入第一层关中断操作时，读取一次定时器的值；在退出最后一层开中断操作时，再次读取定时器的值。两次的值相减，再乘以计数脉冲周期，就得到了关中断时间。

为了获得内核最大关中断时间，需要对所有函数调用的关中断时间进行测试，包括各种可能的情况，然后取其中的最大值。测试用例需覆盖内核中所有的开关中断代码，这还是有相当的难度和工作量。因此，为了更好地测试内核最大关中断时间，我们提出了一种新的内核最大关中断时间测试方案，将在后续内容中介绍。

8.4.2.3　中断延迟时间

中断延迟时间，指从中断发生到系统获知中断，并开始执行中断服务程序（ISR）所需要的最大滞后时间，如图 8－11 所示。

图 8－11　中断延迟时间示意图

中断延迟时间受到系统关中断时间的影响。实时系统在进入临界区代码段之前要关中断，执行完临界代码之后再开中断。关中断的时间越长，中断延迟就越长，并且可能引起中断丢失。中断延迟时间可以由下式表示

中断延迟时间＝最大关中断时间＋硬件中断嵌套的时间＋硬件开始处理中断到开始执行 ISR 第一条指令之间的时间

硬件开始处理中断到开始执行 ISR 第一条指令之间的时间由硬件决定。中断嵌套时间与具体的应用有关，不同的应用可能同时发生的最大嵌套层数不同，每个 ISR 的执行时间不同，这段时间可能是不确定的。

由于中断是外部异步事件，故不能确定何时会发生中断，并且不能确定发生中断时的系统状态是处于开中断的状态还是处于关中断的状态。即便是在关中断状态下，也不能确定已经关闭了多长时间，以及还将关闭多长时间，因此在确定中断延迟时间时，要使用最坏情况下的关中断时间，即最大关中断时间。

最大关中断时间取决于两方面的因素。首先，内核关中断时间，内核在执行一些临界区的代码时采取了关中断；其次，应用关中断时间，即在应用程序中也可以关中断。关中断的最长时间应该是这两种关中断时间的最大值，即

最大关中断时间＝max（内核最大关中断时间，应用最大关中断时间）

8.4.2.4 中断响应时间

中断响应时间是指从中断发生到开始执行用户中断服务程序的第一条指令之间的时间，如图 8－12 所示。应注意到中断延迟时间与中断响应时间的区别：前者指到内核的中断服务程序的第一条指令，而后者指到用户的中断服务程序的第一条指令。

处理中断时要先做一些处理，确保中断返回前调度程序能正常工作，即要先调用一个特定的函数。该函数通知内核即将进行中断

服务，使得内核可以跟踪中断的嵌套，即便在解除中断嵌套后进行重调度。中断响应时间由下面的表达式给出，即

中断响应时间＝中断延迟时间＋内核中断服务程序执行时间

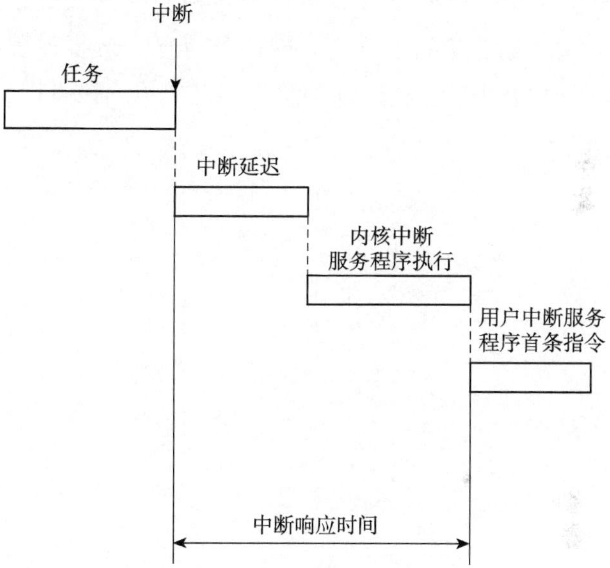

图 8－12　中断响应时间

8.4.2.5　中断恢复时间

中断恢复时间是用户中断服务程序结束后回到被中断代码之间的时间。在采用抢占式调度内核的系统中

中断恢复时间＝判断是否有高优先级的任务进入就绪态的时间＋恢复高优先级任务 CPU 内部寄存器的时间＋执行中断返回指令的时间

中断恢复存在两种情况：一种是中断结束后不发生任务切换，另一种是中断结束后发生任务切换。

测试方法如下：

1）中断结束后不发生任务切换的情况，执行流程如图 8－13 所

示。使一个任务在一个预知的位置被中断打断，在相应的中断服务程序退出之前（最后一条指令处）开始计时，被打断的任务一旦获得运行就立即获取计时时间，这一时间扣除本身的计时消耗时间后，便是中断恢复时间。而预知位置可以通过较长时间关中断实现，即在任务中先关中断，运行一段较长时间的程序，运行过程中，到来一个中断，接着开中断，此时就会发生中断响应，该点即为中断点，即预知位置。

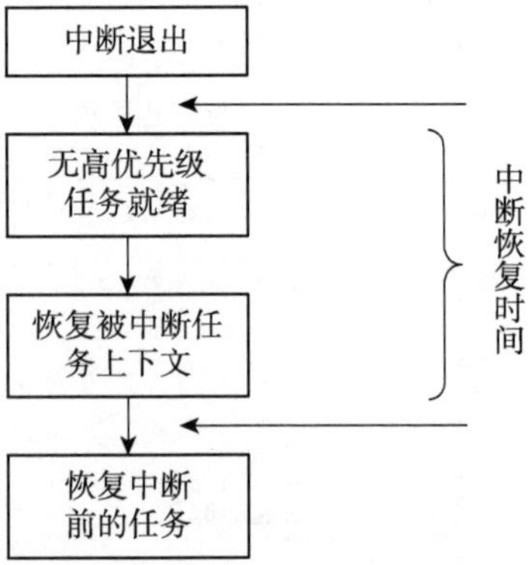

图 8－13　中断恢复不发生任务切换

2）中断结束后发生任务切换的情况，执行流程如图 8－14 所示。创建两个任务 TaskA 和 TaskB，TaskB 的优先级较高，任务 TaskB 先运行，接着 TaskB 挂起自己，此时切换到任务 TaskA。任务 TaskA 运行产生软中断。在软中断服务程序中唤醒任务 TaskB，并在中断退出之前（最后一条指令处）开始计时。系统切换到任务 TaskB，任务 TaskB 的第一条指令就立即去获取计时时间，然后计算出前后两次的差值，即为中断恢复时间。

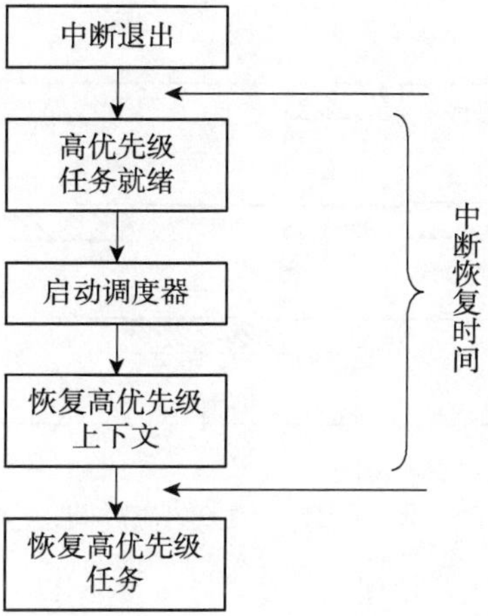

图 8—14　中断恢复发生任务切换

8.4.2.6　任务响应时间

任务响应时间是指从任务对应的中断产生到该任务真正开始运行所花费的时间，如图 8—15 所示。

测试方法如下：

1）依次创建优先级由低到高的任务 TaskA，TaskB；创建二进制信号量 S，初始状态为空；注册中断。

2）TaskB 优先级高先运行，当申请信号量 S 被挂起，系统切换到 TaskA。

3）TaskA 设置一个标志，标明 TaskB 已经在等待信号量 S；定时器开始计时，产生中断。

4）系统进入中断服务程序，中断服务程序判断标志是否设置，若已经设置，则释放信号量 S。

5）中断服务程序完成后发生任务切换，切换到 TaskB；TaskB 一运行就立即读定时器的计数值，并停止计时。然后计算出前后两次计数的差值，即为任务响应时间。

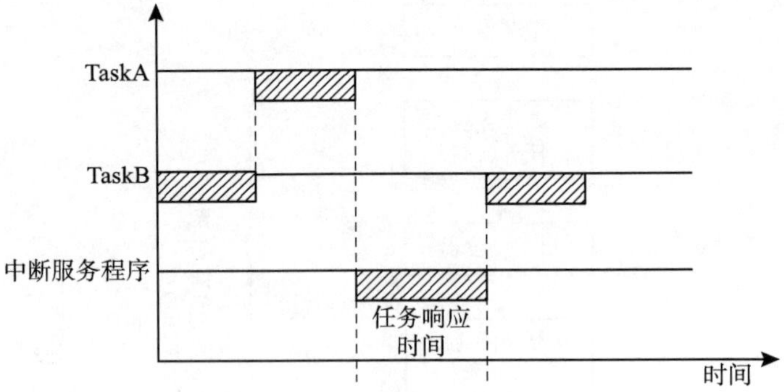

图 8－15　任务响应时间

8.4.2.7　信号量混洗时间

信号量混洗时间指从一个任务释放信号量到另一个等待该信号量的任务被激活的时间延迟。在 RTOS 中，通常有许多任务同时竞争某一共享资源，基于信号量的互斥访问保证了任一时刻只有一个任务能够访问公共资源。信号量混洗时间反映了与互斥有关的时间开销，是 RTOS 实时性的一个重要指标。信号量混洗时间如图8－16所示。

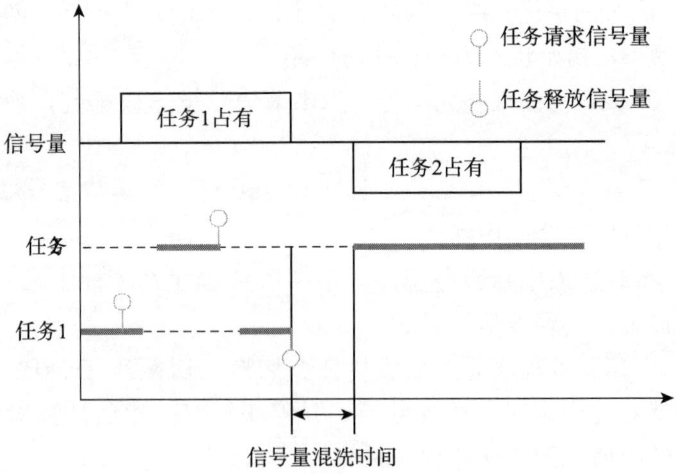

图 8－16　信号量混洗时间

8.4.2.8　死锁解除时间

处理优先级反转问题的能力是操作系统解决死锁能力的一个重要体现。因此，测量操作系统解决优先级反转这一问题的能力或所需的时间，可以从很大程度上反映出操作系统解决死锁的能力。如图 8—17 所示，表示死锁解除时间的测量流程。系统初始时，有高、中和低优先级三个任务：TaskID［0］、TaskID［1］（未就绪）和 TaskID［2］（未就绪）。TaskID［0］任务首先运行并进入临界区，随后激活 TaskID［1］。此时，由于 TaskID［1］优先级最高，会抢占 TaskID［0］运行。但其进入临界区时，由于临界资源被 TaskID［0］占用，只能

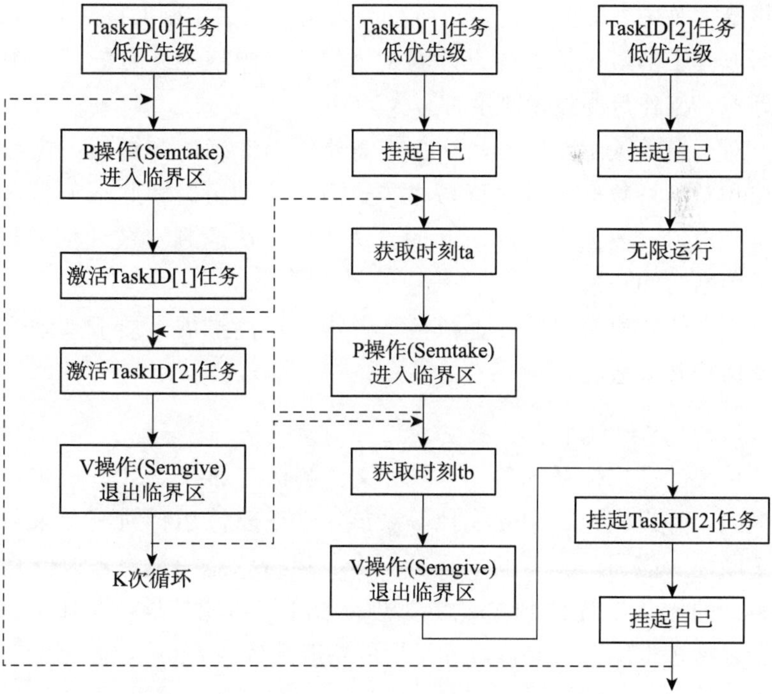

图 8—17　死锁解除时间

——→ 程序流程; - - - - -→ 各任务切换流程

挂起并等待临界资源被释放。TaskID［0］继续被调度执行，并激活TaskID［2］。此时，TaskID［2］优先级也比TaskID［0］高，会抢占TaskID［0］运行。此时，就会产生中优先级的TaskID［2］一直运行，而高优先级的TaskID［1］被挂起的死锁情况。在这种情况下，操作系统可以采用合理的方法（如优先级继承、优先级天花板等）来解除死锁。设 t_a 表示TaskID［1］试图进入临界区的时刻，t_b 表示TasklD［1］成功进入I临界区的时刻，因此，（t_b-t_a）即为所测得的死锁解除时间。

8.4.3　最大关中断时间比较方法

上文中描述了测量内核最大关中断时间的传统方法，为了获得内核最大关中断时间，需要对所有函数调用的关中断时间进行测试，然后取其中的最大值。要设计测试用例覆盖内核中所有的开关中断的地方，工作量与技术难度都很大。

对于最大关中断时间，往往不需要给出准确的测量值，仅需要给出相对测量数据，对RTOS性能进行评比即可。因此本节引入一种基于虚拟机测量关中断时间的方法，可以快速判定被评估RTOS的关中断时间长短。

本方法主要对Bochs虚拟机平台进行功能扩展，接下来阐述其技术原理及方法。

8.4.3.1　虚拟机平台扩展

传统的虚拟机系统，具有目标文件解析与加载、CPU模拟、内存模拟、外设模拟、中断模拟等功能，缺乏软件运行轨迹记录与外部中断注入能力。为了获取运行指令、运行状态等信息，以支持中断事件的捕获，需对Bochs虚拟机平台进行功能扩展，如图8－18所示，深色框图部分是修改和扩展的功能部分。

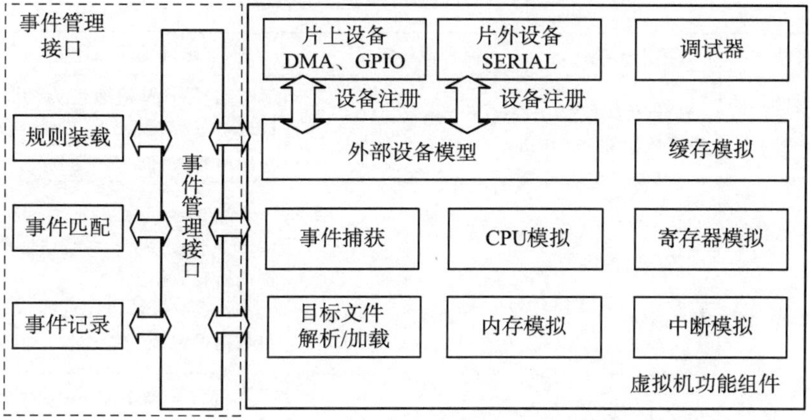

图 8—18　虚拟机功能扩展模块

8.4.3.2　事件记录功能扩展

本文主要介绍事件捕获模块。事件捕获是指对于用户感兴趣的事件进行捕获和记录的过程。事件有不同的分类，最常见的是基于指令的事件和基于数据的事件。基于指令的事件指的是，由于在指令流中，有用户所感兴趣的指令，对于这些指令进行记录的事件。

例如，对于中断开启和关闭，在 x86 平台上，有对应的 STI 和 CLI 指令进行操作，所以中断关闭事件和中断开启事件可以作为基于指令记录的事件。基于数据的事件是对于用户所感兴趣的数据的变化作出响应的事件，例如用户感兴趣的内存地址中的内容发生了变化，寄存器或者端口的值发生变化等。在本文中记录的是中断使能状态的变化，在 x86 平台下是 EFLAGS 寄存器的第 8 位的状态。针对该位的状态变化而产生的事件，是典型的基于数据的事件。表 8—7列出了事件的详细定义。

表 8—7 虚拟机捕获事件定义

事件大类	事件子类	事件规格定义	事件功能描述
监控事件	热点代码段监控区域定义	code ran [startaddr] [len]	开启位于起始地址为 startaddr，长度为 len 字节地址范围内所有代码监控
	数据监控区域定义	data ran [startaddr] [len]	开启位于起始地址为 startaddr，长度为 len 字节地址范围内所有数据监控 注：系统默认监控范围是系统数据段区域
代码事件	指令监控定义	monitor ins [instruction name]	开启对敏感指令 instruction 的监控
	函数监控定义	monitor fun [function name]	开启对敏感函数 function 的监控
	中断监控定义	monitor int [vect num]	开启对中断注入的监控
数据事件	变量监控定义	monitor var [variable name] [type]	开启变量 variable name、变量类型为 type 的监控
	寄存器监控定义	monitor reg [register name]	开启寄存器 register name 的监控

无论是基于指令的事件还是基于数据的事件，都需要对 Bochs 原有的运行流程进行修改，主要涉及 CPU 模块的相关部分。

图 8—19 显示了 CPU 模拟的运行流程和修改流程。阴影的部分是新添加的事件捕获流程。流程主要分为指令捕获阶段和数据采集阶段两个阶段。

指令捕获阶段负责监测是否有敏感指令出现。该阶段处于指令译码以后，指令执行以前，指令对于系统没有任何实质性影响，也不会改变任何数据。用指令的特征和事件管理单元的存储相匹配，观察该条指令是否为敏感指令，如果没有命中，则跳过事件记录阶段；如果发现当前指令是敏感指令的话，在日志记录文件中记录指令内容、出现时间（以 CPU 周期衡量）、指令地址和操作数等附加信息。

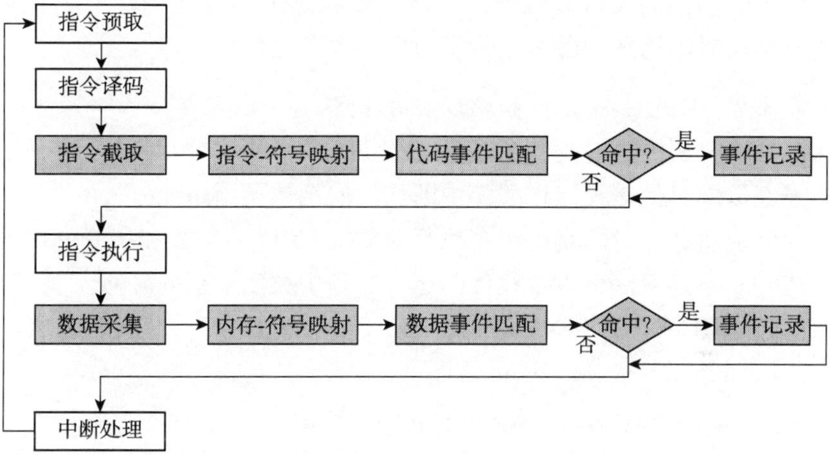

图 8—19　Bochs 虚拟机中 CPU 拟运行及流程修改示意图

数据采集阶段负责监测敏感数据的变化。数据可以是寄存器的值，也可以是内存地址的内容，也可以是端口内容。该阶段处于指令执行之后，数据会发生改变。首先在指令执行之后，进行数据名称和数据地址之间的匹配。得到数据地址后，对内存或者寄存器的相关内容进行查询。对于确实发生了更改的数据，进行数据采集和日志记录。日志的内容包括数据改变的时间（以 CPU 周期衡量）、数据的地址、数据变化前后的值等信息。

对于关中断指标，在 x86 平台下，对 EFLAGS 寄存器的中断使能控制位进行数据监控。伪代码如下：

```
PROCEDURE MONITOR_EFLAGS_INT
for every cycle of CPU
do
    log INFO(CYCLE, ADDR) if(EFLAGS AND INT_ENA-
BLE) ==0
done
END
```

上述伪代码表示，对于在中断关闭状态下运行代码，记录代码所发生的时间周期，以及代码所对应的内存地址。

8.4.3.3 日志离线分析和辅助信息获取

离线分析的目的是找出代码运行过程中关闭中断时间，而辅助信息获取的目的是找出在关闭中断区间的函数调用路径。

如前所述，日志是由指令执行时刻的 CPU 周期数和指令的内容组成的。下述算法可以查找代码运行过程中关闭中断的时间。

```
PROCEDURE FIND_INTERRUPT_DISABLE_SECTION
disable_interrupt_sections=[]
section_start=section_end=0
for each record in log:
  do
        if record. EFLAGS(INT)==0      /* 关闭中断 */
            section_start=record. cpu_cycle
        elsif record. EFLAGS(INT)==1     /* 开启中断 */
            section_end=record. cpu_cycle
            disable_interrupt_sections << (section_end-
            section_start)
        else
            continue
        end
  done
END
```

算法统计关闭中断和开启中断之间的时间间隔，并将其加入时间间隔数组中。

辅助信息获取的目的是构建函数调用图。采用如下算法。

```
PROCEDURE BUILD_CALL_GRAPH
stack=Stack. new()
root=Node. new()
```

```
stack. push(root)
base=Node. new(translate_addr(log[0]. addr))
root. addChild(base)
stack. push(base)
base. start_cycle=log[0]. instruction. cpu_cycle
for each record in log:
  do
         if record. instruction= ="call"    /* 新的函数 */
            node=Node. new(translate_addr(record. addr))
            stack. top(). addChild(node)
            node. start_cycle=record. instruction. cpu_cycle
            stack. push(node)
         elsif record. instruction= ="ret" /* 返回原函数 */
            node. end_cycle=record. instruction. cpu_cycle
            node. duration=node. end_cycle-node. start_cycle
            stack. pop(node)
         else
            continue                          /* 没有函数调用 */
  done
END
```

算法使用栈来构建图。函数对应节点，在初始化时压入两个特殊的节点 root 和 base。root 是一个虚节点，不代表实际的调用；base 表示在关闭中断的时候当前运行的函数，由于关闭中断可能在函数中间发生，所以 base 可能没有 call 而只有 ret。

对于 call 指令，在栈中压入一个新的节点，该节点的父节点是原来栈顶，开始时钟周期是 call 指令时刻的时钟周期；而在函数执行返回的时候，使用 ret 指令会给当前节点加上一个终止的时钟周期，然后将该节点弹出栈。在遍历所有的记录以后，会生成一个函数调用关系树，以 base 为根节点，其他的函数调用为子节点，每一个节点记录当前节点所用的调用时间。

综上所述，基于虚拟机的方法通过运行时捕获指令和数据，并与监控表中的事件匹配，命中后记录日志。系统运行结束后进行离线分析，完成最大关中断时间的计算和调用序列导出。

8.5 RTOS 基准测试

8.5.1 RTOS 基准测试套件

RTOS 基准测试主要用来比较和评价实时操作系统的功能和性能是否满足应用需求，为 RTOS 选型提供依据。对 RTOS 的基准测试应该包括：计算能力、I/O 处理能力，以及外界事件响应能力的评价，如图 8—20 所示。RTOS 基准测试套件不仅要测试系统本身的基本性能，还要验证是否满足特定应用需求。

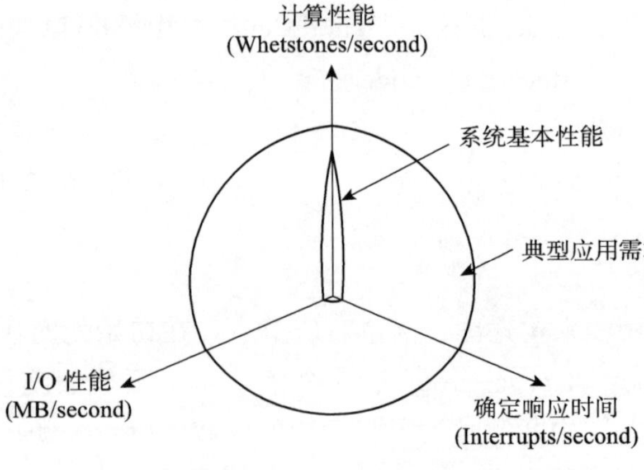

图 8—20 RTOS 基准测试范畴

目前用于 RTOS 的基准测试套件（Benchmark）主要有以下几类。

（1）综合基准测试套件

综合基准测试套件关注系统若干方面的指标，例如任务响应、中断响应、同步通信等指标。因为综合评估套件关注的是系统单方面的服务和功能，所以与关注整个系统的评估套件相比，通常代码量和运行时内存空间占用都要小得多。典型的综合基准测试套件如 Rhealstone。

（2）应用基准测试套件

应用基准测试套件关注系统在真实场景中应用情况，一般使用系统级别的代码，这些代码是从真实应用程序中提取的算法和数据。应用基准测试套件通常用于系统级别的性能评估，有大量的代码和数据读写请求。典型的基准测试套件如 MiBench。

（3）衍生基准测试套件

衍生基准测试套件是介于上述两种套件之间的评估手段，抽取了综合评估中的算法，并从真实应用中获取实际数据。这种做法避免了花大量时间运行整个应用程序的复杂性，又能够作为系统选型和调优的参考。基于真实应用的衍生基准测试套件适合大多实时系统的性能评测要求。典型的衍生评估套件如 VxWorks 评估套件。

接下来简要介绍较为著名的几个基准测试套件。

1）1972 年出现的 Whetstone 基准测试套件，针对特定的指令和计算进行测试。该基准测试套件专注于浮点指令的性能评估，可以用来比较整个实时系统效率。

2）1984 年出现的 Dhrystone 基准测试套件，用于评估整数计算性能。该基准测试套件选择了一组有代表性的操作，包括赋值、控制和函数调用等。

3）1989 年，Kar 等提出了 Rhealstone 基准测试套件，是针对使用 RTOS 的综合评估套件。该基准测试套件提出了对 RTOS 性能有重要影响的六个关键操作，测试其时间并求平均值，作为 RTOS 的综合性能指标。

4）1989 年，卡内基梅隆大学的 Nelson 等提出的 Hartstone，是专门测试 RTOS 的基准测试套件。该基准测试套件设计了五个测试系列，在模拟一定类型应用的同时，进行压力测试。

5）2001 年，密歇根大学的 M. R. Guthaus 等提出的 MiBench 基准测试套件，包括了 6 个领域内的样本：自动化和工业控制、嵌入式消费品、办公自动化、网络、安全、通信共 35 个嵌入式程序。

6）2003 年，Express Logic 公司提出了 ThreadMetric 基准测试套件，最初用于评估 ThreadX，之后用于 RTOS 的对比评估。

此外，还有一些较为常见的 RTOS 测试套件。如基于 Paparazzi 项目的 PapaBench 基准测试套件，测试最差执行时间（WCET），分析任务可调度性。RTMB 测试套件从实时角度测试，主要关注系统的确定性，如响应时间，从底向上实现了自动测试和校准，测试套件、正确的统计模型。LMbench 是 Linux 系统上的测试套件，但其中的测试方法也常用于实时系统测试。如 RTMB 和 LMbench，属于自动测试套件，可以测试操作系统较高级特性，如磁盘 I/O 能力，网络通信能力等。

各类典型的基准测试套件汇总如表 8—8 所示。

表 8—8 基准测试套件一览表

评测软件名称	出现年份	评估套件分类	开发语言	软件功能特点
Whetstone	1972	综合	ALGOL	整数运算能力评估
Dhrystone	1984	综合	C	浮点运算能力评估
Hartstone	1989	综合	ADA	多种测试组合实现极限测试
Rhealstone	1989	综合	C、C++	实现 6 项指标，涵盖中断、任务、同步通信、内存管理
MiBench	2001	应用	C、C++	实现 6 大类 35 种应用的评测
ThreadMetric	2003	综合	C	实现 6 项指标的评分，可屏蔽硬件平台差异性

接下来对典型的三种 Benchmark：Rhealstone、ThreadMetric、Hartstone 进行介绍。

8.5.2 Rhealstone

1989 年，Kar 等提出的 Rhealstone 基准测试套件，是针对使用

RTOS 的综合基准测试套件。Rhealstone 度量了 6 个典型的 RTOS 的时间指标，称为 Rhealstone 指标，包括任务切换时间、任务抢占时间、中断延迟时间、信号量混洗时间、死锁解除时间和消息延迟时间。6 组数据通过加权或者非加权的方式组合，得到 Rhealstone 数。各个领域的实时应用对于不同的 Rhealstone 数感兴趣的程度各不相同，可以按照领域需要的权值分析。

Rhealstone 是业界使用较为广泛的性能评估套件，具有实现简单，移植方便，能够较准确快速地评估嵌入式系统能力的特点，在提出以后产生了各种变种，并在发展过程中不断改进。Rhealstone 评估特点是针对系统提出了 6 个方面的指标，涵盖了任务、中断、同步通信三个 RTOS 内核的主要方面，并以 Rhealstone 数的形式给出统一的评分指标，屏蔽的底层的细节和差异。

Rhealstone 评估套件的测试指标如表 8－9 所示。

表 8－9　Rhealstone 测试指标简介

指标名称	简介
任务切换时间	同优先级任务轮转调度平均时间
任务抢占时间	不同优先级任务抢占平均时间
中断延迟时间	中断抢占任务平均时间
消息传输时间	任务间消息传输平均时间
信号量混洗时间	信号量拥有权转换平均时间
死锁解除时间	RTOS 从死锁状态开始到结束的平均时间

下面以死锁解除时间为例，介绍 Rhealstone 的评估方法。

死锁解除时间的评估方法如图 8－21 所示。图中的 R 表示申请资源，P 表示任务抢占，R'表示释放资源。在系统中有优先级分别为高中低的三个任务，测试开始时任务 1 运行，任务 2 和任务 3 处于睡眠状态。任务 1 在运行时申请并成功获得资源。在任务 1 获得资源以后，任务 2 被唤醒，抢占任务 1 后处于运行状态，任务 1 处于就绪状态。在任务 2 运行一段时间以后，任务 3 被唤醒，在运行过程中申请资源，但资源由于已经被任务 1 占有，任务 3 只能暂时阻塞，任务 2 运行。任务 3 处于高优先级而得不到资源却阻塞，任务 1 处于拥有资源却因为优先级不够高而不能运行，这时任务 1 和任务 3 进入死锁的状态。死锁的时间为 t_1。只有当任务 2 主动出让 CPU，使得任务 1 能够运行并释放资源时，任务 3 才被唤醒，死锁才能解除，死锁解除的时间为 t_1+t_2。

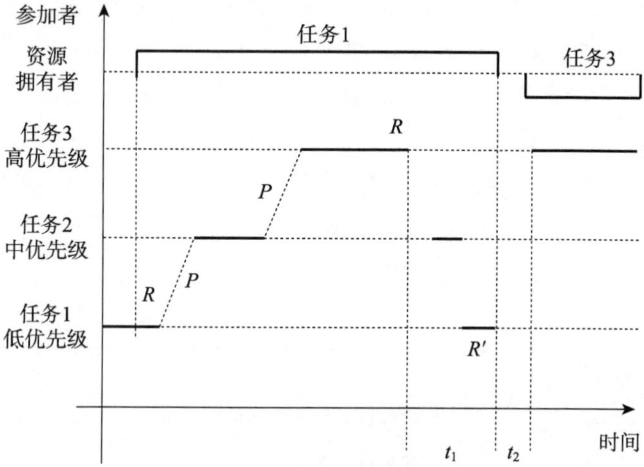

图 8—21　Rhealstone 死锁解除时间

Rhealstone 指标以秒为单位，并取多次测试后的平均值。令 t_1 到 t_6 分别为任务切换时间、任务抢占时间、中断延迟时间、信号量混洗时间、消息传输时间和死锁解除时间，则 6 个指标的算术平均值 t' 为

$$t' = \frac{\sum_{i=1}^{6} t_i}{6} \tag{8-1}$$

而系统的 Rhealstone 数则定义为

$$R = \frac{1}{t'} \tag{8-2}$$

如果是加权的 Rhealstone 数，设对于 t' 指标的权重为 n_i，有

$$R=\frac{\sum_{i=1}^{6}n_i}{\sum_{i=1}^{6}(n_1\times t_1)} \tag{8—3}$$

可以看出，Rhealstone 单项指标用时越短，性能越好。

8.5.3　ThreadMetric

Express Logic 公司研制的 ThreadMetric 基准测试套件具有以下优点。

（1）实现简单方便

基本的 ThreadMetric 只有 10 个 C 文件，800 行左右 C 代码，可移植性好。ThreadMetric 定义了统一的测试 API，可以方便地在不同 RTOS 之间移植，从而快速地得到关于该 RTOS 的性能指标。

（2）结果易于观测比较

传统的测试套件一般给出的结果都是基于绝对时间的，受系统体系结构影响较大。ThreadMetric 的测试结果是相对值，以评分的形式给出，在一定程度上可以屏蔽硬件体系带来的问题，显示出 RTOS 本身的性能特点。从这个意义上来说，ThreadMetric 是专门为 RTOS 设计的性能评估套件。

ThreadMetric 包括 1 组基础能力测试用例和 6 组 RTOS 能力测试用例，ThreadMetric 测试用例简介如表 8—10 所示。下面以任务切换能力测试为例介绍 ThreadMetric 的评估模型。

任务切换能力测试包括 6 个全局变量 COUNT0 到 COUNT4 和总评分 TOTAL，全部初始化为 0；另外还包括 5 个运算线程和一个报告线程。运算线程的优先级全部相同，都设置为 10；运算线程 X 在自己的执行循环内要更新 COUNTX 的值，并主动放弃自己的时间片。一般 RTOS 支持两种时间片的定义方法：一种是全局时间片，即整个 RTOS 只要采用轮转调度方法的时候就全部使用一致的时间片长度；另一种是线程时间片，即参与轮转调度的线程可以定义自己使用时间片的长度。在该测试中，无论是使用全局时间片的

RTOS 还是使用线程时间片的 RTOS，都需要将时间片长度设置为 5 个时钟节拍。每隔 30 秒，优先级为 2 的报告线程将被唤醒一次，计算总评分 TOTAL 的值。TOTAL 为 5 个 COUNTX 值的和，同样取 30 秒 TOTAL 值的平均增量作为轮转调度能力测试的输出结果。图 8－22 简单介绍了任务切换能力测试。

表 8－10 ThreadMetric 测试用例简介

用例名称	用例简介
基础平台能力测试	评估硬件平台计算能力，将用于消除平台相关性
中断响应能力测试	评估 RTOS 的中断处理能力
任务切换能力测试	评估 RTOS 的任务切换能力
任务抢占能力测试	评估 RTOS 的任务抢占能力
消息传输能力测试	评估 RTOS 的消息传输能力
内存访问能力测试	评估 RTOS 的内存访问能力
信号量处理能力测试	评估 RTOS 的信号量处理能力

ThreadMetric 的评估方法分为两个部分。令基础平台能力测试的分值为 T_{basic}，其他 6 项测试能力评估分值为 T_i，$i=1, 2, \cdots, 6$。最终的评估值 E_i 为

$$E_i = T_i / T_{basic} \tag{8－4}$$

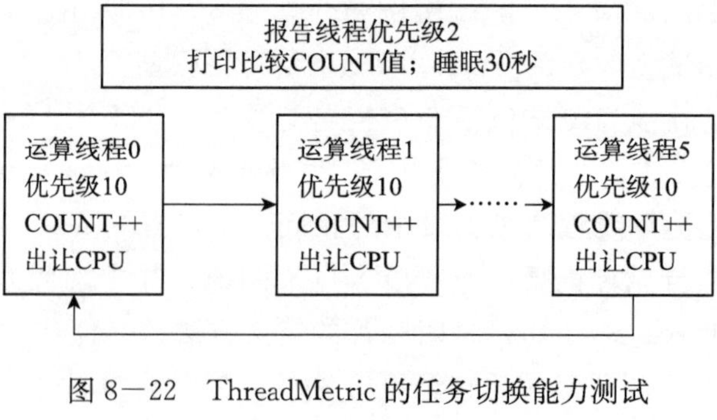

图 8－22 ThreadMetric 的任务切换能力测试

该比值的含义是：对于 RTOS 在特定的平台上运行，获得的评

估分值是与该平台的运算能力 T_{basic} 有关，将该运算能力除去以后获得的比值 E_i 才是与平台无关的 RTOS 本身能力。

8.5.4　Hartstone

1989 年，美国卡内基梅隆大学 Nelson 等提出了 Hartstone，它是专门测试硬实时系统的综合基准测试套件。Hartstone 由大量预先定义的任务组成，每一个任务都有相应的工作负载和截止时间。Hartstone 的名字来源于硬实时系统，工作负载来源于 Whetstone 评估套件。该基准测试套件有五组不同的测试方法，分别对应周期性的和非周期性的任务之间同步关系。Hartstone 的源代码使用 Ada 语言实现，在运行时需要 Ada 运行时环境。

Hartstone 评估系统在运行时是否能满足实时需求。Hartstone 将任务进行了详细的分类，考虑了周期性任务、非周期性任务以及同步任务之间的差别，设计了 5 种不同的评估方案，对系统的实时性能进行评估。按照任务周期性、同步方式、出现频率特征的组合，Hartstone 将所有的测试用例分为 5 组。

(1) PH 系列：周期性任务，谐波频率

PH 系列的目的是提供一种测试规范，在拥有一组周期性任务的环境下执行，且这组任务的频率为谐波。即每个任务在自己的周期内执行一次，且每一个高频任务的频率都是频率比它低的任务的频率的整数倍。例如，一组任务中有 4 个任务，分别以 1 Hz，5 Hz，10 Hz，20 Hz 的谐波频率执行。谐波频率的重要性在于，它在实时任务中很常见，而且在许多设计和调度算法中是最容易管理的情况。

(2) PN 系列：周期性任务，非谐波频率

PN 系列的目的是提供一种测试规范，在拥有一组周期性任务的环境中执行，且这组任务的频率不是谐波方式的。这个系列同 PH 系列代表的应用场合类似，但是这里的频率是根据应用的需要而选择的（物理现象的自然频率），而不是根据实现的需要（硬件或者实现细节需要的频率）。这一系列并不太适用于轮转执行的设计，并且

对于固定周期的调度器来说在理论上有较低的调度利用率（保证截止时间的利用率）。

（3）AH 系列：PH 系列，加上非周期性任务

AH 系列的目的是提供一种测试规范，在拥有一组谐波频率的周期性任务的背景下，执行一组中断驱动的非周期性任务。这一系列代表了系统响应外部事件的应用场合，例如，战斗控制系统和用户接口总是中断驱动的。非周期性任务根据其两次执行的时间间隔进行变化，这一时间间隔是根据统计规律分散排布的，可能有也可能没有截止时间。重要的是，在满足后台谐波任务截止时间的情况下，尽可能地缩短前台非周期性任务的响应时间（或者截止时间）。最近，有一系列算法被提出用来缩短这种情况下的响应时间。这一系列对轮转执行和数据驱动执行（事件驱动）的设计都适合。

（4）SH 系列：PH 系列，加上同步

SH 系列的目的是提供一种测试规范，在拥有一组需要任务间同步的任务环境中执行。同步引入了任务阻塞的可能，还有一套丰富的优先级翻转的可能。这一系列可以用于测试应对优先级翻转的不同算法和协议的有效性。它还可以用于测试不同同步机制的效率。

（5）SA 系列：PH 系列，加上非周期性任务和同步

SA 系列的目的是提供一种测试规范，其执行环境组合了前几个系列的情况。这个系列是最复杂的，也是对系统要求最多的。它包含了周期性和非周期性的任务，还有任务间的同步。这一系列的测试足够复杂，甚至可以用于组建许多现实系统的雏形。它会对许多事实系统需要的特性，提供一个好的系统测试。

下面以周期性谐振测试（PH）为例，介绍 Hartstone 的评估方法。

周期性谐振测试（Periodic Harmonic Test Series，PH）是 Hartstone 定义的五种测试中最简单的一类测试，参与测试的任务是周期性的，任务之间没有同步关系。每一个任务定义相应的发生频率、工作负载和优先级。任务的频率随着任务编号的递增而增加，

增加的倍数是固定的，因此是谐振测试。任务的工作负载从 Whetstone 评估套件中抽取，单位是 kWIPS。每个任务都要求在给定的周期内完成相应数量的 Whetstone 数，这就形成了工作负载。如果任务可以在周期内完成指定的 Whetstone 数，则说明能够满足截止时间的要求；否则就不满足截止时间的要求。在硬实时系统里，不满足截止时间的要求会产生严重的后果，但是在 Hartstone 评估套件里，系统会继续进行评估，以便收集不满足截止时间发生时任务的信息。

表 8－11 显示了 PH 测试序列的基础任务定义情况。

表 8－11　Hartstone 的 PH 基础任务列表

任务编号	频率/Hz	每个周期的 KW	kWIPS
1	2.00	32	64.00
2	4.00	16	64.00
3	8.00	8	64.00
4	16.00	4	64.00
5	32.00	2	64.00
总计	—	—	320.00

在基础任务之上，PH 测试定义了 4 个试验，分别说明如下。

试验一：在每一轮 PH 测试成功执行以后，提高任务 5 的测试频率，其他任务的测试频率不变。任务 5 的测试频率每次提高 16 Hz，整体的 kWIPS 每次提高 32 kWIPS，直到系统中的任务出现了不满足截止时间的情况。

试验二：在每一轮 PH 测试成功执行以后，所有任务的频率以 1.1 倍、1.2 倍、1.3 倍等倍数提高，直到系统中任务出现了不满足截止时间的情况。每一个周期所用的工作负载不变，而所有任务的频率每一轮都会增加。在基础任务的前提下，每一轮系统增加 32 kWIPS 的总工作负载。

试验三：在每一轮 PH 测试成功执行以后，所有任务的工作负载增加 1 kW，直到系统中任务出现了不满足截止时间的情况，这种情况下系统的频率不发生变化。每一轮系统的总工作负载增加62 kWIPS。

试验四：在每一轮 PH 测试成功执行以后，向系统中增加一个新的任务，该任务的频率和工作负载都和任务 3 相同，直到系统中出现任务不满足截止时间的情况。每一轮，系统中任务的负载和频率都不发生变化，而系统的总任务数量不断增加。每一轮系统的总工作负载增加 64 kWIPS。

在完成上述试验后，Hartstone 将给出评估结果，主要内容包括：工作负载完成率，即测试结束时已经完成的工作负载和应该完成的工作负载之比；试验步长，即每一轮增加的工作负载与总工作负载之比；满足截止时间的次数，以及不满足截止时间的次数。生成的报告将以四种形式展现，分别是基础测试结果，全部满足截止时间且利用率最高的结果，第一次产生不满足截止时间的结果，以及规定时间内测试的结果。Hartstone 的评估指标较 Whetstone 和 Dhrystone 更多，获取的信息也更为丰富，适用于系统级综合评估的场合。

8.5.5 混合负载基准测试

目前 RTOS 基准测试套件普遍存在系统评估的应用负载环境构造较为单一的局限性。RTOS 的运行环境复杂多样，有任务、中断、I/O 等应用负载，且相互间耦合、嵌套，而现有 Benchmark 大都仅提供单一的应用负载环境，且任务之间交互设计较为简单，对混合负载情况下的性能评测能力不足，无法反映 RTOS 在实际工况下的执行性能。

基于上述分析，我们针对现有 Benchmark 在任务及中断混合负载环境下性能评测的局限性，从分析 RTOS 内核中断响应模型入手，提出一种在混合负载工况下有效评价内核性能的方法，并以 Rhealstone 和 ThreadMetric 两种 Benchmark 为基础试验平台进行修正与优化，通过对 VxWorks、RTEMS、uC/OSII 等系统在任务及中断混合负载环境下的性能评估试验，结果表明，该方法可有效改善现有 Benchmark 对 RTOS 内核性能评估“失真”问题。

8.5.5.1　中断响应失效分析

首先，我们构建一个中断负载环境，实测并分析 RTOS 内核在中断压力不断提升的情况下，中断响应失效次数的变化规律，以此为构建 RTOS 内核的中断响应模型提供依据。

为了测试 RTOS 的中断响应失效指标，以周期性中断事件为负载，并假设应用程序运行期间不关闭中断，即应用程序不干扰内核的中断响应能力，可定义如式（8—5）的中断事件接受函数

$$A(t_i)=\begin{cases}1 & \text{if} \quad t_i \leqslant T \times p \\ 0 & \text{else}\end{cases} \tag{8—5}$$

式中　T——中断的发生周期，μs；

P——容忍度，表示系统能够容忍中断被延时响应的程度。对于周期性中断，超过周期 T 后的响应必定失效，因而，P 介于 0 与 1 之间；

t_i——中断响应延迟时间，即中断响应时间与中断发生时间的间隔。

中断事件接受函数是一个二值函数，中断事件接受函数的意义如下：每隔 T 时间产生一次中断，给定一个容忍区间 $T \times P$，在周期 T 时刻内响应中断，且小于容忍区间，则认为是一次有效的中断响应，否则认为该周期的中断响应失效。

对一个时间段内的中断失效次数定义如式（8—6）所示

$$\text{Fail}_{\text{sys}} = (t_2 - t_1)/T - \sum_{i=t_1}^{t_2} A(t_i) \tag{8—6}$$

式中　$(t_2-t_1)/T$——t_1 至 t_2 时间段内发生的中断总次数；

$\sum_{i=t_1}^{t_2} A(t_i)$——上述时间段内有效的中断响应次数累加和。

上述两者差值，即中断失效次数 Fail_{sys}，反映了一个时间段内 RTOS 丢失的中断次数。

基于上述定义，我们设计了一组中断负载试验，通过不断提高中断频率，即增加中断负载情况下，观察 uC/OSII0.52、uC/OSII2.80、RTEMS4.7.1、VxWorks5.4 四种 RTOS 系统的$Fail_{sys}$指标变化情况。中断响应性能好的 RTOS，$Fail_{sys}$指标上升趋势应该较为平缓，即丢失的中断响应少，而中断响应性能弱的 RTOS 则相反。

试验结果如图 8—23 所示，数据表明：

1）各个 RTOS 均存在中断临界点或拐点，即到达一定的中断频率后，中断响应丢失数量显著上升；

2）四个 RTOS 的 $Fail_{sys}$指标变化趋势具有差异性，表现出对中断负载不同的敏感程度，其中，VxWorks5.4 的变化趋势最为平缓，uC/OSII0.52 的变化最为剧烈，uC/OSII2.80、RTEMS4.7.1 则介于上述两者之间。

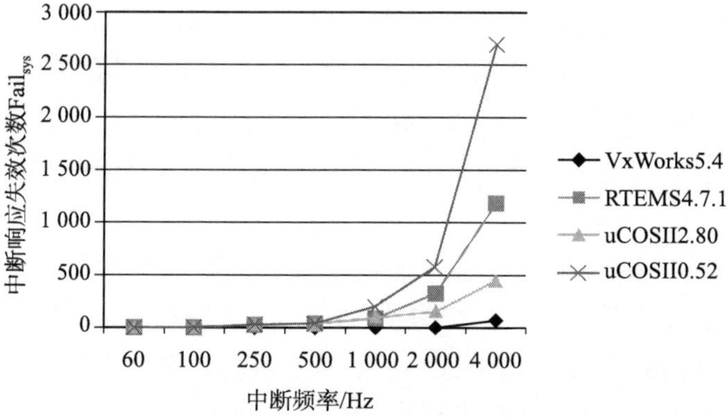

图 8—23　四种 RTOS 在不同中断频率下的失效示意图

通过上述试验可知，不同 RTOS 的中断响应能力存在较大的差异性，其原因在于 RTOS 内核采用了不同的中断响应处理策略，从而造成了各异的中断响应行为，有待建立内核中断响应模型进行分析。

8.5.5.2　中断响应模型建立

本小节对参与上述试验的 RTOS 内核进行代码分析，研究其中断响应行为，建立 RTOS 内核的典型中断响应模型，并以此作为任务及中断混合负载环境下，对内核性能评测及 Benchmark 修正的依据。

建立中断响应模型的思路为：对 RTOS 内核中系统调用代码进行静态分析，提取内核对中断的保护及响应策略，进而总结形成中断响应模型。

通过对系统调用代码的分析，可以有助于建立中断响应模型，其依据系统调用是内核提供应用服务的载体，运行于内核状态，对内核数据结构进行大量的操作。为了防止外部中断对内核数据造成的潜在破坏，在系统调用中均需采取一定的互斥与保护手段，不同的中断保护策略及中断响应机制，是影响 RTOS 中断响应能力的决定因素。因而，对系统调用代码进行分析，是判断和掌握 RTOS 中断响应行为的有效途径。

以中断负载试验中，uC/OSII0.52、RTEMS4.7.1 和 VxWorks5.4 三个典型系统实现“任务恢复”这一相同系统调用的伪代码为例，如图 8－24 所示，可以看到对中断的响应处理采取了不同的策略，归纳为如下三类典型的 RTOS 内核中断响应模型。

1）巨型内核锁模型：在 uC/OSII0.52 的系统调用实现中，采用全程关闭中断方式完成内核与中断的互斥保护，处理过程可分为：关闭中断、系统调用处理、开启中断共三个步骤。该模型的优点是实现方法简单易行，但由于在系统调用处理中全程关闭中断，互斥粒度大，中断关闭时间长。因而在中断负载试验中，随着中断频率上升，中断响应失效次数变化最为显著。

2）内核抢占点模型：在 RTEMS4.7.1 的系统调用实现中，将系统调用处理分解为几个阶段实现，在各部分的衔接处，以“内核抢占点”的方式响应中断，减小了内核与中断的互斥粒度，优化了中断响应时间。因而在中断负载试验中，随着中断频率上升，具有较优的中断响应失效次数表现。

uC/OSII 系统调用代码示例

```
OSTaskResume
{
  …
  //关闭中断
  OS_ENTER_CRITICAL();

  //访问内核数据结构，完成系统调用处理
  …

  //开启中断
  OS_EXIT_CRITICAL();
  …
}
```

巨型内核锁模型

RTEMS 系统调用代码示例

```
_Thread_Resume
{
  …
  //关闭中断
  _ISR_Disable();
  //访问内核数据结构，完成部分系统调用处理
  …
  //设置内核抢占点，可响应外部中断
  _ISR_Flash();
  //继续完成系统调用处理
  …
  //开启中断
  _ISR_Enable();
  …
}
```

内核抢占点模型

VxWorks 系统调用代码示例

```
taskResume
{
  …
  //是否处于内核态
  if(kernelLock)
  {
    //已处于内核态，将系统调用处理加入工作队列后退出
      workQAdd(call);
  }
  else //未处于内核态
  {
   //设置内核态标记
    kernelState=True;
   //完成系统调用处理
    vxSysCall();
  }
}
```

基于延迟工作队列的内核可重入模型

图 8－24　三种 RTOS 的系统调用对比分析

3）基于延迟工作队列的内核可重入模型：在 VxWorks5.4 的系统调用实现中，采用延迟工作队列技术，进一步优化了内核与中断的互斥机制，其原理为：在系统调用过程中不关闭中断，当中断操作涉及内核数据时，将该操作加入一个延迟工作队列 workQ 中，并在退出内核操作时执行。采用该方法，仅在加入延迟工作队列操作过程中关闭中断，因而关闭中断时间最短，具有最优的中断响应性能指标。

通过上述对 RTOS 系统调用代码的分析可知：uC/OSII0.52、RTEMS4.7.1 和 VxWorks5.4 三个系统采用了不同的中断响应处理模型，其中，后两个系统分别运用内核抢占点及延迟工作队列优化技术，使得内核的中断响应能力得到有效提高，该分析结果与上小节的中断负载试验测试结果一致。

8.5.5.3　中断负载下 RTOS 内核性能评测分析

本小节结合中断响应模型，对各 RTOS 性能评测指标在中断负

载下的影响进行分析，进而选取“任务切换时间”这一性能指标，开展 Rhealstone 和 ThreadMetric 两个典型 Benchmark 系统在中断负载下的性能评测及分析工作。

（1）中断负载下中断响应模型分析

基于中断响应模型，对 RTOS 内核性能评估中的任务切换、任务抢占、同步通信指标，对其在中断负载下的影响进行分析，结果如表 8—12 所示。

由表 8—12 可知，巨型内核锁模型对中断负载最不敏感，内核抢占点模型、基于延迟工作队列的内核可重入模型，对中断响应的灵敏度依次递增，因而对内核性能指标评测的影响度也随之增加。

表 8—12　中断负载对不同中断响应模型 RTOS 性能指标的影响及分析

中断响应模型 / 内核性能指标	巨型内核锁模型	内核抢占点模型	基于延迟工作队列的内核可重入模型
任务切换时间	中断负载影响度：★☆☆	中断负载影响度：★★☆	中断负载影响度：★★★
任务抢占时间	中断负载影响度：★☆☆	中断负载影响度：★★☆	中断负载影响度：★★★
信号量混洗时间	中断负载影响度：★☆☆	中断负载影响度：★★☆	中断负载影响度：★★★
消息传输时间	中断负载影响度：★☆☆	中断负载影响度：★★☆	中断负载影响度：★★★

注：中断负载对内核性能指标影响程度，按星级评价分级，★越多则影响越大。

（2）中断负载下 Benchmark 评测试验

在本小节中，以“任务切换时间”这一 RTOS 内核性能关键指标为例，开展基于性能绝对值测试的 Rhealstone 和基于性能归一化评分的 ThreadMetric，两个典型 Benchmark 系统在中断负载下的测试及分析，其他性能指标的测试及分析与此相似，不再赘述。

试验环境及构成说明如下：

1）以 uC/OSII0.52、uC/OSII2.80、RTEMS4.7.1、VxWorks5.4

四个 RTOS 为测试对象，任务调度算法均配置为优先级位图调度策略。

2）由信号发生器提供给测试系统一个周期性的外部中断激励，频率跨度为 60 Hz～4 kHz。

3）应用程序运行中不关闭中断，并选用 MiBench 测试套件中提供的工业控制领域测试软件包 bitcount、qsort 作为工作负载。

通过选取若干采样点，可以获得四个 RTOS 在不同中断频率下，“任务切换时间”性能指标的 Benchmark 评价值，测试结果如下。

1）Rhealstone 测试提供了“任务切换时间”性能指标的绝对值，如图 8－25 所示，随着中断频率加大，uC/OSII 0.52 的任务切换时间变化最为平稳，而 VxWorks5.4 变化剧烈，表现不稳定。

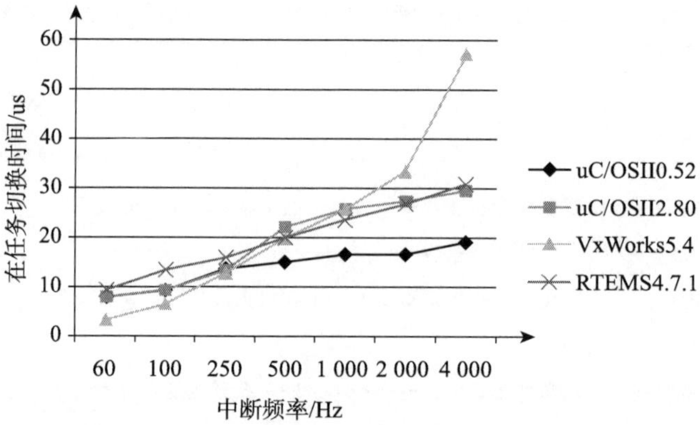

图 8－25　Rhealstone 对四种 RTOS 的测试结果

2）与 Rhealstone 评估模型不同，ThreadMetric 通过与基准测试对比，获得性能指标评分，分值越高则性能越好。图 8－26 显示了在 ThreadMetric 测试中，随着中断频率增加，各 RTOS 的“任务切换时间”评分逐渐提高，uC/OSII 0.52 的评分增长较快，VxWorks5.4 增加缓慢，在高中断负载情况下，前者性能表现明显优于后者。

综上，两个 Benchmark 的测试结果较为一致，即：随着中断负载递增，uC/OSII 0.52 的任务调度器表现更为稳定、出色，较 RTEMS4.7.1、VxWorks5.4 任务调度器功能优。

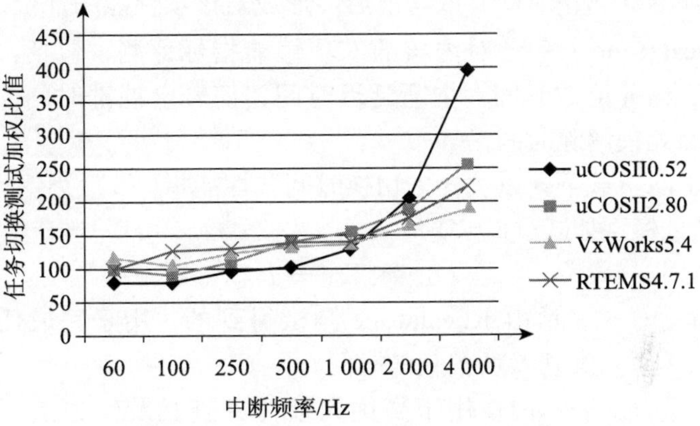

图 8－26　ThreadMetric 对四种 RTOS 的测试结果

由前续分析可知，VxWorks5. 4、RTEMS4. 7. 1 采用了中断响应优化策略，使得内核对中断事件更为灵敏，因而随着中断负载加大，对内核性能的评测影响也随之增加。

现有的各类 Benchmark 测试，主要基于无中断负载或中断负载较轻情况设计，未考虑加入中断负载后，对内核运行的干扰及影响，缺乏有效的补偿和修正手段，因而，不适用于中断负载下的内核性能评价，有失客观性，甚至失之偏颇。

8. 5. 5. 4　中断负载下 Benchmark 优化

针对现有 Benchmark 在中断负载下的性能评估“失真”问题，在本节中，首先从分析 Rhealstone 和 ThreadMetric 两个 Benchmark 性能评测构成原理入手，进而对中断负载造成的影响进行分析与修正，使其适用于中断负载下的内核性能评测。

需要指出的是，本小节仅以“任务切换时间”这一指标的修正方法为例讨论，但是该思想同样适用于对其他 Benchmark 及性能指标评测的修正。

(1) Rhealstone 分析及优化

Rhealstone 是一类基于绝对时间的测试套件，通过多次测试内核的某项活动起止时间并取均值后，形成对该项性能的评价。

Rhealstone 共包含对内核的 6 项性能指标评测，包括：任务切换时间、任务抢占时间、中断延迟时间、信号量混洗时间、消息传输时间和死锁解除时间。

在中断负载下，以“任务切换时间”性能指标 T_{tws} 为例，Rhealstone 测试模型如式（8—7）

$$T_{tws} = T_{sch} + T_{int} \tag{8—7}$$

式中 T_{tws}——表示由 Rhealstone 测试得到的，用于完成任务上下文切换所消耗的时间；

T_{sch}——表示内核用于高优先级任务查找及任务上下文切换时间；

T_{int}——表示由于中断负载加入后，系统处理需消耗的额外时间。

由此可知，T_{sch} 是内核用于任务切换的有效时间，在无中断或轻中断负载情况下，T_{int} 可忽略不计，对 T_{sch} 的测试，可由 T_{tws} 近似获得。

然而，随着中断负载增加，采用不同的中断响应模型，T_{int} 值差异逐渐显著，即内核与中断互斥粒度大，则 T_{int} 值增加缓慢，反之则迅速递增。因而，在重中断负载情况下，T_{int} 的影响已不可忽略。在前续的 Rhealstone 测试中，uC/OSII 0.52 表现稳定，而 VxWorks5.4 变化显著，可由 T_{int} 的变化程度不同来解释。

对 Rhealstone 测试的修正方法是：在测试过程中累计内核响应中断处理的时间，在测试结果中减去该时间段，即抵消中断负载的影响，使得测试结果 T_{tws} 真实反映任务切换工作所需的时间 T_{sch}。

据此，对 Rhealstone 的测试模型修正如式（8—8）所示。

$$T_{tws} = T_{sch} + (T_{int} - T_{sys}) \tag{8—8}$$

在上述公式中，T_{sys} 表示测试过程中内核用于响应中断处理所额外耗费的时间。随着中断压力增加，T_{sys} 与 T_{int} 变化趋势同步，因而可以有效降低中断对内核的影响，反映真实的性能测试结果。

（2）ThreadMetric 分析及优化

ThreadMetric 是一类基于归一化评分的测试套件，测试分为如下两个步骤进行：

1）在给定时间段内，统计内核完成某项活动的数量 S，以及基准测试的完成数量 H；

2）将上述两个数值相除，获得对该项内核活动的性能评分 R，即 $R=S / H$。

采用归一化评分方法，通过引入基准测试作为对系统基础能力的评价，可以消除不同硬件平台对测试的影响，因而使得 ThreadMetric 测试具有一定的跨平台能力。

以“任务切换时间”性能指标为例，ThreadMetric 的测试模型如式（8—9）

$$R = \frac{S}{H} = \frac{S_{sys} + S_{usr}}{H_{sys} + H_{usr}} \qquad (8-9)$$

式中　R——表示由 ThreadMetric 测试得到的任务切换时间评分；

S——表示由 ThreadMetric 测试得到的，单位时间内系统完成任务切换的数量；

S_{sys}、S_{usr}——分别表示在任务切换测试中，由 RTOS 内核及应用程序完成的工作；

H——表示由 ThreadMetric 测试得到的，单位时间内系统完成基准测试的数量；

H_{sys}、H_{usr}——分别表示在基准测试中，由 RTOS 内核及应用程序完成的工作。

加入中断负载后，对 ThreadMetric 测试的影响分析如下：

1）S 和 H 测试数值均不同程度受到中断负载影响，数值逐步减小；

2）H 测试中，由于没有调用内核服务，与 H_{usr} 值相比，H_{sys} 值很小，可以忽略不计；

3）S 测试中，需要内核调度服务，S_{sys} 不可忽略，对 S_{sys} 做进一步分解，分离中断影响因素，如式（8—10）

$$S_{sys} = S_{lock} + S_{unlock} \qquad (8-10)$$

式中　S_{lock}——表示在任务切换测试中内核关闭中断服务工作，该数值不受中断负载影响；

S_{unlock}——表示在任务切换测试中内核开启中断服务工作，该数值受中断负载影响。

令中断负载对系统评分的影响因子为 Δ（$0<\Delta<1$），则 ThreadMetric 测试评分 R 计算如式（8－11）

$$\begin{aligned} R &= \frac{S}{H} = \frac{S_{sys}+S_{usr}}{H_{sys}+H_{usr}} \\ &= \frac{[S_{lock}+S_{unlock}(1-\Delta)]+S_{usr}(1-\Delta)}{H_{sys}+H_{usr}(1-\Delta)} \\ &\approx \frac{[S_{lock}+S_{unlock}(1-\Delta)]+S_{usr}(1-\Delta)}{H_{usr}(1-\Delta)} \\ &= \frac{S_{lock}}{H_{usr}(1-\Delta)} + \frac{S_{unlock}+S_{usr}}{H_{usr}} \end{aligned} \tag{8-11}$$

对上述计算结果的说明如下：

1）中断影响因子 Δ 作用于 S_{unlock}、S_{usr}、H_{sys}、H_{usr}，其中 H_{sys} 值过小可忽略；

2）随着中断负载加大，中断影响因子 Δ 不断增加，测试评分 R 值将持续递增；

3）在中断负载不断增加环境下，RTOS 的测试评分 R 值，将与 S_{lock} 密切相关，即内核关闭中断服务过程越长，R 值将越高。

上述结论可较好的解释在前续的 ThreadMetric 测试中，随着中断负载加大，四个 RTOS 的“任务切换时间”性能评分均逐步提升，在重中断负载下，uC/OSII 0.52 评分优于 VxWorks5.4 的现象。

由此可见，ThreadMetric 虽然通过基准测试减少硬件平台对性能测试的影响，却没有排除中断负载对 RTOS 内核的干扰。由评分 R 值可以看出，中断关闭时间越长、中断响应能力越弱的 RTOS，在中断负载不断加大的环境下，反而会得到更高的评分，因而以此评价内核性能将有失客观性。

对 ThreadMetric 测试的修正方法为：在 S 测试中，随着中断负载的加入，对内核响应中断服务的工作进行补偿评分，从而增加 RTOS 在测试过程中所获得的分值。修改后的评估模型如式（8－12）

$$R = \frac{S + S_{int} \times \Omega}{H} \tag{8-12}$$

式中 S_{int}——表示在测试过程中，内核响应中断服务所得到的分数；

Ω——一个变换因子，用于将中断服务得到的分数 S_{int} 与任务切换得到的分数 S 适配。

（3）优化后的试验结果分析

对 Rhealstone 和 ThreadMetric 两个 Benchmark 完成修正后再次对四个 RTOS 进行测试，结果分别如图 8－27、图 8－28 所示。

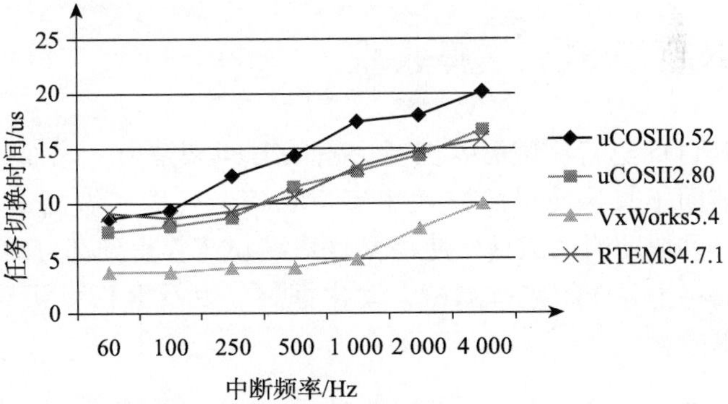

图 8－27 修正后的 Rhealstone 测试

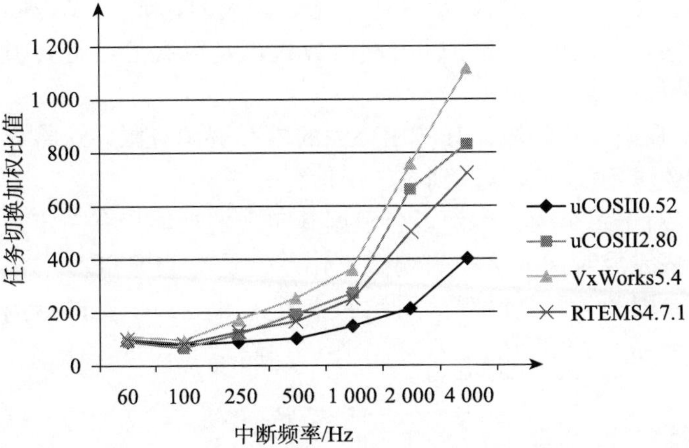

图 8－28 修正后的 ThreadMetric 测试

1）在 Rhealstone 测试中，系统消除了内核响应中断处理的时间，随着中断频率提高，VxWorks5.4 的任务切换时间变化平缓，体现出比 uC/OSII 0.52 更为稳定的任务切换能力，因而评估结果更优。

2）在 ThreadMetric 测试中，系统将中断处理作为有效分值计入，随着中断负载提高，VxWorks5.4 获得了更多的评分增值，而 uC/OSII 0.52 由于响应中断数量少，因而获得补偿相对不足，分值提高速度较慢。

8.6 RTOS 测试支撑技术

对 RTOS 进行测试需要消耗大量的时间和精力。因而，需要采用一些辅助工具，使得测试效率事半功倍。我们在做测试工作时，研制了一些辅助测试工具，使得 RTOS 测试工作得到部分简化。

下面将主要介绍接口测试自动化框架，以及 RTOS 可移植接口两项技术内容。

8.6.1 RTOS 接口测试自动化技术

我们在对 RTOS 进行接口测试时，每一个测试用例负责测试一个接口。RTOS 的接口数量往往是比较庞大的，如 VxWorks 5.4 有上千个接口，因而导致测试用例的数量也是巨大的，将会引发以下几个问题。

1）在嵌入式领域，其应用环境的内存资源有限，这将导致测试用例的数量不能一次导入到系统中运行完毕。

2）对于每个测试用例，会根据其实现的功能，有一定数量的测试任务来完成对这个接口的测试工作。但是有些 RTOS 中优先级的数量是有限的，即假设测试用例的个数为 N，每个测试用例中任务的数量为 m_i，$i=1$，2，…，N，则必须满足式（8－13）

$$\sum_{i=1}^{N} M_i \leqslant P \tag{8-13}$$

上述两个问题可以通过人工把测试用例分批进行测试的形式来解决，但是这无疑增加了测试人员的工作量。因此，在进行 RTOS

的接口测试时，设计合理的自动化测试框架来有序运行这些任务，是该接口测试的一个重要部分，这种方法也同样适用于在进行 RTOS 测试时有大量测试用例而不能一次导入到系统中运行的情况。

下面将以 uC/OS 2.52 的接口测试为例，介绍 RTOS 接口自动化测试框架的设计。uC/OS 2.52 是个很简洁的 RTOS，通过描述 uC/OS 2.52 的接口自动化测试框架的设计，让读者从简单的入手，更好地理解该技术的运用。读者理解了 uC/OS 2.52 的接口自动化测试框架的设计后，可以融会贯通地运用到其他更复杂的 RTOS 中。

uC/OS 2.52 系统提供给用户使用的优先级数量是 56 个，所以用户最多可以同时建立 56 个任务。测试过程中的测试任务的数量远远大于 56 个，而且在测试任务中还需要创建其他的任务来进行测试工作，因而同时可以建立的测试任务数量必须限制到一定数量之内，通过合理的顺序来运行任务。

在该测试过程中，在系统启动时创建一个任务，将其优先级设置为最低，作为监控程序，当系统中没有测试任务运行时，监控程序就会自动建立下一个主测任务，让其建立相应的测试任务。

测试任务按所测的接口分类，测试一个接口的所有测试任务由一个主测任务一次建立，然后该任务删除自身，让测试任务按优先级依次运行，当所有测试任务运行完并删除自身后，监控程序被唤醒，然后建立下一个接口的主测任务。图 8—29 展示了这样的一个结构。

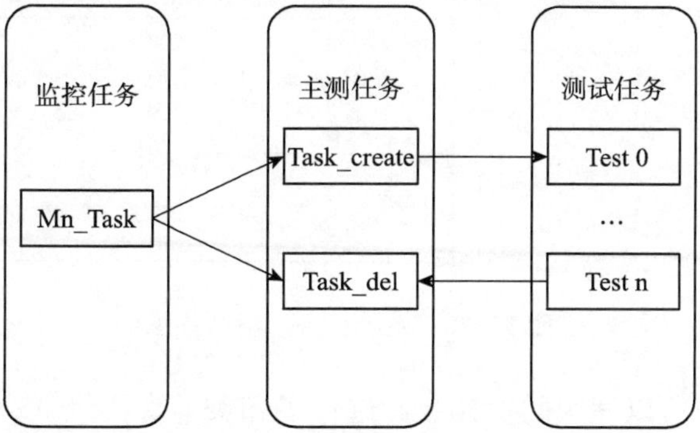

图 8—29　任务建立结构图

监控任务负责建立主测任务，它的优先级设置为 56（uC/OS 2.52 中数字越大表示其优先级越低），主测任务负责建立一定数量的测试任务，其优先级设置为 10，因此当一个主测任务被建立后，立刻获得执行权，它会创建一系列测试任务，测试任务的优先级为 16～30，它们的优先级低于主测任务，主测任务创建测试任务结束后，删除自身，测试任务按优先级依次获得执行权。测试任务执行完后，监控程序被唤醒，它继续创建下面一个主测任务，然后系统中的任务如此循环直至所有测试任务运行结束。图 8－30 显示了整个过程的时序，表明了系统中的任务是如何运行的。

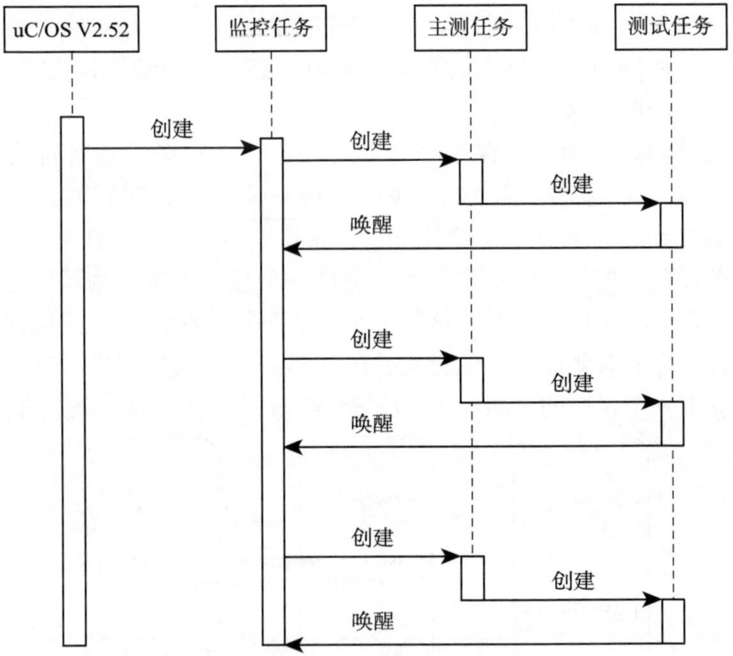

图 8－30　系统任务运行时序图

对用户可以使用的优先级，进行了归类，优先级 56 分配给监控任务，4～9 优先级段分配给测试任务中建立需要运行的任务用，优先级 10 为主测任务优先级，16～30 优先级段为测试任务优先级，

36～40 优先级段不建任何任务，41～45 段测试任务中建立不需要执行的任务。剩余的优先级，留作扩展。

每个测试用例都有一定数量的测试任务来完成对其的进行功能测试，需要确定测试任务的数量，并设计每个测试任务，并且每个测试任务运行之后，会返回一个测试结果，对于测试结果的合理分类，可以帮助测试人员更好的定位错误发生的位置和错误的原因，也是很重要的一项工作。下面主要阐述测试程序的设计和返回类型的分类。

(1) 测试程序的设计

uC/OS 的任务，和普通的函数类似，但是任务不能有返回值。任务要么是一次执行完成，要么是无限循环的形式存在，而且任务代码中必须有挂起自身、等待时延、删除自身、等待信号量等操作，以让其他的任务获得 CPU。对于接口测试中的测试任务，以一次完成的形式更加合理，完成测试任务之后，就直接让任务删除自身，让下一个测试任务得到 CPU，然后进行测试。被测试的 RTOS 的任务没有返回值，为了得到测试结果，测试程序中就在返回位置调用输出函数，输出测试结果，然后调用删除任务接口，让任务删除自身。用这样的方法，就能得到和在通用系统上测试接口一样的效果。

测试程序的设计，在每个进行测试的任务中，对于每个接受测试的接口，都需要设置一定的测试环境。OSTaskResume（）接口能够唤醒被挂起的任务，如果被唤醒的任务优先级高于当前任务，则操作系统进行调度。进行该功能接口的测试时，需要有一个任务处于被挂起状态，因为任务不可能唤醒自己，在测试任务中，就需要创建一个任务，并使任务被挂起；调用接口唤醒任务之后，需要让任务运行来确定任务确实被唤醒，需要一定的方法来测试。

在每个测试程序中，总是先设置好测试功能接口所需要的环境，然后调用需要测试的功能接口，运行完成后，测试功能接口工作是否正常，然后输出测试结果并删除测试任务自身。

对每个接口，都需要一定数量的测试任务来进行完整的测试。这个测试任务数量的确定是根据测试的接口的描述文档来的。

以 OSTaskChangePrio（）接口为例，它能够改变任务的优先级。OSTaskChangePrio（）的返回值为下述之一。

1）OS_NO_ERR：任务优先级成功改变。

2）OS_PRIO_INVALID：参数中的任务原先优先级或新优先级大于或等于 OS_LOWEST_PRIO。

3）OS_PRIO_EXIST：参数中的新优先级已经存在。

4）OS_PRIO_ERR：参数中的任务原先优先级不存在。

对该接口进行测试时，需要有 4 个任务来测试参数中优先级不正确时接口的返回值。接口能够修改任务优先级，老的优先级被释放，需要一个测试任务来测试老的优先级的可用性。任务优先级被修改后，新的优先级为最高时，要进行调度，运行该任务。改变任务优先级，任务原来状态不会改变。优先级被修改后，任务的 TCB 中的内容也改变了。

因而对于该任务，总共需要 8 个测试任务来测试。对其他所有要测试的任务，都需要根据接口描述文档，确定测试任务的数量然后设计测试任务进行测试。

（2）返回类型分类

测试程序运行完成之后返回一个值，来确定测试结果。简单的可以定义为通过：PASS；不通过：FAIL。这样的错误分类太过笼统，不便于测试人员根据返回值判断错误发生的原因和错误发生的位置。对错误进行合理分类，对于我们查看测试结果、分析错误原因、改进测试的程序有很大的帮助作用。

在本项目的测试程序中，对程序的错误返回类型进行了分类，将返回值总共分成了五类，分别是：PASS，FAIL，UNTESTED，COMFAIL，UNRESOLVED。

1）PASS：测试程序正确运行下来，接口调用之后返回的值和预期的值完全相同，则最后程序返回的值为 PASS。

2）FAIL：测试程序开始运行，接口调用之后，获得的返回值和预期的不同，或者操作失败，期间没有调用其他接口，则最后程序返回值为 FAIL。

3）UNTESTED：对于定义了测试项目，但是没有实现的测试程序，直接返回 UNTESTED。

4）COMFAIL：和 FAIL 类似，测试程序运行之后，调用了需要测试的接口，然后需要检测操作的情况，此时调用其他接口获得结果，得到的结果如果和预期不同，则定义为 COMFAIL，而不是简单的 FAIL。

5）UNRESOLVED：在测试程序中，要测试某个接口，可能需要传递一些值或需要设置测试的环境，在测试程序中就需要做一些操作，此时如果出现错误，要测试的接口尚未被调用，测试程序返回的值就是 UNRESOLVED。

图 8—31 展示了测试任务的运行，和相对应的返回值的返回位置。

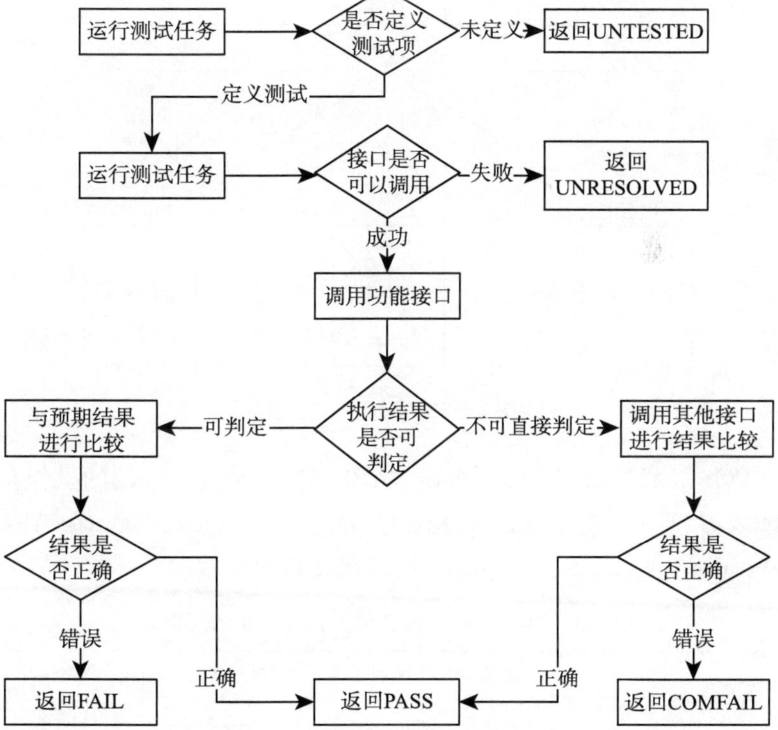

图 8—31　测试返回值的返回位置

通过对测试程序的返回值进行以上的分类，就更加容易从最终得到的测试结果中发现功能接口的错误原因和错误位置。

8.6.2 RTOS 可移植接口技术

在进行 RTOS 对比测试时，为了不更改测试用例而在不同 RTOS 运行，需要在测试用例和 RTOS 之间增加一个高效的可移植接口，以适配不同 RTOS 接口差异。如图 8—32 所示。

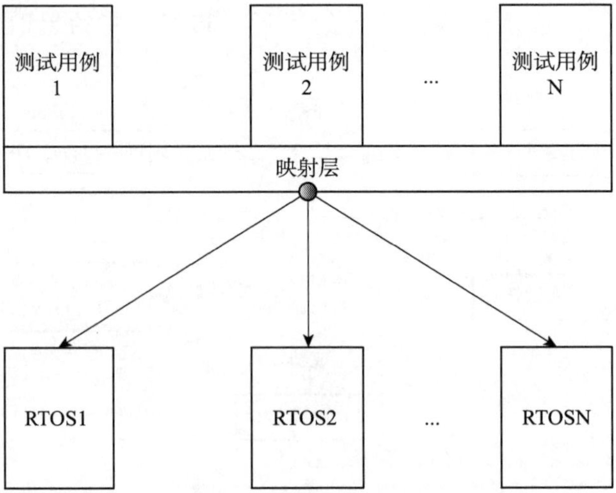

图 8—32　对比测试框架

POSIX 接口和 ThreadMetric API 接口，是两个常用的操作系统功能映射接口。表 8—13 列出 POSIX 接口、ThreadMetric API 与 VxWorks、RTEMS、ThreadX 的功能接口对应情况。

表 8—13　POSIX 接口与其他 RTOS API 的对应情况

函数功能	ThreadMetric API	POSIX API	VxWorks API	RTEMS API	ThreadX API
任务创建	tm_thread_create	—	taskSpawn	RTEMS_task_create	Tx_thread_create

续表

函数功能	ThreadMetric API	POSIX API	VxWorks API	RTEMS API	ThreadX API
任务睡眠	tm_thread_sleep		taskDelay	RTEMS _ task _ wake_ after	tx_thread_sleep
任务挂起	tm_thread_suspend	—	taskSuspend	RTEMS_task_suspend	tm_thread_suspend
任务唤醒	tm_thread_resume	—	taskResume	RTEMS_task_resume	Tx_thread_resume
任务延时	tm_thread_relinquish	—	taskDelay	RTEMS _ task _ wake_ after	tx_thread_ relinquish
消息队列创建	tm_queue_create	mq _open	msgQCreate	RTEMS _ message_ queue_create	tx_queue_create
消息发送	tm_queue_send	mq _send	msgQSend	RTEMS _ message_ queue_send	tx_queue_ send
消息接收	tm_queue_receive	mq_ rec-eive	msgQReceive	RTEMS_message_queue_receive	Tx_queue_ receive
信号量获取	tm_semaphore_get	sem _wait	semTake	RTEMS _ semaphore_obtain	Tx_semaphore_get
信号量释放	tm_semaphore_put	Sem _post	semGive	RTEMS _ semaphore_release	Tx_semaphore_put
内存池创建	tm_memory_pool_create	—	memPart Create	RTEMS_partition_create	tx_block_pool_create
内存块获取	tm_memory_pool_allocate	—	memPartAlloc	RTEMS_partition_get_buffer	Tx_block_allocate
内存块释放	tm_memory_pool_deallocate	—	memPartFree	RTEMS _ partition_return_buffer	Tx_block_release

如表 8—13 所示 POSIX 接口对 RTOS API 实现并不完整，并不适于用来作为 RTOS 可移植接口。相比而言 ThreadMetric 的映射层对 RTOS API 支持的较完备，故经常用在实际的操作系统对比测试中。

但是映射层的存在增加了一些额外的开销，接下来将重点分析 ThreadMetric 映射层的开销，以及对其改进后的 BenchAPI 与 ThreadMetric 映射层的性能对比结果及分析。BenchAPI 是我们研制的一个具有较高性能的中间映射层。

8.6.2.1 ThreadMetric 可移植接口的分析

需要注意的是，在可移植接口中，并非所有的函数都会影响到测试性能。所以我们只关注 ThreadMetric API 中会影响测试性能的函数。ThreadMetric API 由 15 个函数组成。在这 15 个函数中，只有 9 个函数是性能相关的：

1）void tm _ thread _ resume（int thread _ id，int * status）；

2）void tm _ thread _ suspend（int thread _ id，int * status）；

3）void tm _ thread _ relinquish（void）；

4）int tm _ queue _ send（int queue _ id，unsigned long * message _ ptr）；

5）int tm _ queue _ receive（int queue _ id，unsigned long * message _ ptr）；

6）int tm _ semaphore _ get（int semaphore _ id）；

7）int tm _ semaphore _ put（int semaphore _ id）；

8）int tm _ memory _ pool _ allocate（int pool _ id，unsigned char * * memory _ ptr）；

9）int tm _ memory _ pool _ deallocate（int pool _ id，unsigned char * memory _ ptr）。

接下来，我们从这 9 个性能相关函数中找出移植 API 性能损失的原因。可移植接口就是将系统的原始函数加一层封装。在调用系统原生 API 前进行一些参数调整，调用后进行一些返回值调整。有些移植层的函数，还需要两到多个原生函数的组合才能实现。所以，映射层的开销，可以分为三部分：函数调用的开销、参数调整的开销、返回值调整的开销。以一个典型的获取信号量的例子来看。

如图 8—33 所示，tm _ semaphore _ get 是移植层中获取信号量的接口，它在 VxWorks 中用 semTask 来实现。可以看到，首先，tm _ semaphore _ get 接口是以一个函数的形式实现的，移植层中包含了函数调用的开销；然后，在进行原生函数 semTake 的调用前，将 semaphore _ id 调整为 sem _ id _ map [semaphore _ id]，并添加了参数 WAIT _ FOREVER；最后，它调整了 semTask 的返回值，将 OK 改为 TM _ SUCCESS，如果出错则返回 TM _ ERROR。

```
int    tm_semaphore_get(int semaphore_id)
{
 if(semTake(sem_id_map[semaphore_id],WAIT_FOREVER)==OK)
        returnTM_SUCCESS;
    return TM_ERROR;
}
```

图 8—33　移植层函数 tm _ semaphore _ get 在 VxWorks 中的实现

对原生函数的调用接口无法改变的，我们只有通过调整映射层的接口和实现，来削减三部分的开销。下面将对函数调用开销、参数调整开销和返回值调整开销进行展开讨论。

（1）函数调用开销

要进行一个函数调用，首先要把参数压栈，然后跳转到函数的起始地址，同时将返回地址压栈。而且，一个函数往往需要显示的或者隐式的局部变量，所以会用 ebp 构建一个堆栈框架。这种情况在寄存器数量较少的 x86 中更为明显。还是以上面的 tm _ semaphore _ get 为例，它在 x86 中反汇编的结果如图 8—34 所示。

在函数的头部，用 ebp 建立堆栈框架，并使用了一个隐式的局部变量，在－0x4（%ebp）。最后，使用 leave 取消堆栈框架。在禁止编译器优化的情况下，gcc 往往会为每一个函数建立这样一个堆栈框架。不要小看这样一个堆栈框架。这样一个 tm _ semaphore _ get 函数中，总共 16 条指令，建立堆栈框架就用了 3 条指令。

```
00000291 <_tm_semaphore_get>:
 291:   55                      push   %ebp
 292:   89 e5                   mov    %esp,%ebp
 294:   83 ec 18                sub    $0x18,%esp
 297:   c7 44 24 04 ff ff ff    movl   $0xffffffff,0x4(%esp)
 29e:   ff
 29f:   8b 45 08                mov    0x8(%ebp),%eax
 2a2:   8b 04 85 00 00 00 00    mov    0x0(,%eax,4),%eax
 2a9:   89 04 24                mov    %eax,(%esp)
 2ac:   e8 fc ff ff ff          call   2ad <_tm_semaphore_get+0x1c>
 2b1:   85 c0                   test   %eax,%eax
 2b3:   75 09                   jne    2be <_tm_semaphore_get+0x2d>
 2b5:   c7 45 fc 00 00 00 00    movl   $0x0,-0x4(%ebp)
 2bc:   eb 07                   jmp    2c5 <_tm_semaphore_get+0x34>
 2be:   c7 45 fc 01 00 00 00    movl   $0x1,-0x4(%ebp)
 2c5:   8b 45 fc                mov    -0x4(%ebp),%eax
 2c8:   c9                      leave
 2c9:   c3                      ret
```

图 8－34 ThreadMetric 中间层函数 tm _ semaphore _ get 的反汇编代码

而且，函数的使用不利于寄存器的充分利用。比如，这里就是用－0x4（%ebp）做局部变量，而不是用寄存器。

所以，要对关键的移植接口进行优化，就必须取消函数调用。或者用宏定义，或者用内联函数。宏定义的性能更高，而内联函数在功能上与函数几乎完全相同。

（2）参数调整开销

函数调用进来后，接下来的开销就是对参数的调整。它的起因，就在于移植层接口和系统原生接口的不完全对称。还是以上面获取信号量的例子来看，图 8－35 显示了它的移植层函数，以及在三个 RTOS 中的原生函数。

这四个函数，都是用于信号量获取的。从中可以看到，获取信号量大致需要两个参数，sem _ id 和 timeout。tm _ semaphore _ get 中没有 timeout，因为它默认一直等待。RTEMS _ semaphore _ obtain 中多了一个参数 option _ set，其实是用来定义 RTEMS _ WAIT 和 RTEMS _ NO _ WAIT 的，也就是要不要等待。tx _ semaphore _ get 中使用的是 semaphore _ ptr，而不是 sem _ id，其实作用是一样的。

```
ThreadMetric API:
    int   tm_semaphore_get(int semaphore_id);
VxWorks API:
    STATUS semTake(SEM_ID semId, int timeout);
RTEMS API:
    RTEMS_status_code RTEMS_semaphore_obtain(RTEMS_id id, RTEMS_unsigned32
option_set, RTEMS_interval timeout);
ThreadX API:
    UINT tx_semaphore_get(TX_SEMAPHORE *semaphore_ptr, ULONG wait_option);
```

图 8－35　获取信号量在不同 RTOS 中的接口

在 tm _ semaphore _ get 的实现中，有两个参数调整，一个是把 semaphore _ id 替换为 semaphore _ id _ map [semaphore _ id]。这是因为 ThreadMetric API 中，所创建的信号量的 id 号（sem _ id）是由创建者指定的。而在三个 RTOS 中，都是由 RTOS 指定 sem _ id。为了弥补这层偏差，需要添加一个 sem _ id _ map 的映射层。而另外一个，则是添加一个默认的参数 WAIT _ FOREVER。这两个参数调整，可以说都是因为 ThreadMetric API 简化了系统原有接口的复杂度，提供一些默认参数和抽象功能。

这种接口的抽象和简化，其实是有益的。首先，对 id 号的映射，如果移植层不做，上层就需要做。比如，一组测试中要用到 6 个线程，要访问它们，只能通过一个数组存储 thread _ id。在测试用例中添加对 thread _ id、sem _ id、queue _ id、pool _ id 等的映射，会增加代码复杂度，容易使测试不清晰。其次，映射 id 号其实只需要一条指令，而且在大部分情况下是必须的。最后，在 ThreadX 中，并不是通过 id 号进行资源访问，而是通过控制块指针。控制块的资源分配需要在移植层中进行，最好把对控制块指针也在移植层中封装。至于默认参数的添加，不但简化了接口，而且减少了需要传递的参数个数，对性能也有提高。

（3）返回值调整开销

在 RTOS 的函数调用中，往往会有标示成功或者失败的返回值，有些还会说明失败的原因。这些返回值的内容，都是 RTOS 特有的。虽然上层往往不会使用这些返回值（默认其成功），但移植层有责任将系统的返回值传递上去。即使是同一作用的系统调用，在不同 RTOS 中可能的返回值也不同。而移植层需要做的，就是至少返回这个调用是成功还是失败。在 ThreadMetrics API 中，就是用 TM _ SUCCESS 和 TM _ ERROR 来表示的。

可以看到，移植层函数在进行完系统原生函数的调用后，并不马上返回，而是对返回值进行处理，把正确的返回值归为 TM _ SUCCESS，把错误的返回值归为 TM _ ERROR。如图 8—33 所示的 tm _ semaphore _ get 函数的实现就是如此。

从图 8—34 的 tm _ semaphore _ get 反汇编代码来看，16 条指令中有 6 条都用于返回值的处理，可见返回值调整所占用的巨大开销，有必要改变这种情况。

经过实际的观察，可以发现，尽管错误的情况多种多样，比如参数错误，库未初始化，内存不够等，但正确的返回值总是唯一的。虽然也有返回 id 或者指针的情况，但那些往往是与测试性能无关的系统调用。对于这个正确的返回值，不同的 RTOS 有不同的定义。VxWorks 使用 OK，RTEMS 使用 RTEMS _ SUCCESSFUL，ThreadX 使用 TX _ SUCCESS。我们可以把 TM _ SUCCESS 定义为 RTOS 中使用的正确返回值。然后规定，移植层接口返回 TM _ SUCCESS 表示调用成功，否则表示调用失败。图 8—33 中 tm _ semaphore _ get 代码就可以变为如图 8—36 实现。

```
#define TM_SUCCESS OK
int  tm_semaphore_get(int semaphore_id)
{
     return semTake(sem_id_map[semaphore_id], WAIT_FOREVER);
}
```

图 8—36　tm _ semaphore _ get 函数经过返回值规范后的实现

8. 6. 2. 2　BenchAPI 的设计与实现

我们设计并实现一种新的 RTOS 可移植接口——Bench API。Bench API 将主要用于深度嵌入式 RTOS 上性能评估套件的移植。除了利用上小节内容在 API 实现上进行优化，Bench API 还应保证接口的通用性与全面性。

移植 API 的通用性有两方面的内容：一是在功能上的通用，以满足不同性能评估套件在功能上的要求；二是在实现上的通用，能够较为方便地在不同 RTOS 上加以实现。这两方面需要综合考虑，缺一不可。

移植 API 的全面性，是指 API 要有足够的覆盖范围，以满足不同 RTOS 性能评估套件的使用。以 ThreadMetric API 为例，其中只有任务创建的函数，而没有任务删除的函数，就无法用于一些需要循环测试的场合。这是应该在 Bench API 的设计中加以注意的。

通过参照 VxWorks API、REMS API 和 ThreadX API 中的函数进行 Bench API 设计。为保证功能上的通用性，应尽量将系统原生 API 的功能传达出来；为保证实现上的通用性，应尽量总结系统原生 API 的共性，屏蔽掉一些特殊的参数或者选项。好的移植接口还要尽量简化调用的复杂度，使其易于使用。所以，在设计过程中也参照了 ThreadMetric API 的一些特点，尤其是其对可移植接口的封装。下面将重点介绍 BenchAPI 的设计与实现。

（1）可移植接口的通用性设计

下面以消息队列的创建 bench _ queue _ create 接口设计作为函数接口通用性设计的样例对可移植接口的通用性设计方法加以描述。

在 ThreadMetric API 和三个 RTOS 原生 API 中，均有消息队列创建这一操作，但其函数接口各不相同。不同 API 中的消息队列创建如图 8－37 所示。

```
ThreadMetric API:
int tm_queue_create(int queue_id);
VxWorks API:
MSG_Q_ID msgQCreate(int maxMsgs, int maxMsgLength, int option);
RTEMS API:
RTEMS_status_code RTEMS_message_queue_create( RTEMS_name name,
RTEMS_unsigned32 count, RTEMS_unsigned32 max_message_size, RTEMS_attribute
attribute_set, RTEMS_id *id);

ThreadX API:
UINT tx_queue_create(TX_QUEUE *queue_ptr, CHAR *name_ptr, UINT message_size, VOID
*queue_start, ULONG queue_size);
```

图 8—37　不同 API 中的消息队列创建

ThreadMetric API 的消息队列创建函数只有一个 queue _ id 参数，而没有提到下面系统原生 API 中包含消息队列大小、消息大小等参数。而系统原生 API 的消息队列号都是系统返回，而非调用者指定的。综合两方面特点，既使用 ThreadMetric API 中的 queue _ id，又使用系统原生 API 中的消息队列大小和消息大小参数。至于 VxWorks API 中的 option 参数，RTEMS API 中的 name、attribute _ set 参数，ThreadX 中的 queue _ ptr、name _ ptr、queue _ start 参数，都看成是与 RTOS 原生 API 中的特殊参数或选项而加以屏蔽。

所以最终的消息队列创建函数接口为：

int bench _ queue _ create（int queue _ id，int message _ num，int message _ size）。

（2）移植接口全面性设计

为了满足全面性要求，Bench API 将函数分模块管理，共有 8 个部分，分别是初始化模块、任务管理模块、时钟管理模块、中断管理模块、消息队列管理模块、信号量管理模块和内存池管理模块。Bench API 共分为如下 7 个模块，包括 24 个函数，如表 8—14 所示。

表 8－14　Bench API 结构列表

模块	接口	功能
任务管理	int bench_thread_create(int thread_id, int priority, int option, entry_type entry_function, int argument)	任务创建
	void bench_thread_sleep(int seconds)	任务延迟，以秒为单位
	void bench_thread_delay(int ticks)	任务延迟，以时间片为单位
	int bench_thread_resume(int thread_id)	任务唤醒，唤醒挂起的任务
	int bench_thread_suspend(int thread_id)	任务挂起
	void bench_thread_relinquish(void)	任务交出，即将 CPU 让出给就绪的同优先级任务
	int bench_thread_delete(int thread_id)	任务删除，删除任务号指定的任务
	int bench_thread_delete_self(void)	任务删除，删除调用任务本身
时钟管理	int bench_set_clk_rate(int hz)	设置系统时钟频率
	unsigned int bench_get_ticks(void)	获取系统当前时间片计数
中断管理	int bench_isr_set(int vec_no, void(*handler)(void))	添加中断处理函数
	int bench_isr_unset(int vec_no, void(*handler)(void))	取消中断处理函数
消息队列管理	int bench_queue_create(int queue_id, int message_num, int message_size)	消息队列创建
	int bench_queue_send(int queue_id, void *message_ptr)	消息发送
	int bench_queue_receive(int queue_id, void *message_ptr)	消息接收
	int bench_queue_delete(int queue_id)	消息队列删除
信号量管理	int bench_binary_semaphore_create(int semaphore_id, int initial_value)	二值信号量创建
	int bench_binary_semaphore_get(int semaphore_id)	二值信号量获取
	int bench_binary_semaphore_put(int semaphore_id)	二值信号量释放
	int bench_binary_semaphore_delete(int semaphore_id)	二值信号量删除

续表

模块	接口	功能
内存池管理	int tm_memory_pool_create(int pool_id, void * pool_start, int pool_size, int block_size)	内存池创建
	int tm_memory_pool_allocate(int pool_id, unsigned char * * memory_ptr)	内存块分配
	int tm_memory_pool_deallocate(int pool_id, unsigned char * memory_ptr)	内存块释放
	int tm_memory_pool_delete(int pool_id)	内存池删除

（3）Bench API 的实现

本节将 Bench API 在 VxWorks、RTEMS 和 ThreadX 上加以实现。实现时应注意性能上的优化。

1）对于函数调用开销，用宏定义和内联函数加以解决。

2）对于参数调整开销，按照 Bench API 的函数设计。

3）对于返回值调整开销，对返回值进行规范，返回 BENCH_SUCCESS 时表示执行成功，否则表示执行失败。

在 Bench API 的 24 个函数中，有 9 个是性能相关的。对于这些与性能相关的函数，可以进一步加以优化处理。

8.6.2.3 Bench API 与 ThreadMetric API 的性能对比测试结果与分析

VxWorks 5.4 中的测试结果如图 8—38 所示。RTEMS 4.10.0 中的测试结果如图 8—39 所示。ThreadX 3.0 中的测试结果如图 8—40 所示。

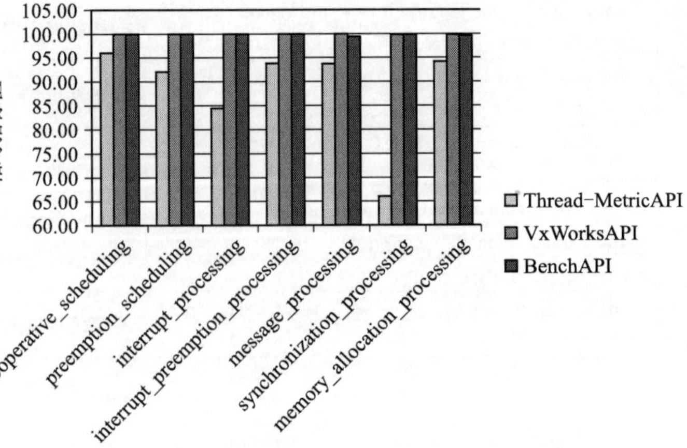

图 8—38 VxWorks 5.4 中对比测试结果

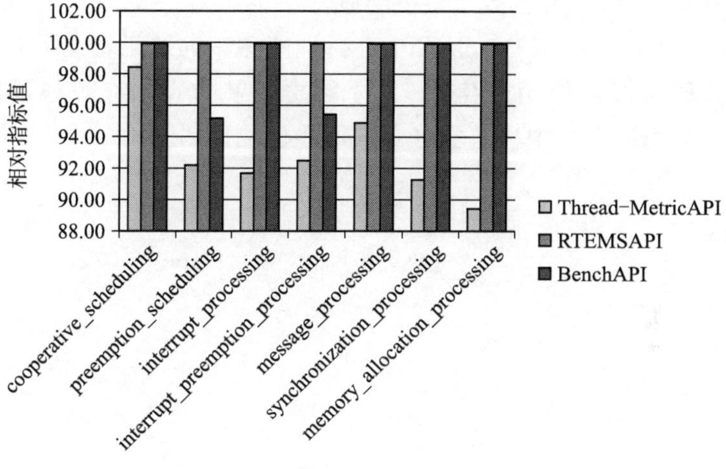

图 8—39　RTEMS 4.10.0 中对比测试结果

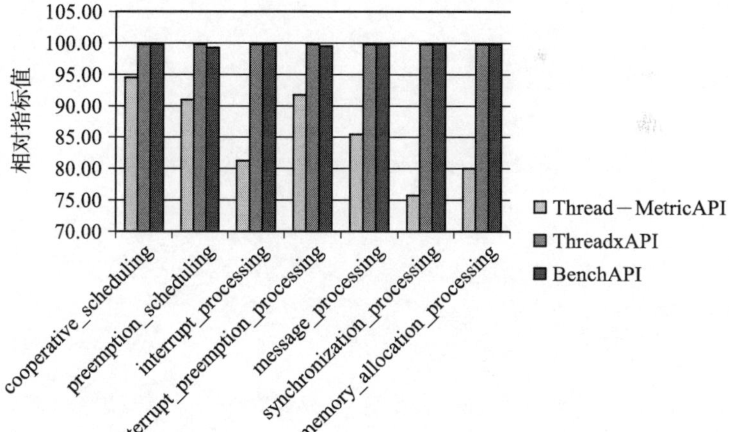

图 8—40　ThreadX 3.0 中对比测试结果

在 VxWorks 的测试中，使用 Bench API 测试所得的指标值与 VxWorks API 几乎完全相同。在 RTEMS 的测试中，除 preemption _ scheduling 与 interrupt _ preemption _ processing 之外，Bench API 的测试结果也与 RTEMS API 相当。在 ThreadX 的测试

中，Bench API 优化的效果也很明显。

综上所述，使用 Bench API 进行性能测试的结果，几乎和不使用移植层，直接使用原生 API 的测试结果相当，有效地消除了 ThreadMetric API 中移植层对 RTOS 性能测试的影响。

参 考 文 献

[1] Philip M. A Selection Methodology for the RTOS Market. In Proceedings of Data Systems in Aerospace (DASIA 2003), 2003.

[2] Andy Chou. An Empirical Study of Operating Systems Errors. In Proceedings of the ACM symposium on Operating systems principles (SOSP 2001), 2001.

[3] Stefan Winter. Choosing Error Models for OS Robustness Evaluations. Darmstadt, Germany, Technical University of Darmstadt, 2009.

[4] Francis M. CuriOS: Improving Reliability Through Operating System Structure. In Proceedings of the USENIX Conference on Operating Systems Design and Implementation (OSDI 2008), 2008.

[5] Shan Lu. Learning From Mistakes: A Comprehensive Study On Real World Concurrency Bug Characteristics. In Proceedings of the Architectural Support for Programming Languages and Operating Systems (ASPLOS 2008), 2008.

[6] Anh T. Real—Time Operating Systems for Small Microcontrollers. Micro, IEEE, 2008, Vol. 29 (5): 30—45.

[7] Leonid R. Automatic Device Driver Synthesis With Termite. In Proceedings of the ACM symposium on Operating systems principles (SOSP 2009), 2009.

[8] Robert I. Robust Priority Assignment for Fixed Priority Real—Time Systems. In Proceedings of the IEEE Real—Time Systems Symposium (RTSS 2007), 2007.

[9] John E. Effective Data—Race Detection For The Kernel. In Proceedings of the USENIX Conference on Operating Systems Design and Implementation (OSDI 2010), 2010.

[10] Emmett W. Mondrian Memory Protection. Journal of ACM Sigarch Computer

Architecture News，2002，Vol. 30 (5)：304－316.

[11] Nikolai J. Operating System Profiling Via Latency Analysis. In Proceedings of the USENIX Conference on Operating Systems Design and Implementation (OSDI 2006)，2006.

[12] Stumpf. M. Wind River and NASA—Embedded Development for the Extreme Demands of SpaceExploration. Dedicated Systems Magazine，2003，Vol. 28 (8)：25－27.

[13] M Ahearn. Deep Impact：excavating comet Tempel 1. Science，2005，Vol. 310 (5746)：258－264.

[14] Weicker. R. Dhrystone：A Synthetic Systems Programming Benchmark. Communication of the ACM，1984，Vol. 27 (10)：1013－1030.

[15] Kar. Rhealstone R：A Real－Time Benchmarking Proposal. Dr. Dobbs Journal，1989，Vol. 14 (2)：14－24.

[16] Weiderman. N. Hartstone：Synthetic Benchmark Requirements for Hard Real－Time Applications. Pittsburgh，Software Engineering Institute，Carnegie Mellon University，1989.

[17] 史昆．基于中断响应模型的实时操作系统性能评价技术研究．杭州：浙江大学，2011.

[18] 王蓓菲．高可靠嵌入式软件研制与运行支撑技术研究．杭州：浙江大学，2009.

[19] 杨子江．虚拟化平台支持的目标码验证技术研究．杭州：浙江大学，2008.

[20] 楼永红．面向嵌入式实时应用的内存管理技术研究．杭州：浙江大学，2008.